冶金职业技能培训丛书

竖炉球团技能300问

张天启　编著
冯根生　主审

北　京
冶金工业出版社
2013

内 容 提 要

本书采用一问一答的形式介绍了竖炉球团生产的基础理论知识、设备性能及维护、工艺技术操作要领、安全防范措施等，对生产过程中遇到的普遍性问题产生的原因及处理方法等知识点作了重点阐述。

本书可作为烧结企业职工的培训教材，也可供生产技术人员、职业院校相关专业师生阅读参考。

图书在版编目(CIP)数据

竖炉球团技能 300 问/张天启编著 . —北京：冶金工业
出版社，2013.6
(冶金职业技能培训丛书)
ISBN 978-7-5024-6263-5

Ⅰ.①竖…　Ⅱ.①张…　Ⅲ.①竖炉—球团设备—问题
解答　Ⅳ.①TF3-44

中国版本图书馆 CIP 数据核字(2013)第 130630 号

出 版 人　谭学余
地　　址　北京北河沿大街嵩祝院北巷 39 号，邮编 100009
电　　话　(010)64027926　电子信箱　yjcbs@cnmip.com.cn
责任编辑　戈 兰　美术编辑　彭子赫　版式设计　孙跃红
责任校对　石 静　责任印制　牛晓波
ISBN 978-7-5024-6263-5
冶金工业出版社出版发行；各地新华书店经销；三河市双峰印刷装订有限公司印刷
2013 年 6 月第 1 版，2013 年 6 月第 1 次印刷
787mm×1092mm　1/16；18 印张；438 千字；270 页
52.00 元
冶金工业出版社投稿电话：(010)64027932　投稿信箱：tougao@cnmip.com.cn
冶金工业出版社发行部　电话：(010)64044283　传真：(010)64027893
冶金书店　地址：北京东四西大街 46 号(100010)　电话：(010)65289081(兼传真)
(本书如有印装质量问题，本社发行部负责退换)

序 1

新的世纪刚刚开始，中国冶金工业就在高速发展。2002 年中国已是钢铁生产的"超级"大国，其钢产总量不仅连续 7 年居世界之冠，而且比居第二位和第三位的美、日两国钢产量总和还高。这是国民经济高速发展对钢材需求旺盛的结果，也是冶金工业从 20 世纪 90 年代加速结构调整，特别是工艺、产品、技术、装备调整的结果。

在这良好发展势态下，我们深深地感觉到我们的人员素质还不能完全适应这一持续走强形势的要求。当前不仅需要运筹帷幄的管理决策人员，需要不断开发创新的科技人员，也需要适应这新变化的大量技术工人和技师。没有适应新流程、新装备、新产品生产的熟练技师和技工，我们即使有国际先进水平的装备，也不能规模地生产出国际先进水平的产品。为此，提高技工知识水平和操作水平需要开展系列的技能培训。

冶金工业出版社根据这一客观需要，为了配合职业技能培训，组织国内有实践经验的专家、技术人员和院校老师编写了《冶金职业技能培训丛书》，以支持各钢铁企业、中国金属学会各相关组织普及和培训工作的需要。这套丛书按照不同工种分类编辑成册，各册根据不同工种的特点，从基础知识、操作技能技巧到事故防范，采用一问一答形式分章讲解，语言简练，易读易懂易记，适合于技术工人阅读。冶金工业出版社的这一努力是希望为更好地发展冶金工业而做出的贡献。感谢编著者和出版社的辛勤劳动。

借此机会，向工作在冶金工业战线上的技术工人同志们致意，感谢你们为冶金行业发展做出的无私奉献，希望不断学习，以适应时代变化的要求。

原冶金工业部副部长
中国金属学会理事长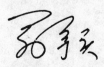

2003 年 6 月 18 日

序 2

我国的铁矿资源特点是贫矿和多元素复合铁矿多，因此，在进入高炉之前必须经过选矿和造块，造块的方法有两种，即烧结与球团。国内外的冶金和矿物加工界人士早就从理论与实践中证明细粒度铁精矿应当发展球团矿，但是由于历史的原因，我国却走上了细精矿烧结的道路。近二十年我国钢铁生产发展迅速、规模巨大，国产精矿远不能满足需求，要求大量进口铁矿粉，而在当前的铁矿石国际市场上，能够大量供应的是烧结用富矿粉。因此，我国的高炉炉料仍然必须以烧结矿为主。

生产球团矿主要有竖炉、链算机-回转窑和带式焙烧机三种工艺。在我国的钢铁工业发展历程中有一段中、小钢铁厂蓬勃发展阶段。竖炉工艺生产规模小、投资少、建设快，适应当时的要求；特别是济南钢铁公司的工程技术人员发明的烘干床与导风墙技术，大大提高了竖炉的生产效率和产品质量，使竖炉工艺在我国得到发展，并输出美国，成为我国首项出口的冶金技术。世界上规模最大的也是历史最悠久的美国伊利矿业公司的竖炉球团厂于20世纪末关闭，自此其他国家基本没有竖炉了，但是在我国竖炉仍然具有生命力。

张天启厂长长期从事铁矿粉造块生产技术工作，具有丰富的实践经验，是一位有心之人。他收集和积累了丰富的资料，编写出作为冶金职业技能培训丛书的《竖炉球团技能300问》一书，目标是该书不仅拥有大量的实际操作经验，也有一定的理论深度；既可以作为职业技能培训教材，也可供设计和教学部门参考，更是一部我国竖炉球团生产工艺的总结。

北京科技大学 孔令坛

2013 年 5 月

前　言

竖炉这个为我国球团事业的发展立下汗马功劳的生产装备，至今已经历了将近半个世纪的岁月。我们老竖炉工作者为它洒下了汗水，花费了心血。竖炉曾经是我国球团生产的当家设备，导风墙、烘干床技术是我国球团工作者结合生产实践创新的技术结晶，曾向美国转让该技术。

进入 21 世纪，我国钢铁工业跨入快速发展的轨道，球团矿的年产量增长基本与生铁年产量的增长同步，高炉炼铁球团矿的合理配比应为 25% ~ 30%，但目前球团矿的入炉配比仅达到 15% ~ 20%，因此为满足高炉炼铁的需求，球团矿生产发展还有一定的空间。

我国球团矿生产在"十五"、"十一五"期间，在总产能和设备大型化方面取得举世瞩目的成就，现在产能超过 2.5 亿吨，但对于 10 亿吨的高炉炉料而言，仍然没有满足合理炉料结构的数量要求，这其中还不包括其他用途球团矿（如 DRI）等。

竖炉球团由于存在着劳动生产率低、质量无法与链算机-回转窑相媲美等问题，国外已在几年前被淘汰。我国目前仍有很多中小钢铁企业，竖炉球团用于 $1000m^3$ 以下高炉，在投资产能等方面具有一定的适应性。据统计我国目前生产和在建的 $8m^2$ 以上矩形竖炉 401 座和 $8m^2$ 以上 TCS 圆环形竖炉 11 座，竖炉球团生产在一定时期内，还会继续存在。

针对这种现状，为满足竖炉生产企业职业技能培训和操作人员、专业人员晋级的需要，结合当前国内竖炉生产技术装配水平及生产实际需求，编写了《竖炉球团技能 300 问》一书。

书中章节结构按竖炉工艺生产工序划分，内容包括基础理论知识、设备性能及维护、工艺技术操作要领、安全防范措施等，其中对生产过程中遇到的普遍性问题产生的原因及处理方法等知识点作了重点的阐述，编写方式采用一问一答的形式，力求浅显易懂，细节明确、实用性较强，便于读者查阅。

本书是在作者为企业职工培训编写的教材的基础上修改而成的。河北文安新钢钢铁集团公司烧结厂王东工程师参与了第 3 章、第 7 章部分内容的编写；唐山市盈心耐火材料厂刘宗合厂长参与了第 8 章部分内容的编写；TCS 竖炉创始人刘树钢参与了第 6 章、第 8 章部分内容的编写，并对第 1 章、第 6 章和第 8 章进行了修改。中冶北方工程技术有限公司孙立晏副总工程师对第 1 章、第 6 章和第 8 章进行了修改。北京科技大学教授孔令坛、许满兴、冯根生对全书进行了审阅。

在编写过程中，参考了大量的文献资料，在此对文献作者表示衷心的感谢。由于编者水平有限，书中不足之处，敬请读者批评指正。

2013 年 3 月

目 录

1 概 述

2 球 团 原 料

3　配料工操作技能

4 烘干工、润磨工操作技能

5　造球工操作技能

6　竖炉工操作技能

7 辅助工操作技能

8　竖炉扩容经验和 TCS 竖炉

附 录

1 概　述

本章主要讲述球团矿概念、种类、产生原因，发展球团矿的重要意义，我国与国外球团矿冶金性能的差距，高炉对球团矿的要求，以及对球团工业发展趋势和展望。

1. 球团、球团矿和酸性铁球团矿的概念是什么？

答：（1）球团（briquette）：将准备好的原料（细磨精矿或其他细磨粉状物料，添加剂或黏结剂等），按一定比例经过配料混匀，在造球机上经滚动而造成一定尺寸的生球，然后采用干燥和焙烧或其他方法使其发生一系列的物理化学变化而固结成球状或块状产品的过程。

（2）球团矿（pellet）：通常将粒度小于 $100\mu m$ 的精矿粉用各种添加剂，通过热或冷结合固化而形成的球形人造块矿。

注：球团矿根据其酸碱氧化物含量，可以是酸性的、部分熔剂的或超熔剂的。

（3）酸性球团矿（acid pellet）：采用铁精粉生产的球团矿，其碱度比值在以下范围的球团矿称为酸性铁球团矿：$(CaO + MgO)/(SiO_2 + Al_2O_3) < 0.5$。

2. 球团矿生产的种类有哪些？

答：球团矿生产方法有许多种，可按固结温度、固结时的气氛划分，也可按生产设备划分，具体分类方法如下：

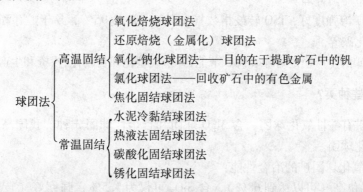

现在氧化焙烧球团矿和烧结矿一样，已成为铁精矿造块的主要方式和现代高炉炼铁的主要原料。焙烧设备有竖炉、带式焙烧机和链箅机-回转窑。

3. 为什么要发展球团矿？

答：迄今为止，世界铁矿资源中，已探明的品位大于 40% 的铁矿石约为 8500 亿吨。随着钢铁工业的发展，炼铁所需的原料量将越来越大，而可供直接入炉的富块矿却越来越少。我国铁矿储量居世界第 5 位，其中含铁 50% 以上的富矿却仅占已探明储量的 4% 左右，绝大部分为含有害杂质（P、S、Pb、Zn、As）的贫矿，这类矿石须经细磨精选造块后才能入炉。球团是主要造块方法之一。

球团法生产得以发展主要有以下原因：

（1）细磨精矿粉用烧结的方法处理时，透气性不好，生产率降低，而球团矿生产正需要细度较高的精矿粉。

（2）随着高碱度烧结矿工艺的日趋成熟，以及高碱度烧结矿所具有的优良冶金性能，已逐渐成为高炉的主要原料，但它需要一定比例的酸性含铁物料与之搭配，以保证高炉渣碱度在合理范围内。通过生产实践，酸性球团矿以高品位、低渣量等优良的冶金性能受到青睐。

（3）球团矿生产可以在矿山进行，既节能环保，又节省劳动力。

4. 球团矿有哪些优点？

答：球团矿为较多微孔的球状物，与其他酸性矿和烧结矿比较有以下特点：

（1）由于球团矿含铁品位高（其酸性球团的品位可达68.0%，SiO_2含量仅1.15%）、热稳定性能好、冶金性能和化学成分稳定，有利于改善高炉内煤气热能和化学能的利用，促进高炉稳定顺行和降低焦比。

（2）假密度大，可达$3.8g/cm^3$，堆积密度大，可达$2.27t/m^3$。在同样冶炼强度条件下，可相对延长在炉内的停留时间，加之粒度较小，含FeO低（1%左右），铁氧化物主要以易还原的Fe_2O_3形态存在，尽管气孔率较低，但全部为微气孔，还原剂CO较容易扩散到球团中心，还原生成物CO_2也容易逸出，因而具有很好的还原性能。

（3）粒度均匀，8~16mm粒级可达90%以上，粉末少、滚动性好，有利于高炉布料，改善了高炉料柱块状带透气性。

（4）比天然块矿和同成分的烧结矿软化温度范围窄，有利于改善高炉成渣带透气性，有利于煤气分布均匀合理。

（5）球团矿冷强度好，ISO转鼓指数（+6.3mm）达95%，易于贮存和运输，在一定时期内不易风化破碎。

（6）球团矿的生产稳定可靠、环保、节能，容易大型化和自动化，投资和生产成本也较低。

5. 球团矿有哪些种类？

答：球团矿有酸性氧化球团、含MgO球团和自熔性球团3种。我国高炉炼铁普遍应用的是酸性氧化球团。

（1）酸性氧化球团矿的冶金性能：

1）含铁品位高（可以达到68%），含SiO_2可仅为1.5%；强度好（转鼓指数在94%以上，单球抗压强度大于2500N/球）；

2）气孔率高（约为25%~30%），FeO低（1%左右），还原性能优于天然矿石和酸性烧结矿。高品位的酸性球团矿的冶金性能好于烧结矿，只有含SiO_2高的酸性球团矿冶金性能不如烧结矿。

3）高温冶金性能比高碱度烧结矿稍差，表现为软化开始温度低，软熔温度区间窄，熔滴时易造成高炉煤气压差升高；但仍比天然块矿和同成分烧结矿好，是理想的酸性炉料。

4）酸性氧化球团矿碱度一般在0.03~0.3。

（2）自熔性球团矿（二元碱度一般为 0.6～1.2）的冶金性能：自熔性球团矿分为 CaO 型和 MgO 型两种。使用自熔性球团矿的高炉可以不配加或少配加烧结矿进行高炉冶炼。如美国就有使用 100% 球团矿冶炼的高炉。由于自熔性球团矿焙烧温度区间窄，易结瘤，我国基本上不生产自熔性球团矿。

杭钢 MgO（质量分数为 3.37%）球团矿有强度高，还原性好，开始软化温度高等优点明显。

球团矿中添加白云石（或镁砂），增加 MgO 含量，可改善其软熔特性，使其在高炉冶炼中与高碱度烧结矿软熔温度同步，软熔带减薄，改善料柱透气性。

6. 简述国外球团矿生产发展史。

答：很多年以前，用于高炉冶炼的矿石均为富铁矿，经过破碎、筛分处理后，剩余大量不能直接入炉的粉矿。另外炼铁、炼钢吹出的炉尘含有大量的铁都无法直接入炉，被堆积起来，于是就应运而生了烧结法。但是随着富矿的减少，贫矿的增多，选矿业开始产生。使传统的烧结法受到限制，迫使人们不得不寻求新的造块方法，球团法脱颖而出。

20 世纪初，各钢铁工业发达的国家都在不同程度上探讨如何处理粉矿、粉尘和细精粉的方法。

1912 年，瑞典人 A.G. 安德生（Anderson）取得了法国球团法专利，但遗憾的是没有报道任何详细内容或冶炼效果。

1913 年，德国人 C.A 布莱克尔斯贝尔格（Brackelsberg）提出了将粉矿加水或黏结剂混合造球，然后在较低温度下焙烧固结，并取得了德国专利。

1926 年，德国克虏伯（Krupp）公司莱茵豪森（Rheinhausen）钢铁厂建造了一座日产球团矿 120t 的试验厂。

1944 年，明尼苏达（Minnesota）大学矿山实验站在球团技术上取得了重大的突破，发表了第一批研究成果，标志着美国开始对球团法进行系统的研究。

1950 年，第一批大规模球团试验在阿希兰德（Ash-land）钢铁厂的一座试验竖炉中进行的。随后里塞夫（Reserve）矿业公司在明尼苏达州的巴比特（Babbitt）建成一个有 4 座工业性竖炉的球团厂。

1951 年，美国开始带式球团焙烧机的研究。

1955 年 10 月，美国里塞夫球团厂第一台带式焙烧机投产，单机面积 94m^2，产能为每年 60 万吨。

1957 年，美国伊利矿业竖炉球团厂投入生产（单炉面积 7.81m^2），后来发展到 27 座竖炉（其中 3×8.1m^2、2×10m^2、6×11.3m^2、16×12m^2），年产球团矿 1100 万吨，成为世界上最大的竖炉厂。但是国外不论美国、瑞典及日本等典型炉型均采用高压焙烧工艺，存在电耗高，温度、压力、气流分布不均匀，并存在中心死料柱等不可逾越的问题。

1960 年，世界上第一套生产铁精矿球团的链算机-回转窑于美国亨博尔特（Humboldt）球团厂投产，单机产能为每年 33 万吨。

2001 年美国关闭了最老、最大的伊利矿业竖炉厂后，目前国外仅有澳大利亚塔司马尼亚岛的萨瓦季河球团厂等个别竖炉在生产。关闭竖炉的基本原因是竖炉球团矿的品质无法与链算机-回转窑、带式焙烧机的产品相媲美，而且单机能力低，大型化困难。

7. 简述国内球团矿生产发展史。

答： 我国与世界发达工业国家相比，球团工业生产起步并不晚。1958 年我国高校与科研所开始球团试验室的研究和工业性试验，并发表了一批科技成果。

1959 年，鞍钢采用隧道窑进行球团矿工业试验。

1966 年，在承德钢铁厂进行了 $1m^2$ 竖炉试验。

1968 年 3 月，我国第一座 $8m^2$ 球团竖炉在济钢建成投产。随后杭钢、承钢等 8 个钢铁厂先后建立十几座 $8m^2$ 竖炉。

1971 年，包钢从日本引进的一台 $162m^2$（年产 110 万吨）带式球团焙烧机建成投产。

1971 年 9 月，济钢卜琴一等技术人员研发了竖炉导风墙专利技术，后鞍山矿山院和杭钢参与得到了提高和发展。

1972 年 3 月，又研究发明竖炉烘干床技术。导风墙、烘干床形成独特的中国竖炉低压焙烧工艺，简称 SP 技术。

1978 年 8 月，杭钢首次使用膨润土代替消石灰作为黏结剂。

1978 年，沈阳立新铁矿建成链箅机（$1.8m \times 20.5m$）-回转窑（$\phi2.5m \times 24m$）试验装置，但没能投入使用便拆除。

1981 年 4 月，杭钢竖炉将矩形燃烧室改为圆形。

1982 年，承德钢铁厂建成了第一套设计生产能力 18 万吨的链箅机-回转窑球团生产线。

1987 年，美国伊利（后改名为 LYV 矿业公司）球团厂购买了我国 SP 竖炉专利。

1987 年，鞍钢从澳大利亚引进、鞍山院设计改造的带式球团生产线建成投产。

1987 年，$16m^2$ 竖炉在本钢投入使用。

1990 年，全国球团技术协调组成立，由鞍山冶金设计研究总院主管。

1995 年 8 月，密云铁矿 $8m^2$ 竖炉使用重油为燃料成功。

1995 年，南京钢铁公司球团厂从日本引进的 $\phi3.3m \times 5.1m$ 润磨机用于生产竖炉氧化球团。

1999 年，济钢和洛阳矿山设计研究院等单位在全国率先开展了球团润磨技术研究，并设计制造了中国第一台国产球团润磨机。

2001 年 12 月，济钢卜琴一等技术人员参考美国伊利矿业公司的设备，利用圆筒混料机研制的圆筒造球机在投用，生产能力 90t/h。

2002 年 3 月，济钢与冶金设备制造厂联合研制开发了 $\phi7.5m$ 属国内最大圆盘造球机。

2007 年，济钢率先实施了竖炉外排蒸汽余热发电、预热煤气和助燃风、回收软水等多项节能降耗的工艺技术。

20 世纪 80 年代后我国竖炉发展较快，自发明"烘干床-导风墙"技术，使竖炉兴旺了 30 多年，并创造出具有中国特色的炉型结构。

我国目前由于存在大量中小钢铁企业，竖炉球团对于小于 $1000m^3$ 高炉炼铁生产，在投资产能等方面具有一定的适应性，所以我国矩形竖炉球团生产在一定时期内，还会继续存在。据统计截至 2012 年底我国生产和在建的 $8m^2$ 以上矩形竖炉 401 座，最大有 $19m^2$ 竖炉。

20 世纪末，我国出现了一种由唐山今实达科贸有限公司刘树钢设计的圆环形 TCS 竖炉。我国矩形竖炉球团生产在一定时期内，还会继续存在，而 TCS 圆环形竖炉将被逐渐淘汰。

8. 目前主要有哪些球团焙烧方法？各有什么优缺点？

答：目前国内外氧化焙烧球团矿的方法主要有：（1）竖炉焙烧法；（2）带式焙烧机焙烧法；（3）链箅机-回转窑焙烧法。三种焙烧方法生产工艺特点比较见表 1-1。

表 1-1　三种焙烧方法生产工艺特点比较

工艺名称	优　缺　点	单机产量 /(t/d)	球团质量	基建投资	管理费用	电耗
竖炉焙烧法	优点：结构简单、维修方便、不需要特殊材料、热效率高 缺点：焙烧不够均匀，生产能力受限制。原料适用性差，主要用于磁铁矿	2000 ~ 3000	一般	低	低	高
带式焙烧机焙烧法	优点：操作简单、控制方便、可以处理各种矿石、生产能力大 缺点：上下层质量不均、台车易损、需要高温合金材料、需铺底料、流程复杂	6500 ~ 7000	良好	中	高	中
链箅机-回转窑焙烧法	优点：设备简单、焙烧均匀，可以处理各种铁矿石，可生产自熔性球团矿 缺点：易结圈，维修工作量大	6500 ~ 12000	好	高	中	低

9. 近几年竖炉球团发展快的原因有哪些？

答：首先得益于国家的产业政策。2000 年 7 月 27 日，国务院批准的《当前国家重点鼓励发展的产业、产品和技术目录》中"氧化球团生产"位于钢铁行业第三。发展球团工业符合国家的产业改革，使得球团可以继续发挥作用。

其次，是炼铁炉料结构的要求和精料方针的贯彻落实，高炉的精料标志之一是在现有条件下，多使用优质球团矿。国外一些高炉已使用 100% 球团矿，效益很大。

第三，与铁矿粉资源有关。我国铁矿储量居世界第三位，其中含铁 50% 以上的富矿却仅占探明量的 4% 左右，绝大多数为含有有害杂质的贫矿。这类矿石必须经过细磨、选矿后造块，才能入炉冶炼。

第四，竖炉具有投资少、建设工期短、占地面积小、工艺流程短、成本低等特点。并且主要生产过程是在一个密闭炉体内完成，因此更易于粉尘治理和环境保护，适用中小地方企业，在上个世纪发挥了重要作用。竖炉技术的不断进步，推动了竖炉球团的发展，特别是导风墙-大水梁，以及润磨机的投入使用。

第五，2000 年首钢矿业公司与北京科技大学合作，截窑改造了原有的直接还原设备，建成了年产 100 万吨氧化球团矿的链箅机-回转窑系统，并且顺利达产。在中国金属学会的推动下，迅速在全国推广，到现在链箅机-回转窑的生产能力已经超过 1 亿吨，单机生产规模多数在 100 万吨以上，武钢鄂州达到 500 万吨。

10. 我国球团矿同国外比较有哪些差距？

答：球团矿由于品位高（"扣 CaO 品位"依然较高于烧结矿）、强度好，高温冶金性能通常介于天然块矿和高碱度烧结矿之间，我国球团矿产量和高炉炉料配比都逐年增加。

含铁品位和 SiO_2 含量是球团矿化学成分的主要内容，高炉冶炼要求含铁品位高，酸性球团应大于 65%，含 SiO_2 应小于 4%。由表 1-2 可以看出，国内多数球团矿含铁品位偏低，还不到 63%。SiO_2 含量大多数均超过 4.0%，马钢二铁和安钢的 SiO_2 含量过高，超过 6.0%，这不仅会造成高炉冶炼的渣铁比增多，还会影响高炉经济技术指标。

表 1-2　国内几家竖炉球团矿的化学成分 （%）

球团名称	TFe	FeO	S	SiO_2	CaO/SiO_2
济钢炼铁厂	63.04	0.30	0.004	5.21	0.18
马钢二铁总厂	62.03	0.65	0.006	6.21	0.16
吉林钢铁	63.41	2.28	0.380	—	0.01
绍兴漓铁矿	61.90	0.18	0.016	4.91	0.20
永钢联泰	62.61	1.00	0.010	—	0.10
安（阳）钢烧结厂	62.28	0.48	0.020	6.11	0.22

注：以上数据选自《球团技术》2012 年 4 期。

造成球团矿品位低和 SiO_2 含量高的原因是相互关联的，我国球团矿质量差的主要原因是：

（1）磁铁矿本身 SiO_2 含量高；

（2）选矿技术和装备有限，精粉粒度普遍达不到球团精粉的要求，品位不高，SiO_2 含量降得不多；

（3）因精矿粉粒度粗，为保证强度，就增加膨润土配比；

（4）燃料和膨润土的质量不精。

在品种方面，我国还是以酸性球团为主。随着生产技术的发展，对于那些使用酸性球团已不能适应合理炉料结构要求的，以及需要对球团品种有多种选择的企业，应在生产熔剂性球团和高 MgO 质球团，扩大品种方面有所突破，以适应炼铁技术发展的需要。

由表 1-3 可以看出，国内几家球团矿的强度和粒度组成，彼此相差较大。几家球团矿粒度不均匀，烧熟的程度也很不均，不少球有开裂现象，外观质量都比较差。造成成品球粒度和强度质量差的根本原因是精粉粒度粗和没有造好球，生球的质量差影响成品球的质量。成品球开裂原因很多，其中多数是配加膨润土比例过高、水分过大造成的。

表 1-3　国内几家竖炉球团矿的物理性能

物理性能 企业名称	抗压强度 /（N/球）	转鼓指数 （>+6.3mm）/%	筛分指数 （<5mm）/%	粒度组成 （10~16mm）/%
济钢炼铁厂	3007	91.10	1.30	88.26
马钢二铁总厂	2997	92.10	0.76	89.11
吉林钢铁	2580	92.88	5.30	98.30
绍兴漓铁矿	2113	91.31	1.60	88.80
永钢联泰	2764	94.78	—	95.58
安（阳）钢烧结厂	2364	91.28	3.48	79.77

注：以上数据选自《球团技术》2012 年 4 期。

11. 我国球团生产的基本情况和特点有哪些?

答: 我国钢铁工业的快速发展,带动和促进了球团矿生产的发展。生铁产量由 2001 年的 15554 万吨增长到 2011 年的 62969.5 万吨,11 年间年均增长 27.71%。球团矿由 2001 年的 1784 万吨增长到 2011 年的 20410 万吨,年均增长速度 103.28%。三种不同焙烧设备年增长状况见表 1-4 和图 1-1。2001~2011 年我国竖炉球团矿生产技术经济指标状况见表 1-5。

表 1-4 2001~2011 年我国球团生产三种焙烧设备年产量的增长状况

年　份	竖炉机	带式机	回转窑	年产量/万吨	同比增长/%	占高炉炉料比例/%
2001	43	2	2	1784	30.70	6.95
2002	59	2	4	2620	41.62	9.29
2003	63	2	8	3484	32.98	10.38
2004	76	2	24	4628	32.84	11.14
2005	89	2	38	5828	25.93	10.69
2006	106	2	41	8500	45.85	12.72
2007	118	2	52	9934	16.87	12.77
2008	123	2	55	12000	20.80	15.45
2009	189	3	82	17500	45.83	18.73
2010				19810	13.20	19.74
2011				20410	3.03	19.07

表 1-5 2001~2011 年我国竖炉球团的主要经济技术指标

年份	座年产量/万吨	成品球质量指标/%				工序能耗及原材料消耗				
		TFe	FeO	SiO$_2$	转鼓指数	精粉用量/(kg/t)	膨润土用量/(kg/t)	煤气用量/(MJ/t)	电耗/(kW·h/t)	工序能耗(标煤)/(kg/t)
2001	30.78	62.54	0.86	—	90.97	1061.17	35.05	2174.64	33.53	42.84
2002	35.39	62.48	0.74	—	89.41	1049.00	32.27	2171.75	31.95	41.21
2003	39.79	63.08	0.68	—	90.36	1050.00	31.45	2182.44	33.39	41.65
2004	42.48	63.37	0.66	—	90.91	1059.50	29.08	2190.02	32.40	42.68
2005	40.18	62.45	0.64	—	91.45	1030.20	26.04	2226.37	32.99	44.18
2006	45.89	62.91	0.71	—	91.99	1033.20	23.85	2166.60	33.81	36.66
2007	46.24	62.34	0.75	—	92.03	1019.10	22.35	2158.58	33.41	37.12
2008	42.05	62.01	0.69	—	92.20	1019.20	21.17	2032.52	34.63	35.07
2009	40.53	62.23	0.64	6.26	91.64	1016.30	20.74	1917.58	34.88	35.69
2010	43.88	62.06	1.01	6.68	91.35	1011.20	21.77	1892.39	33.22	31.90
2011	44.72	61.81	0.75	6.20	91.30	1006.10	21.04	1948.44	33.76	31.73

注:座年产量是以 1 座标准 8m^2 竖炉为例进行比较产量增长过程。

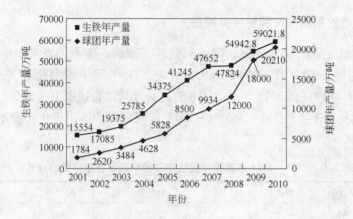

图 1-1　2001～2010 年我国球团年产量增长态势

表 1-4 中的统计数据只是从多方面汇集起来的情况，并不是全部数据，也不是国家统计的公开数据。由于进入 21 世纪以来，球团矿生产和钢铁工业生产一样，发展速度快，一些民营企业和国家批准以外的建设项目，还有冶金铸造行业不包括在表的统计之内，实际数据会高出表 1-4 中的数据。

由表 1-4、图 1-1 和表 1-5 可以看出，我国球团矿生产的发展和质量能耗指标具有以下特点：

（1）进入 21 世纪，我国钢铁工业跨入快速发展的轨道，球团矿的年产量增长基本与生铁年产量的增长同步，高炉炼铁球团矿的合理配比应为 25%～30%，但目前球团矿的入炉配比仅达到 20% 左右，因此为满足高炉炼铁的需求，球团矿生产发展还存在一个较大的空间。

（2）竖炉球团生产由于存在着劳动生产率低，质量偏差等问题，国外已在几年前淘汰了竖炉。但我国目前由于存在大量中小钢铁企业，竖炉球团对于小于 $1000m^3$ 高炉炼铁生产，在投资产能等方面具有一定的适应性，竖炉还是在不断地新建。据不完全统计截至 2012 年底我国 $8m^2$ 以上竖炉有 401 多座。小于 $8m^2$ 的竖炉将逐渐淘汰，$10～16m^2$ 竖炉球团生产在一定时期内，还会继续存在。

（3）链算机-回转窑生产球团，2003 年以来，在我国取得了快速发展，在不到 8 年的时间内，我国已由原来的 2 条生产线，建设和发展起来 50 余条生产线，平均台年产量也由最初的 70.98 万吨增长到 2011 年的台年产量 175.13 万吨。由于链算机-回转窑球团生产具有较宽的原料适应性，可以建在矿山，产品质量和劳动生产率高等优点，预计在今后一个时期内，这一类型的球团生产还会获得较快的发展。

（4）我国球团生产在质量、原材料和能源消耗、环境保护诸方面与国外工业发达国家的水平相比，还存在着诸多方面的差距。这是我国球团生产今后需要加快解决的问题。

12. 对我国球团生产质量和能耗、环保有哪些评述？

答： 为满足高炉炼铁生产的需求，不仅产量上有配入比例要求，更重要的是要满足质量、能耗和环保的要求，北京科技大学许满兴根据全国球团技术协调组和全国球团技术信息网统计的 2011 年球团生产技术经济指标数据作以下的分析：

（1）对球团质量化学成分的评述。球团矿的质量包括化学成分、物理性能和冶金性能三个方面。在化学成分方面目前的统计主要由含铁品位、FeO 和 SiO_2 含量。2009 年带式机的含铁品位高平均达到 65.12%。已接近国外球团 66%~67% 的先进水平。回转窑球团除鞍钢、武钢、首钢和本钢等几家企业的品位大于 65%，其他大多数均低于 63% 的水平。竖炉球团的品位均低于 64.5%。这些厂家应尽快选用高品位、细粒度精粉。

与品位相关联的是 SiO_2 含量，高 SiO_2 是高炉炼铁渣量的源头，低 SiO_2 也是球团质量的一个重要内容。从球团矿有利于还原和降低炼铁能耗出发，其 SiO_2 含量应低于 4%，国外球团矿 SiO_2 含量的先进水平达到不大于 3.5% 的目标，我国 2009 年球团生产 SiO_2 含量为 5.26%~6.26%。

球团矿的 FeO 含量是反映球团在焙烧过程中氧化的程度。冶金行业标准要求成品球的 FeO 含量小于 1.0%，2009 年三种焙烧设备成品球平均 FeO 含量，带式机为 2.20%，回转窑为 0.74%，竖炉为 0.64%，说明带式机和回转窑焙烧过程中的氧化程度还有待改进。

（2）对球团质量物理性能的评述。球团矿的物理性能包括机械强度和粒度组成两个方面。我国三种焙烧设备生产的球团矿机械强度均比较高，转鼓指数平均值均大于 91.5%，每个球的抗压强度平均值也均大于 2500N。竖炉球团 10~16mm 粒级 11 家的平均值为 86.75%，相当多的球团厂家统计报表中缺成品球的粒度和粒度组成。北京科技大学许满兴指出，相当多企业生产的球团矿粒度大，大于 15mm 的占多数，有几家企业送到北京科技大学作冶金性能的成品球竟然挑不出小于 12.5mm 的球团，导致检测 RSI 值（还原膨胀指数）无法取试样。成品球的表面质量差、粒度大是我国球团生产较普遍存在的问题，这个问题值得球团生产厂家关注，因为粒度不仅直接影响焙烧生产能耗，还由于粒度大，表面积小，影响入高炉后的还原性，从而影响高炉炼铁焦比，与低碳经济背道而驰。

德国在球团的最佳粒径方面曾做过深入的研究，焙烧 16mm 球能耗要比焙烧 8mm 球高 33.4%，鲁奇公司通过数学模型计算得出，最佳球团直径为 11mm，又根据大量工业试验得出球团的最佳直径为 10mm。

（3）对球团质量冶金性能的评述。球团矿的冶金性能（包括 RI、RDI、RSI、软化和熔滴性能）目前仅有宝钢等少数单位进行检测，多数单位不作检测。球团矿的冶金性能对高炉指标影响显著，因此也应引起球团生产厂家的关注。建议将检测球团矿的冶金性能作为质量管理的重要内容。

（4）对球团质量指标间相互影响的评述。当 FeO 含量小于 1.5% 时，已基本不影响还原性和熔滴性能，而 FeO 对还原粉化有抑制作用，因而不必追求过低的 FeO 含量。

球团的抗压强度低，则易破碎，影响高炉料柱透气性；而抗压强度过高又会使球团的气孔率和还原性变差，进而使还原膨胀、软化区间和熔滴性能（高炉初渣 FeO 变高）变差，且球团焙烧能耗高，易结块。只要球团进入高炉料面还是完整的，含粉率很低，就证明球团冷强度够用，而不是越高越好。用抗压强度低于 800N/球的生球重量比例进行考核，似乎更为合理。考虑到最佳综合球团质量，对于大多数企业，建议平均抗压强度控制在 1500~2200N/球；对于球团需落地多次倒运、过冬储存或 2000m³ 以上高炉使用，建议平均抗压强度控制在 2000~2800N/球。

（5）对竖炉球团生产原料消耗和能耗的评述（选自 2011 年度全国烧结球团信息网指标汇编）。竖炉球团矿生产精矿粉和膨润土用量不同企业差别很大，生产单位吨成品球精矿粉最低用量为892.92kg，最高用量为1195kg，膨润土最低用量为10.22kg，最高用量为27.09kg，这不仅严重影响球团生产成本和企业效益，也影响矿业资源的有效利用，与低碳经济和科学发展观不符。

竖炉球团生产的煤气消耗、电耗和工序能耗，不同生产企业相差较大，例如煤气消耗最高用量达到980MJ/t，最低用量为620.175MJ/t；电耗最高为56.68kW·h/t，最低则为28.09kW·h/t；工序能耗（标煤）最高达到42.46kg/t，最低仅为18.10kg/t，因此球团生产降低原材料和能耗的空间还很大，还有大量工作可做。

13. 对我国球团生产质量进步的展望。

答：我国球团矿生产近十几年来，产量取得了快速发展，质量也有一定的进步，但与国外球团生产的先进水平比，用低碳经济和环境友好的新尺度来衡量，还有很大的发展空间。展望球团生产的未来，应着重做好以下几个方面的工作：

（1）淘汰小而土的球团落后产能，推进现代技术的大型球团生产。目前在我国钢铁业发展的集中区，有不少$8m^2$以下$3.5m^2$、$4m^2$、$5m^2$、$6m^2$圆形土竖炉，这类土竖炉生产条件差，劳动生产率极低，产品质量差，生产环境落后。倡导球团生产现代化、规范化、低耗优质化、环保友好化，创造一个崭新的球团生产新局面。

（2）强化优化球团生产的原料选择与准备。目前球团生产中出现的高消耗、低环保、质量差等问题，均与球团生产原料准备不良相关，对铁精粉的粒度、比表面积、水分，对膨润土的质量、对铁精粉的品位和SiO_2含量诸方面，均应像鞍钢、首钢、武钢、太钢等球团厂那样，强化优化原料准备，向成品球66%以上的品位，4%以下的SiO_2优质球团矿迈进。

（3）充分认识球团粒径和表面质量的重要性，把好造球关，严格控制铁精粉的粒度和水分，将球团粒径纳入造球工和球团质量的考核内容，实现小而匀（10~13mm）、表面光滑的理想球团质量。

（4）强化球团生产的技术质量管理。建立和完善从原料到生球到成品球系统技术管理制度，目前多数球团生产企业没有或缺乏完善的质量检测设备和管理制度，建议凡是年产量达到100万吨以上的球团生产企业，应尽快建立和完善球团原料（包括膨润土）、生球和成品球的质量检测设备和质量管理制度。

14. 对我国球团矿发展趋势的要求和建议。

答：我国球团矿生产长期存在着铁精粉粒度粗、水分大、膨润土配比偏高（平均为25kg/t，而国外为10kg/t以下）的问题，严重制约着球团矿的产量、质量。

经验数据表明：每提高1%膨润土配比，降低0.6%~0.7%铁品位。

国家"十二五"规划对球团矿生产提出以下三点要求：

（1）在矿山生产高品位（TFe>68%）、高细度（-0.074mm（-200目）≥85%，比表面积$1500cm^2/g$以上）的铁精粉。

（2）增添润磨设备，提高精矿细度和造球物料的活性。

（3）开发新型黏结剂和降低膨润土配比的技术。

国外球团工业长期以来，形成了精粉细度-0.074mm（-200目）≥85%，膨润土配比小于 1% 的经验。

对我国发展球团矿的几点建议：

（1）鼓励用国产铁精粉生产球团矿。目前我国高炉炉料中球团矿不足，在进口大量球团矿的同时，却有大量国产铁精粉用于烧结，这不合理，应当鼓励用国产精粉生产球团矿。

（2）提高球团矿的品质。我国球团矿的品位比较低，一般在 63% 左右，较国际先进水平低 2% ~ 3%。SiO_2 含量高，应努力降到 4% 以下。

（3）矿山生产球团矿。国外球团是一种商品，主要在矿山生产。而我国早期都是企业内部产品，没有市场竞争，这是我国球团矿的品质长期不能提高的原因之一。

（4）球团矿的生产规模化、产业化、商品化。球团矿生产要有一定的规模，过小则劳动生产率低、成本高，且不利于采用先进技术，从而难以保证质量。当前要注意的是防止"小土群"一哄而上，要说服和引导私有矿山主联合起来，集资兴建一定规模的球团矿生产基地。

15. 烧结矿与球团矿生产有哪些区别？

答：烧结和球团都是铁矿粉造块的方法，但是它们的生产工艺和固结成块的基本原理却有很大区别，在高炉冶炼的效果也有各自的特点。

烧结与球团的区别主要表现在以下几方面：

（1）对原料粒度的要求不同。为了保证料层透气性良好，烧结要求的原料是 0 ~ 10mm 的富矿粉和返矿以及粒度较粗的精矿粉，石灰石和燃料粒度也要求在 0 ~ 3mm。球团则相反，为了满足造球的需要，无论何种原料都必须细磨，$-0.074mm$（ -200 目）要占 80% 以上。

（2）固结机理不同。烧结矿是靠液相固结的，为了保证烧结矿的强度，要求产生一定数量的液相，因此混合料中必须有燃料，为烧结过程提供热源。而球团矿主要依靠矿粉颗粒的高温再结晶固结的，产生的液相比例较低，热量由焙烧炉内的燃料燃烧和球团自身的 FeO 氧化放热提供的。使用赤铁矿生产球团时，混合料中加很少量的燃料以节能。

（3）成品矿的形状不同。烧结矿是形状不规则的多孔质块矿，而球团矿是形状规则的 8 ~ 16mm 的球。

（4）生产工艺不同。烧结料的混合与造球是在混合机内同时进行的，主要为 1 ~ 5mm 的小球，混合料中仍然含有少量未成球的小颗粒。而球团矿生产工艺中必须有专门的造球工序和设备，将全部混合料造成 8 ~ 16mm 的球，小于 8mm 的小球要筛出重新造球。

16. 高炉对球团矿总的要求有哪些？

答：（1）铁品位高、化学成分稳定。铁的品位高低直接影响到高炉的操作技术指标和经济指标。实践证明：高炉入炉料含铁品位每提高 1%、焦比可降低 0.5% ~ 1.2%、出铁量可增加 1.2% ~ 1.6%。因此，在保证球团矿冶炼性能的同时，应尽可能地做到不降低或少降低含铁品位。

化学成分的稳定程度也是影响高炉经济技术指标的重要因素。实践证明：当铁品位波动范围从 1.0% 降到 0.5%，高炉焦比可降低 1.3%、产量可增加 1.5% 左右。这也是国外钢铁企业对原料的混匀中和给予高度重视的原因之一。

（2）还原性能好。高炉的冶炼过程实质上是个还原过程，因此只有炉料还原性能好，才能做到低消耗、高产量。入炉的含铁原料大致有以下规律：

1）就铁氧化物而言，其还原性顺序为 $Fe_2O_3 > Fe_3O_4 > FeO$；

2）就含铁炉料种类而言，天然矿石的还原性顺序是褐铁矿 > 赤铁矿 > 磁铁矿；

3）人造块矿的还原性顺序是高碱度烧结矿 > 酸性球团矿；

4）炉料气孔率高，还原性好。

（3）合适的粒度和粒度的组成。高炉内还原的实质是以焦炭燃烧后产生的还原气体去还原，就是希望气体在炉内上升的阻力小。而炉料的粒度及组成则直接影响这种阻力的大小，粒度越均匀其阻力越小，最理想的粒度值为 10 ~ 15mm。

（4）足够的冷、热强度，即：

1）冷强度是指球团矿在转运、装卸过程中受碰撞、耐压和耐磨的能力。一般用转鼓和抗压试验，达标即可；

2）热强度是指球团矿在高炉内高温还原气氛下的还原粉化和还原膨胀性能。一般有国家检测标准，指标满足高炉要求即可。

（5）软化温度及融化温度高、软融区间窄。软化温度高可以降低高炉内的软熔带（成渣带），减薄成渣带。减少炉内气流阻力，改善气流分布，有利于发展间接还原，降低焦比。融化温度高有利于渣铁分离。

实践证明：提高球团矿中的 MgO 含量能够提高其软化温度和缩小软融区间。

17. 高碱度烧结矿配加酸性球团矿哪种比例最佳？

答：炉料在炉内软熔带位置的高低和宽窄对高炉冶炼具有很大的影响，高碱度烧结矿配加酸性球团矿炉料结构已基本被钢铁行业所认可，表 1-6 是对不同碱度烧结矿和碱度为 0.31 时酸性球团矿在熔滴性能搭配前后的研究结果。

表 1-6　不同比例高碱度烧结矿和酸性球团矿软熔性对比

配　比	收缩率			压差陡升/℃	开始滴落/℃	滴落区间/℃	最高压差/Pa
	10%	40%	区间				
球 10%（$R = 0.31$）矿 90%（$R = 1.45$）	1085	1235	150	1260	1435	175	2205
球 30%（$R = 0.31$）矿 70%（$R = 1.69$）	1150	1270	120	1350	1410	60	1176
球 50%（$R = 0.31$）矿 50%（$R = 2.39$）	1005	1200	195	1320	1415	95	1617

从表 1-6 中可以看出：

（1）在一定温度下，70%烧结矿及 30%球团矿的综合炉料，其收缩率最低。

（2）压差陡升温度以 70%烧结矿及 30%球团矿的综合炉料为高，即开始熔化温度高，所以在相同温度下，保持有良好的透气性。

（3）从最大压差分析也是 70%烧结矿及 30%球团矿为最低。所以，从高炉下部软熔特性出发，以70%烧结矿（$R=1.67$）及30%球团矿（$R=0.31$）的炉料结构最合理。

　　但是普通酸性球团矿的高温软化熔滴性和高温还原性较差，影响生产指标，所以要提高酸性球团矿的冶金性能，一些技术人员提出 MgO 质酸性球团配加高碱度烧结矿效果很好。

18.《高炉炼铁工艺设计规范》中对入炉球团矿提出哪些要求？

　　答：2008 年公布的《高炉炼铁工艺设计规范》（GB 50427—2008）对球团矿质量均有具体要求。目前一些企业达不到这个标准，严重影响了高炉正常生产。现在我国炼铁存在最大的问题就是生产不稳定，表 1-7 是对入炉球团矿的质量要求。

表 1-7　球团矿质量要求

炉容级别/m³	1000	2000	3000	4000	5000
含铁量/%	≥63	≥63	≥64	≥64	≥64
含铁波动/%	≤ ±0.5	≤ ±0.5	≤ ±0.5	≤ ±0.5	≤ ±0.5
转鼓指数(+6.3mm)/%	≥89	≥89	≥92	≥92	≥92
耐磨指数(-0.5mm)/%	≤5	≤5	≤4	≤4	≤4
常温耐压强度/(N/球)	≥2000	≥2000	≥2000	≥2500	≥2500
低温还原粉化率(+3.5mm)/%	≥85	≥85	≥89	≥89	≥89
膨胀率/%	≤15	≤15	≤15	≤15	≤15

　　注：不包括特殊矿石。

19.《高炉用酸性球团矿》（GB/T 27692—2011）有哪些规定？

　　答：铁球团矿的技术指标要求应符合表 1-8 和表 1-9 的规定。

表 1-8　铁球团矿化学成分、冶金性能技术指标

项目名称	品级	化学成分(质量分数)/%				冶金性能(质量分数)/%	
		TFe	SiO$_2$	S	P	还原膨胀指数(RSI)	还原度指数(RI)
指标	一级	≥65.00	≤3.50	≤0.02	≤0.03	≤15.0	≥75.0
	二级	≥62.00	≤5.50	≤0.06	≤0.06	≤20.0	≥70.0
	三级	≥60.00	≤7.00	≤0.10	≤0.10	≤22.0	≥65.0

　　注：需方如对其他化学成分有特殊要求，可与供方商定。

表 1-9　铁球团矿物理特性技术指标

项目名称	品级	物理特性			粒级/%	
		抗压强度（N/球）	转鼓强度(+6.3mm)/%	抗磨指数(-0.5mm)/%	8~16mm	-5mm
指标	一级	≥2500	≥92.0	≤5.0	≥95.0	≤3.0
	二级	≥2300	≥90.0	≤6.0	≥90.0	≤4.0
	三级	≥2000	≥86.0	≤8.0	≥85.0	≤5.0

2 球团原料

球团与烧结相比所用原料品种要少一些，但是，对原料的要求却要严格得多。能用于烧结的原料不一定就适用于球团，所以在选择建设球团厂（车间）之前要进行可行性研究。本章主要讲述含铁原料、黏结剂的性能要求和加工制备。

2.1 铁精矿及其性质

球团所用的含铁原料除极个别厂家或特殊生产工艺外，几乎全部采用各种类型的铁精矿。现代球团厂使用的铁精矿有磁铁矿、赤铁矿、褐铁矿、混合精矿等。

20. 世界铁矿资源如何分布？

答：世界铁矿石资源非常丰富，估计地质储量在 8000 亿吨以上，而探明储量为 4000 多亿吨。按现有生产水平，可供应 400 年。而探明储量的 90% 分布在 10 多个国家和地区。他们依次是：独联体（1140 亿吨，其中俄罗斯 800 多亿吨）、巴西（680 亿吨）、中国（500 亿吨）、加拿大（360 亿吨以上）、澳大利亚（350 亿吨）、印度（175 亿吨）、美国（174 亿吨）、法国（70 亿吨）、瑞典（36 亿吨）。世界十大铁矿石生产国依次为中国、巴西、澳大利亚、俄罗斯、乌克兰、印度、美国、加拿大、南非和瑞典，10 个国家铁矿石合计产量占世界铁矿石总产量的 90%。中国为世界第一大铁矿石生产国，约占世界铁矿石总产量的 20%，但主要为低品位铁矿石，折合成金属量计算，则排在巴西和澳大利亚之后。

21. 我国铁矿资源有哪些特点？

答：我国已探明铁矿资源的特点："广"，遍布全国 29 个省、区、市；"贫"，平均品位仅为 32.67%，品位在 55% 左右能直接入炉的富铁矿储量只有 11.74 亿吨，占全国储量的 2.5%，而形成一定开采规模，能单独开采的富铁矿就更少了；"杂"，多元素共生的复合矿石较多；"小"，多为中小型矿床，大型矿床仅占 5%；"低"，储量占资源总量的比例约 27.5%，可采储量有限。我国主要铁矿区和铁矿床分布见图 2-1。

此外，多为地下矿，开采难度大，成本高，资源税率高，钢铁企业办矿积极性不高。

22. 什么是铁矿石？有多少种类？

答：矿石是矿物的集合体。但是，在当前科学技术条件下，把能经济合理地提炼出金属的矿物才称为矿石。矿石的概念是相对的。例如铁元素广泛地、程度不同地分布在地壳的岩石和土壤中，有的比较集中，形成天然的富铁矿，可以直接利用来炼铁；有的比较分散，形成贫铁矿，用于冶炼既困难又不经济。

随着选矿和冶炼技术的发展，矿石的来源和范围不断扩大。如含铁较低的贫矿，经过

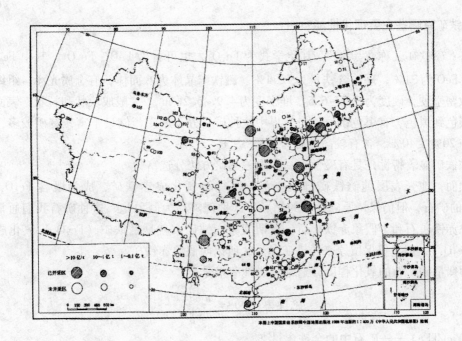

图 2-1　我国主要铁矿区和铁矿床分布图

富选也可用来炼铁；过去认为不能冶炼的攀枝花钒钛磁铁矿，已成为重要的炼铁原料。

矿石中除了用来提取金属的有用矿物外，还含有一些工业上没有提炼价值的矿物或岩石，统称为脉石。对冶炼不利的脉石矿物，应在选矿和其他处理过程中尽量去除。

自然界中含铁矿物很多，目前已经知道的有 300 多种，但是能作为炼铁原料的只有 20 多种。它们主要由一种或几种含铁矿物和脉石组成。根据含铁矿物的性质，主要有 4 类铁矿，即磁铁矿、赤铁矿、褐铁矿和菱铁矿。铁矿石的分类及特性见表 2-1。

表 2-1　铁矿石的分类及主要性能

矿石名称	化学式	理论含铁量/%	密度/(t/m³)	亲水性	颜色	实际含铁量/%	有害杂质	强度及还原性
磁铁矿（磁性氧化铁矿石）	Fe_3O_4 或 $FeO \cdot Fe_2O_3$	72.4	5.2	差	黑色或灰色	45~70	S、P 高	坚硬、致密，难还原
赤铁矿（无水氧化铁矿石）	Fe_2O_3	70	4.9~5.3	较好	红色至浅灰色甚至黑色	55~60	少	较易破碎，较易还原
褐铁矿（含水氧化铁矿石）	$mFe_2O_3 \cdot nH_2O$	55.2~66	2.5~5.0	好	黄褐色、暗褐色至黑色	37~50	P 高	疏松，大部分属软矿山，易还原
菱铁矿（碳酸盐铁矿石）	$FeCO_3$	48.2	3.8	差	灰色或黄褐色	30~40	少	易破碎，焙烧后最易还原

由于它们的化学成分、结晶构造及生成的地质条件不同，所以各种铁矿石具有不同的外部形态和物理特征，其烧结性能也各不相同。

23. 磁铁矿有哪些主要理化性能?

答:磁铁矿又称"黑矿",其化学式为 Fe_3O_4,也可看做 $FeO \cdot Fe_2O_3$,其中 Fe_2O_3 为 69%,FeO 为 31%,理论含铁量为 72.4%。磁铁矿晶体为八面体,有金属光泽,组织结构比较致密坚硬,硬度为 5.5 ~ 6.5,堆密度为 $4.9 \sim 5.2 t/m^3$。一般成块状和粒状,表面颜色呈钢灰色到黑色,有黑色条痕。自然界中这种矿石分布最广,储量丰富,贫矿较多,一般含铁在 20% ~ 40%,含有较高的有害杂质 S、P。

磁铁矿显著特性是具有磁性,易用电磁选矿方法分选富集。

然而,地壳表层纯磁铁矿却很少见,往往被氧化成赤铁矿,成为既含 Fe_2O_3 又含 Fe_3O_4 的矿石,但仍保持原磁铁矿的晶形,这种现象称为假象化,这种矿石我们通常称它为假象赤铁矿石和半假象赤铁矿石。所谓假象赤铁矿,就是磁铁矿(Fe_3O_4)氧化成赤铁矿(Fe_2O_3),但它仍保留原来磁铁矿晶形,所以叫假象赤铁矿。

为衡量铁矿石的氧化程度,通常用磁性率来分类。

$$磁性率(\%) = \frac{w(TFe)}{w(FeO)}$$

式中　$w(TFe)$ ——矿石中的全铁含量,%;

　　　$w(FeO)$ ——矿石中的 FeO 含量,%。

$$理论磁铁矿的磁性率 = \frac{w(TFe)}{w(FeO)} = \frac{72.4\%}{31\%} = 2.33$$

因此,参照以上理论磁性率结果,我们对铁矿石进行以下分类:

磁性率 = 2.33　　　纯磁铁矿石;

磁性率 < 3.5　　　磁铁矿石;

磁性率 = 3.5 ~ 7.0　半假象赤铁矿石;

磁性率 > 7.0　　　假象赤铁矿石。

磁铁矿中主要脉石有石英、硅酸盐和碳酸盐,有时还含有少量黏土。此外,有的磁铁矿含钛(Ti)和钒(V),叫做钛磁铁矿和钒磁铁矿;也有和黄铁矿(FeS)共生的,叫做磁黄铁矿。

一般开采出来的磁铁矿石含铁量为 30% ~ 60%,当含铁量大于 45%,粒度大于 10mm,可供炼铁厂使用,粒度小于 10mm 的作烧结原料。当含铁量低于 45%,或有害杂质含量超过规定时,必须经过选矿处理,通常采用磁选法,得到高品位磁选精矿。

磁铁矿可烧性良好,因其在高温处理时氧化放热,且 FeO 易与脉石成分形成低熔点化合物,所以造块节能、结块强度好,曾是我国早期烧结矿的主要原料。

24. 赤铁矿有哪些主要理化性能?

答:赤铁矿俗称"红矿",为无水氧化铁矿石,化学式为 Fe_2O_3,理论含铁量 70%,含氧量 30%。这种矿石在自然界中常成巨大矿床,从埋藏量和开采量来说,它都是工业生产的主要矿石品种。

赤铁矿的组织结构是多种多样的,由非常致密的结晶组织到很松散的粉状,晶形多为片状和板状。赤铁矿根据其外表形态及物理性质的不同可分以下几种：

（1）外表呈片状，有金属光泽，明亮如镜的叫镜矿石。

（2）外表呈细小片状，但金属光泽度不如前者的称为云母状赤铁矿。

（3）红色粉末状，没有光泽的叫红土状赤铁矿。

（4）外表形状像鱼籽，一粒一粒粘在一起的集合体，称为鱼籽状、鲕状、肾状赤铁矿。

结晶的赤铁矿外表颜色为钢灰色和铁黑色，其他为暗红色，但条痕均为暗红色。赤铁矿堆密度为 $4.8 \sim 5.3 t/m^3$，硬度视赤铁矿类型而不一样。结晶赤铁矿硬度为 $5.5 \sim 6.0$，其他形态的硬度较低。赤铁矿中硫和磷杂质的含量比磁铁矿中少。呈结晶状的赤铁矿，其颗粒内孔隙多，从而易还原和破碎。但因其铁氧化程度高而难形成低熔点化合物，所以其可烧性较差，造块时燃料消耗比磁铁矿高。

赤铁矿主要脉石分别为 SiO_2、Al_2O_3、CaO、MgO 等。

赤铁矿石在自然界中大量存在，但纯净的较少，常与磁铁矿、褐铁矿共生。

实际开采出来的赤铁矿石含量在 $40\% \sim 60\%$，含铁量大于 40%，粒度小于 $10 mm$ 的粉矿作为烧结原料。一般来说，当含铁量小于 40% 或含有杂质过多时，须经选矿处理。因天然的赤铁矿石不带磁性，一般采用重选法、磁化焙烧-磁选法、浮选法或采用联合流程来处理，处理后获得的高品位赤铁精矿作为烧结和球团矿的原料。

25. 褐铁矿有哪些主要理化性能？

答： 褐铁矿是含结晶水的赤铁矿，化学式可用 $m Fe_2O_3 \cdot n H_2O$ 表示，根据结晶水的含量不同，以及生成情况和外形的不同，可进行以下分类：

（1）水赤铁矿　　$2Fe_2O_3 \cdot H_2O$

（2）针赤铁矿　　$Fe_2O_3 \cdot H_2O$

（3）水针铁矿　　$3Fe_2O_3 \cdot 4H_2O$

（4）褐铁矿　　　$2Fe_2O_3 \cdot 3H_2O$

（5）黄针铁矿　　$Fe_2O_3 \cdot 2H_2O$

（6）黄赭石　　　$Fe_2O_3 \cdot 3H_2O$

自然界中褐铁矿绝大部分含铁矿物以 $2Fe_2O_3 \cdot 3H_2O$ 的形式存在。褐铁矿的富矿很少，一般含铁量在 $37\% \sim 55\%$，含有害杂质磷、砷较高。

褐铁矿的外观为黄褐色、暗褐色至黑色，呈黄色或褐色条痕，堆密度为 $3.0 \sim 4.2 t/m^3$，硬度为 $1 \sim 4$，褐铁矿是由其他铁矿石风化而成，其结构松软、密度较小、吸水强。

褐铁矿因含结晶水和气孔多，所以烧结时收缩性很大，使产品质量降低，只有延长高温处理时间，产品强度才可相应提高，但会导致燃料消耗增大，加工成本提高。

褐铁矿含铁量低于 35% 时，需进行选矿。目前主要采用重力选矿和磁化焙烧-磁选法。

26. 菱铁矿有哪些主要理化性能？

答： 菱铁矿为碳酸盐铁矿石，化学式为 $FeCO_3$，理论含铁量为 48.20%，FeO 为 62.1%，CO_2 为 37.9%。

自然界中常见的是坚硬致密的菱铁矿，外表颜色为灰色和黄褐色，风化后变为深褐色，条痕为灰色或淡黄色，玻璃光泽。堆密度为 $3.8t/m^3$，硬度为 $3.5 \sim 4.0$，无磁性，含硫低，但含磷高，脉石含碱性氧化物。

菱铁矿石在氧化带不稳定，易分解氧化成褐铁矿石，覆盖在菱铁矿矿层的表面。在自然界中分布较广的为黏土质菱铁矿石，它的夹杂物为黏土和泥沙。

菱铁矿常夹杂有镁、锰和钙等碳酸盐，菱铁矿石一般含铁在 $30\% \sim 40\%$ 之间，但经焙烧后，因分解放出 CO_2，使其含铁量显著增加，矿石也变得多孔，易破碎以及还原性良好。但在烧结时，因收缩量大，导致产品强度降低和设备生产能力降低，燃料消耗也因碳酸盐分解而增加。

自然界中有工业开采价值的菱铁矿比上述三种矿石都少。但对含铁品位低的菱铁矿可用重选法和磁化焙烧-磁选联合法，也可用磁选-浮选联合法处理。

27. 铁矿石品位（含铁量）含义是什么？

答：铁矿石品位即含铁量，用 TFe 表示。它是评价铁矿石质量的主要指标，决定着铁矿石的开采价值和入炉前的处理工艺。含铁量愈高，生产出的烧结矿含铁量也高，经济价值就愈高，铁矿石含铁量一般为 $60\% \sim 68\%$，当然愈高愈好。

根据矿石中实际含铁量与理论含铁之比将铁矿石分为三级。

$$A = \frac{矿石中实际含铁量（\%）}{矿石中理论含铁量（\%）} \times 100\%$$

当 $A = 85\% \sim 90\%$ 时为一级铁矿石；$A = 75\% \sim 85\%$ 时为二级铁矿石；$A < 75\%$ 时为三级铁矿石；直接入炉铁矿石的含铁量一般为理论含铁量的 $70\% \sim 80\%$。

经验表明，入炉矿石品位提高 1%，则焦比降低 $0.5\% \sim 1.2\%$，产量增加 $1.2\% \sim 1.6\%$。因为随着品位的提高，脉石数量大幅度减少，冶炼时熔剂用量和渣量相应减少，既节省热量消耗，又促进炉况顺行。

从矿山开采出来的矿石，含铁量一般在 $30\% \sim 65\%$ 之间的，品位较高，经整粒后可直接入炉冶炼的称为富矿。而品位较低，不能直接入炉的叫贫矿，贫矿必须经过选矿和造块后才能入炉冶炼。

28. 矿石中脉石的成分有哪些？

答：脉石中含有碱性脉石，如 CaO、MgO；也有酸性脉石，如 SiO_2、Al_2O_3。一般铁矿石含酸性脉石居多，即其中 SiO_2 高。

当矿石中 $\frac{CaO}{SiO_2}$ 的比值（称矿石碱度）接近高炉渣碱度（1.05）时，叫做自熔性矿石。

因此，矿石中 CaO 含量多，冶金价值高；相反，SiO_2 含量高，矿石的冶金价值下降，一般铁矿石脉石矿物 SiO_2 应尽量低。适当的 MgO 含量有利于提高烧结矿品质和改善炉渣的流动性，但过高会降低其脱硫能力和炉渣流动性。Al_2O_3 在高炉渣中为酸性氧化物，渣中浓度超过 $18\% \sim 22\%$ 时，炉渣难熔，流动性差。因此，矿石中 Al_2O_3 要加以控制，一般矿石中 $\frac{SiO_2}{Al_2O_3}$ 的比值不小于 $2 \sim 3$。

包钢铁矿石中含有 CaF_2 脉石，它使熔点降低，炉渣流动性增加并腐蚀设备和污染环境；攀钢铁矿石中含有 TiO_2 脉石，它使炉渣变黏，而导致渣铁不分、炉缸堆积和生铁含硫升高等。由于这两种矿石的特性，一般当炉缸堆积、炉墙挂渣严重时，可以加入含有 CaF_2 脉石的矿石进行洗炉，相反当炉墙砖侵蚀严重时，可以加入含有 TiO_2 的矿石进行护炉。

29. 铁矿石中有害元素有哪些?

答: 铁矿石中常见有害杂质有硫、磷、砷以及铅、锌、钾、钠、铜、氟等。入炉铁矿石中有害杂质的危害及允许含量参见表2-2。

表2-2 入炉铁矿石中有害杂质的危害及允许含量

名 称	元素符号	允许含量/%	危害及说明	
硫	S	≤0.1	使钢产生"热脆"，易轧裂	
磷	P	0.2 ~ 1.2	对碱性转炉生铁	磷使钢产生"冷脆"；烧结及炼铁过程皆不能除磷
		0.05 ~ 0.15	对普通铸造生铁	
		0.15 ~ 0.6	对高磷铸造生铁	
锌	Zn	<0.1	锌900℃挥发，上升后冷凝沉积于炉墙，使炉墙膨胀，破坏炉壳。烧结可除去50% ~60%的锌	
铅	Pb	<0.1	铅易还原，密度大，与铁分离沉于炉底，破坏砖衬，铅蒸气在上部循环累积，形成炉瘤	
铜	Cu	<0.2	少量铜可改善钢的耐腐蚀性；但铜过多使钢热脆，不易焊接和轧制；铜易还原并会进入生铁	
砷	As	<0.07	砷使钢"冷脆"，不易焊接；生铁中 As <0.1%；炼优质钢时，铁中不应有砷	
钾，钠	K，Na	<0.2	易挥发，在炉内循环累积，造成结瘤，降低焦炭及矿石的强度	
氟	F	<2.5	氟高温下气化，腐蚀金属，危害农作物及人体，CaF_2 侵蚀破坏炉衬	

30. 铁矿石中有益元素有哪些?

答: 铁矿石中常共生有 Mn、Cr、Ni、Co、V、Ti、Mo 等，包头白云鄂博铁矿还含有 Nb、Ta 及稀土元素 Ce、La 等。这些元素对冶炼过程不一定带来好处，但是它们却往往能改善产品（铁、钢）的某些性能，所以称为有益元素。

当它们在矿石中的含量达到一定数值时，如 Mn≥5%，Cr≥0.06%，Ni≥0.2%，Co≥0.03%，V≥0.1% ~0.15%，Mo≥0.3%，Cu≥0.3%，则称为复合矿石，经济价值很大，应考虑综合利用。

钛能改善钢的耐磨性和耐蚀性，但使炉渣性质变坏，冶炼时有90%进入炉渣，含量不超过1%时，对炉渣及冶炼过程影响不大，超过4% ~5%时，使炉渣性质变坏，易结炉瘤。

31. 球团生产对铁精粉有哪些要求？

答：球团矿生产所用的原料最好选用品位较高的磁铁矿，一般占造球混合料的90%以上，因此，铁精粉的质量如何将对生球、成品球团矿的质量均起着决定性的作用，直接影响着球团生产过程和经济技术指标。

一定的粒度、适宜的水分和均匀的化学性质是生产优质球团矿的三个基本要求。

（1）粒度要细。有人做过试验，要使物料（铁矿物）能成球其 $-0.042mm$（-325目）粒度必须达到35%以上，否则，不论采取什么措施企图借滚动成球都是办不到的。

理论与实践都证明，为了稳定造球过程和获得足够强度的生球，精矿粉必须有足够细的粒度和一定的粒度组成。据国外的生产经验，适合造球的磁铁精矿其 $-0.042mm$（-325目）部分应控制在60%~80%之间或 $-0.074mm$（-200目）粒级控制在80%以上，尤其是其中的 $-10\mu m$ 部分不得少于15%，且要求精矿的粒度组成必须保持相对稳定。

粉状物料细度的表示方法我们通常采用比表面积法。对于造球而言，有些专家认为比表面积法较粒度组成法能更好地反映原料的成球性能。事实上粒度与比表面积并没有直接关系。目前国外球团厂家含铁原料比表面积一般控制在 $1300~2100cm^2/g$ 之间，绝大多数控制在 $1500~1900cm^2/g$ 之间。我国要求铁精矿小于 $-0.074mm$（-200目）应在80%以上为宜。

应该指出的是，对球团整个生产过程来说，精矿的粒度也并不是越细越好。

粒度过细，脱水越困难，因而需要干燥，带来工艺复杂化；粒度过细必须加大磨矿过程的能量消耗，因此，粒度过细反会使生产的费用增大，经济收益减少。何况精矿粒度细到一定程度之后再细磨也不一定给生球质量、球团矿质量带来好处。

所以，原则是既要满足生球强度的要求，又要充分考虑到磨矿、脱水、干燥等生产过程给整个球团矿成本的影响。一般而言，对于黏土状矿物，像针铁矿、水针铁矿、褐铁矿等粒度可以适当放宽一些。

（2）水分要适宜。水分的控制和调节对造球是极其重要的。水分的变化不但影响生球质量（粒度、强度）和产量，也影响下步干燥、焙烧工艺，严重时还影响到设备（如造球盘）的正常运转。

精矿的最佳水分与其物理特性（粒度、密度、亲水性、颗粒孔隙率等）、混合料的组成、造球机的生产率及成球条件等有关。

一般而言磁铁矿和赤铁矿精粉的适宜水分为 7.5%~10.5%。但是造球物料的最宜水分是受多种因素影响的，需经过工业试验确定，而对于稳定造球说，其水分的波动应该是越小越好。生产和实验证明：水分波动不应超过 $\pm0.2\%$。

（3）化学成分要均匀。化学成分的稳定及其均匀程度直接影响生产工艺的复杂程度和球团质量。一般而言，球团对铁精粉的化学成分要求与烧结一样比较严格。但有一条原则是共同的，那就是高炉冶炼所限制的成分，如：TiO_2、Al_2O_3、P、S、Na_2O、K_2O 等必须控制在合适范围。另外，还要考虑生产过程的有害元素的污染，F、Cl、S 等也必须有严格的标准。国外对球团矿的要求是，TFe 波动 $\leqslant \pm0.3\%$，$SiO_2 \leqslant \pm0.2\%$。我国暂时还没有严格的标准，但条件允许时至少应该控制 $TFe \leqslant \pm0.5\%$，$SiO_2 \leqslant \pm0.3\%$。

32. 为什么说铁精粉粒度太细不一定生球强度就高？

答：我国要求铁精矿 $-0.074mm$ 的达80%以上，目前有些技术人员强调 $-0.074mm$ 含量要尽量高，根据中南大学烧结球团研究所近几年的大量科研表明：铁精粉粒度太细不一定生球强度就高。

铁精矿要有一定细度，不可否认铁精矿的粒度是保证造球过程顺利进行的基本影响因素。但更要有一个适宜的粒度组成和理想的颗粒形貌，单纯提高磁铁矿 $-0.074mm$ 粒级含量，即使达到100%，造球效果也不一定好。

他们曾对某矿 $-0.074mm$ 含量为60%的磁铁矿通过再磨达到97%，然后对原精矿、再磨矿及各50%混含矿进行造球试验，结果如下：

试验表明生球强度是：混合矿＞原精矿＞再磨精矿。

比较理想的精矿颗粒形状：呈板状、楔状、条形状而且表面粗糙，使生球内的颗粒之间接触面积增大而紧密，有利于提高生球强度。

印度精矿虽然粒度细，但粒度均匀，而且多显圆形，生球内粒度嵌布不紧密，致使生球强度低。

研究资料也表明：在同样配料比（膨润土1%）、同等造球、焙烧条件下，精矿的不同（磨矿）粒度对生球、成品球的质量在不同区间是很不一致的，开始随着比表面积的增大，生球强度、成品球强度显著增大，当比表面积大到一定程度后，再增大比表面积时已对生球及成品球不带来什么好处。

这里可以找到一种解释是：当物料细到一定程度后，物料中细料部分显著增多，由于造球是在一定时间内进行的，这就有可能使物料来不及均匀湿润，这就是说物料颗粒将产生偏析，物料颗粒不能很好地填充其空隙，从而影响到生球内部的不均匀，也就影响到生球强度，进而影响成品球的强度。

33. 铁精矿品位与球团矿质量有什么关系？

答：与烧结不同，球团的强度主要来自于 Fe_2O_3 的再结晶的固相固结，因此用于球团生产的铁精矿品位应尽可能高些。我国近年来球团矿强度有了很大提高，其中重要原因之一是精矿中 SiO_2 的降低，铁品位提高。

高 SiO_2 精矿在球团焙烧过程中易形成低熔点的物质，这种低熔点物质的矿物学强度远低于 Fe_2O_3 再结晶。

球团膨胀是多种原因造成的，在正常情况下，球团矿还原时膨胀的原因是 Fe_2O_3 还原成 Fe_3O_4 时，晶格常数发生变化，导致球团体积增大。按理论计算，由于晶形转变产生的体积增大为11%。

34. 铁矿粉的全分析和日常分析包括哪些项目？

答：铁矿粉全分析一般化验：TFe、FeO、SiO_2、CaO、Al_2O_3、MgO、S、P、烧损（Ig）项目，根据矿粉的物性和要求，还可能化验 Mn_2O_3、TiO_2、V_2O_3 等项目，日常分析一般化验：TFe、SiO_2、CaO。

2.2　黏结剂和熔剂

造球过程实质上是细粒物料借助机械的运动（在造球机内）使其黏结成具有一定粒度和一定强度的球状结合体的过程。因此物料黏结性的好坏决定着造球过程的顺利与否及其产品（生球）的特性（粒度、均匀性、强度等）好坏。所以为了强化造球过程和改善生球的质量，常常在造球原料中添加一些黏结性极强的物料，由于这些物料的作用主要是为了提高造球混合料的黏结性，因此人们习惯地称它为黏结剂或添加剂。

35. 造球所用黏结剂都需要有哪些性质？

答： 黏结剂能改善物料的成球性能及生球干燥和焙烧球团的性能，最主要的一种黏结剂就是水。球团生产中使用的黏结剂有膨润土（也叫皂土）、消石灰、水泥等，但作为现代化氧化球团生产中常用的黏结剂主要有膨润土和消石灰两种，现在普遍使用的是膨润土。

作为黏结剂的物质必须具备以下性质：

（1）亲水性强、比表面积大、遇水后能高度分散。因此，它能改善球团混合物料的亲水性和提高混合料的比表面积。

（2）黏结性好，而且由于它的加入能很好地改善成球物料的黏结性，也就是说它的这种黏结性还能在别的物料颗粒之间起到传递作用。因而，它的极小加入量就能有效地改善成球物料的黏结性。

（3）由于它的加入不至于影响造球以后工序（如生球干燥、焙烧、球团矿质量及环境保护等）的顺利进行。

（4）货源容易解决，加工处理方便。

36. 膨润土的主要外观特征有哪些？

答： 膨润土系以蒙脱石（也称微晶高岭石、胶岭石等）为主要成分的黏土岩，即蒙脱石黏土岩，英文名为 Bentonite，这一名词源于 1848 年，当时在美国怀俄明州的福特·本顿堡（Fort Benton）附近发现了具有高度可塑性的黏土物质，由此命名 Bentonite，我国各界音义合一地译作膨润土或膨土岩、斑脱岩、搬土等。

美国是最早采用膨润土作为球团矿黏结剂的，而我国铁矿球团黏结剂使用历史不长，但自从 1978 年杭钢用平山膨润土代替石灰作黏结剂获得良好效果以来，膨润土的应用和研究才得到了取得突破性的进展。

膨润土在我国不少的球团资料文献中常常被习惯地称为"皂土"。这是因为这种黏土矿物具有去污作用，人们常把这类具有去污作用的黏土称为"皂土"。

膨润土的颜色有白色、乳白色、浅灰色、浅粉色、淡绿黄色、肉红色、褐色、杂色、黑色等，但最多的是灰色、浅蓝灰色、浅黄色或绿色。膨润土刚开采出来时常为蓝绿色，风化后则变成淡黄色。表面有油脂、蜡状或土状光泽，有时有油腻感。

硬度为 1～2。在阳光下晒干后成干裂碎块，常呈层状、透镜状、脉状、环带状。

37. 膨润土的化学成分有哪些?

答：膨润土的岩石矿物组成由于成矿条件、风化程度及外来物质的掺加不同而不同。除了蒙脱石外，还有不同数量的其他黏土矿物（矿质高岭石）和非黏土矿物（石英、片石等）。就其化学成分而言膨润土主要是含水的铝硅酸盐矿物组成。它的主要成分是二氧化铝（AlO_2）、三氧化二铝（Al_2O_3）和水，其次是氧化镁、氧化铁等。此外钙、钠、钾碱金属常以不同含量存在之中（见表 2-3）。

表 2-3　国内外部分膨润土的主要化学分析

产　地	化学成分/%								物理性质/%	
	Fe_2O_3	SiO_2	Al_2O_3	CaO	MgO	Na_2O	K_2O	烧损	胶质价	$-0.074mm$ （-200 目）
辽宁（钙基）	2.07	66.4	13.0	2.28	2.50	0.48	0.55	6.59	75	88.6
四川三台（钙基）	2.4	59.4	13.68	1.73	9.78	0.12	0.73			97.2
浙江平山（钠基）	1.75	71.3	14.17	1.62	2.22	1.92	1.78	4.24	100	88.5
吉林长春（钠基）		72.6	12.78	1.63	0.82	1.76	0.68	6.30	100	
包头（钠基）		52.4	27.16	1.15		0.13	2.01			
美国怀俄明（钠基）	3.5	56.5	19.3	1.01	2.4	2.3				100

38. 膨润土的主要物理化学性能有哪些?

答：膨润土的物理化学性能是多方面的，在这里我们主要介绍与球团生产有关的一些特性。

（1）吸湿性强。膨润土具有较强的吸湿性，能吸附 8~15 倍于自己体积的水量。

（2）膨胀系数大。膨润土吸水后膨胀，能膨胀数倍至 30 倍于自己的体积。

（3）高分散性，比表面积大。分散后的膨润土比表面积较大，理论值可达 600~900m^2/kg。

（4）具有较强的可塑性和较好的黏结性。

（5）有较强的阳离子交换能力。

（6）有较强的吸附能力。膨润土对气体、液体、有机物质等具有一定的吸附能力，最大吸附量可达 5 倍于它的重量。

不过对于不同膨润土而言，这些性质的差别很大，主要取决于它所含蒙脱石种类及其含量。

39. 蒙脱石的主要物理化学特性有哪些?

答：（1）物理特性。蒙脱石又称微晶高岭石或胶岭石。蒙脱石是一种含水的铝硅酸盐。它的理论化学分子式为：$Al_2(Si_4O_{10})(OH)_2 \cdot nH_2O$，理论化学成分是 SiO_2 占 66.7%、Al_2O_3 占 28.3%，属于羟基组分的结构水 H_2O 占 5%。

蒙脱石是一种具有膨胀特性、呈层状结构的含水铝硅酸盐。它与所有的黏土矿物一样，具有由硅氧四面体与铝氧（氢氧）八面体平行连接组成的单位晶层垂直叠置的层状结构。根据雷米（Remy）资料，天然膨润土由 15 ~ 20 个互相堆叠非常薄的层组成，层厚为 20×10^{-10} mm，层层之间可以互相滑动。蒙脱石的层状晶格结构见图 2-2。

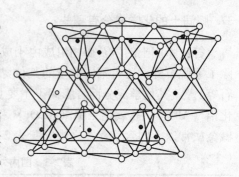

图 2-2 蒙脱石的层状晶格结构

（2）化学特性：

1）阳离子交换和吸附性能。膨润土和其他黏土一样，都带负电荷，但以膨润土所带负电荷最多，其原因有两个：①晶体内部的同晶置换造成的，在成矿过程中，蒙脱石内部会发生同晶置换，使单位晶胞中电荷不平衡而带负电，产生这样的负电荷是蒙脱石所特有的；②膨润土破碎后，其边缘离子键断裂造成不饱和的键，使膨润土颗粒带负电，占 20% 左右。

因此，就形成蒙脱石晶层之间有能力从周围介质中吸附一些阳离子来平衡电荷。在自然界中被蒙脱石吸附的阳离子有 Na^+、K^+、Ca^{2+}、H^+、Al^{3+} 等。

蒙脱石中的 80% 的交换阳离子是吸附在蒙脱石的晶层间，而其余 20% 是吸附在沿矿物质点的边缘，因此，蒙脱石的阳离子交换能力与颗粒大小关系不大。

2）具有极强的吸水性。蒙脱石除与一般矿物一样具有表面吸附分子水外，还存在着大量内表面吸附的层间水。蒙脱石晶层间除吸附水化的阳离子外，还吸附大量的具有极性的水分子偶极体，促使晶层间距增大。蒙脱石晶层之间，由分子引力联系，键力较弱，水和其他极性分子、离子极易沿晶层而进入，使相邻的晶层分开。最初进入的水，使阳离子水化，体积增大，水分继续增加，体积则不断膨胀。一般情况下，钠基膨润土的吸水率为 600% ~ 700%，钙基膨润土的吸水率为 200% ~ 300%。

在膨润土中的水分按其存在的状态可分为三种类型：化学结合水、吸附水、自由水。

3）具有极强的膨胀性。蒙脱石的晶层之间是由分子引力联系着的（即范德华力），但膨润土是层状结构，它的分子力较弱。水和其他极性分子、离子很容易进入层间并向中间传布，由于它们的楔入压力很大。使相邻的晶层分开，最初进入的水使阳离子水化，体积增大。水分继续增加，体积不断膨胀，直至晶层全分离，所以引起蒙脱石膨胀的动力是可交换阳离子。

40. 钠基膨润土与钙基膨润土的主要区别是什么？

答： 天然膨润土可分为钠基膨润土（主要产地在美国）和钙基膨润土（主要产地在地中海沿岸）。一般来说，钙基膨润土比钠基膨润土的膨胀性能差，并且在水溶液中黏度也较低。

通常根据被吸附的钠（Na^+）和钙（Ca^{2+}）离子数量来进行分类：

$\Sigma Na^+ / \Sigma Ca^{2+} \geq 1$ 称为钠基膨润土；

$\Sigma Na^+ / \Sigma Ca^{2+} < 1$ 称为钙基膨润土；

介于之间的称为 Na-Ca 质或 Ca-Na 基膨润土。

钠基膨润土与钙基膨润土的区别见表 2-4。

表 2-4 钠基膨润土与钙基膨润土的区别

区 别	钠 基	钙 基
交换性阳离子量和质不同	750~1000mL/kg 以上，以 Na^+ 为主	600mL/kg 左右，以 Ca^{2+} 为主
pH 值不同	8.5~10.6 之间	6.4~8.5 之间
胶质价不同	100%	60%
膨胀倍数不同	20~30 倍	几倍至十几倍
吸水量、吸水速度不同	吸水量 500% 以上，吸水速度慢	吸水量小于 200%，吸水速度快，不到 2h 即达到饱和
吸蓝量不同	20mL 以上	十几毫升
化学成分不同	Na_2O 含量高	Na_2O 含量低
在水中的分散性不同	分散后不产生沉淀	分散后很快沉淀

因此通常用碳酸钠"活化"钙质膨润土，这时原来膨润土层状结构中的 Ca^{2+} 离子和 Mg^{2+} 离子因它们的可交换性以碳酸盐的形式沉淀出来，它们原来在 SiO_2 四面体上的位置就被碳酸钠离子所占据。通过这种活化处理，膨润土的膨胀能力可以明显得到改善，经过这样活化的膨润土根据其活化程度的不同，体积膨胀可达 600%~700%，而天然钙质膨润土只有 200% 左右。

41. 什么叫膨润土的活化？

答：所谓活化就是将非钠基膨润土经加入所谓的活化剂，处理后变成钠基膨润土（因此膨润土的活化又称为膨润土的改型）。其原理就是利用膨润土吸附阳离子的交换性能，即一种交换性阳离子能被另一种变换性阳离子所置换。

在球团生产中使用活化剂通常为 Na_2CO_3（苏打、纯碱），其反应为：

$$Ca^{2+} + Na_2CO_3 \longrightarrow CaCO_3 \downarrow + 2Na^+$$

$$Ca^{2+} + 2NaOH \longrightarrow Ca(OH)_2 \downarrow + 2Na^+$$

$$Mg^{2+} + 2NaOH \longrightarrow Mg(OH)_2 \downarrow + 2Na^+$$

这些反应获得 Na^+ 离子便吸附在膨润土的晶层和颗粒的边缘，变成了钠基膨润土。活化后的膨润土与天然的钠基膨润土的性能相近。

42. 《膨润土》（GB/T 20973—2007）中对膨润土的术语如何定义？

答：《膨润土》（GB/T 20973—2007）中规定的膨润土术语和定义有以下几个：

（1）阳离子交换容量（cation exchange capacity）100g 膨润土可交换的阳离子毫摩尔数。

（2）吸蓝量（methylene blue index）100g 膨润土在水中饱和吸附无水亚甲基蓝的克数。

（3）吸水率（water absorption）膨润土在 20℃ 和 0.1MPa 下，2h 自然吸水的能力。

（4）膨胀指数（swellindex）2g 膨润土在水中膨胀 24h 后的体积。

43. 球团生产对膨润土的主要质量指标要求有哪些?

答:作为球团生产黏结剂,膨润土的标准各国也不统一,不少问题的解释也不尽如人意。但是就生产而言,下面的一些趋势是肯定的:蒙脱石的含量高、交换性阳离子(特别是 Na^+)高、膨胀倍数大、粒度细、分散性好的膨润土是优质的球团黏结剂。

表 2-5 为 1983 年 12 月在浙江余杭召开的"膨润土对铁矿球团适应性研究技术评议会"推荐的铁矿球团用膨润土参考质量指标。

表 2-5　铁矿球团用膨润土质量指标

指　标	级　别	
	一级	二级
蒙脱石含量/%	>60	60 ~ 45
2h 吸水率/%	>120	120 ~ 100
膨胀倍数/倍	>12	12 ~ 8
粒　度	-0.074mm(-200 目)占 99% 以上	
水　分	小于 10%	

表 2-6 为国家质量监督检验检疫总局和国家标准化管理委员会共同于 2007 年 6 月 22 日发布的《膨润土》(GB/T 20973—2007)中规定的指标。

表 2-6　冶金球团用膨润土的质量指标 (GB/T 20973—2007)

产品属性	钠基膨润土			钙基膨润土		
产品等级	一级品	二级品	三级品	一级品	二级品	三级品
吸水率(2h)/%	≥400	≥300	≥200	≥200	≥160	≥120
吸蓝量(每 100g 膨润土)/g	30	26	22	30	26	22
膨胀指数(每 2g 膨润土)/mL	15			5		
过筛率(75μm,干筛,质量分数)/%	≥98	≥95	≥95	≥98	≥95	≥95
水分(质量分数)/%	9 ~ 13			9 ~ 13		

44. 吸蓝量与蒙脱石含量有什么关系?

答:膨润土是以蒙脱石为主要成分的黏土矿物,蒙脱石含量常被用来衡量膨润土的重要指标。

测定方法之一就是利用膨润土对亚甲基蓝吸附特性间接进行的。膨润土这种在水溶液中吸附亚甲基蓝的能力称为吸蓝量,它是以 100 克膨润土吸附甲基蓝的克数来表示。

目前我们可以借助吸蓝量来判断蒙脱石的含量按式 2-1 计算:

$$蒙脱石含量 = \frac{M}{44.2} \times 100 \tag{2-1}$$

式中　M——吸蓝量,g/100g;

44.2——换算系数,为蒙脱石含量为 100% 时膨润土的吸蓝量,g/100g。

45. 我国膨润土资源情况如何?

答: 我国膨润土矿储量十分丰富,已探明的储量达 2.6 亿吨,仅次于美国和前苏联,居世界第三位。分布很广,遍及全国大多数省份,一些主要膨润土产地均在中生代火山活动区内,特别集中在下列几个带上:

(1) 东部沿海条带。包括广东高州、和平;福建连城;浙江临安、余杭、安吉;江苏句容、江宁;山东潍县;辽宁黑山、法库;吉林九台、双阳;黑龙江等矿山。

(2) 伏牛山—秦岭—祁连山—天山条带。包括河南信阳、火山;甘肃嘉峪关;新疆托克逊等。

(3) 此外还有燕山地区的河北宣化、张家口;山西的峙峪;四川盆地的三台、仁寿;其他如安徽屯溪;湖北鄂城、襄阳、枣阳等膨润土矿产地。

46. 膨润土在球团生产中有哪些作用?

答: 由于膨润土的分散性能好,比表面积大,亲水性很强,故它的成球性能好。在几种常见的添加剂中,以膨润土的成球性能最强,是球团生产的优质黏结剂。

(1) 加入膨润土可以提高生球及干球的强度,提高生球的质量,改善造球的操作。这是因为:

1) 由于膨润土具有亲水性好、分散度高、比表面积大、黏结性强、成球指数高等特性,因而在铁精矿中加入少量的膨润土就能改善其成球性,提高生球的强度,参见表2-7。

表2-7 膨润土对生球、干球指标的影响

产 地	膨润土配比/%	生球指标		干球抗压/(N/球)	生球水分/%	备 注
		抗压强度/(kg/球)	落下次数/(次/球)			
美 国	0	1.18	3.6	5.30	—	
	0.6	1.60	9.8	46.11		
前苏联	0	1.60	5.5	68.67	9.8	落下为475mm
	0.48	3.80	11.0	137.34	9.8	
中国黑山	0	2.35	5.4	36.79	7.6	落下为500mm
	0.5	2.68	18.0	61.51	8.0	

2) 由于膨润土的吸水性强,而且吸水速度又慢,因而它能减弱造球过程对水分的敏感性,适当扩大适宜水分的波动范围,从而有利于造球过程操作的稳定。

3) 能使生球表面光滑,使生球的粒度更趋近于均匀;平均粒径下降。不仅有利于提高造球机的生产率而且加速生球的干燥、焙烧,使产量提高,消耗降低。

(2) 膨润土的加入可以提高生球的爆裂温度,提高预热强度。这是因为:

1) 提高生球的抗爆裂温度常常是选择黏结剂的主要出发点。由于膨润土与水的特殊的亲和性(结合力强),可以使生球内部的水分迁移到生球表面进行蒸发,从而大大地减弱生球干燥时爆裂的可能性,也就能适当提高生球的干燥温度,提高产量。这一点对竖炉焙烧而言尤为重要。据杭钢的生产经验,从配加消石灰到改加膨润土生球干燥时的爆裂温度从原来450℃提高到700℃以上，球团质量改善，据称产量提高60%以上。

2）膨润土加入还可以提高预热球团的强度（这可能与生球质量、干球质量强度等的改善直接有关）。加入膨润土后，球团的气孔率和平均粒度降低，也就是说球团中矿粒之间的致密程度增加。因此在湿球干燥后，由于矿粒之间的分子引力增加，从而提高了干球的强度。

3）由于膨润土粉末在毛细压力的作用下能限制水从球团内逸出，加之膨润土的片状结构表面带有大量负电荷，对周围的水具有一定的引力，因而能降低球团矿的脱水速率。脱水速率的降低就意味着能使球团在干燥时可以经受较大的温度波动，特别是高温的冲击。同时还不致在生球干燥时形成过湿层而降低生球强度，也不致出现水分过快逸出造成过大的内压力而使球团爆裂。

综上所述，膨润土的加入影响着从生球制取到焙烧出球团矿的整个生产过程。因此必须采用优质的膨润土。

47. 对膨润土抗爆机理有哪些分析？

答：关于膨润土提高生球爆裂温度的原因，国内外的说法不一。

一种说法是生球从室温迅速加热到250℃时，在这个干燥阶段，膨润土起缓冲剂作用，使生球缓慢释放出水分，不致快速脱水，避免因内部蒸气压过大而使球团爆裂。另一种说法是将膨润土加入混合料后，生球产生孔隙，干燥时球团的水分易于逸出。

从采用动态法测定生球的爆裂温度过程看，生球的爆裂都是在湿球迅速被加热的过程中，湿球内部的饱和气压超过了湿球本身瞬时允许承受的压力而造成的，爆裂时常常伴随着"破"的声响，同时碎片向四周飞溅。因此，生球爆裂的原因来自两个方面，一是湿球内部蒸汽压过大，二是湿球本身允许承受的压力太小。为了探索膨润土球团的抗爆机理，在试验研究中对上述两个方面作了具体测定，测定结果，膨润土球团湿球在加热过程中脱水速度要比消石灰球团慢得多，抗压强度接近直线式上升。也就是说在同一条件下，膨润土球团较消石灰球团湿球内的蒸汽压低，允许挤压强度大，因此膨润土球团的湿球爆裂温度能明显提高。

（1）钙基膨润土球团的脱水速度一般比钠基膨润土球团的快，说明脱水速度与膨润土的质量直接相关。

（2）膨润土球团比消石灰球团的脱水速度减慢三分之一左右，湿球加热时膨润土球团抗压强度的递增是接近直线式的。

48. 冶金球团用膨润土的吸蓝量如何测定？

答：《膨润土》（GB/T 20973—2007）中规定的膨润土吸蓝量测定方法如下：

（1）仪器设备：

1）玻璃容量瓶1000mL，棕色；

2）玻璃滴定管50mL，棕色；

3）锥形烧瓶250mL；

4）中速定量滤纸 $\phi > 9$cm；

5）天平：精度0.0001g；

6）磁力搅拌器。

（2）试剂：

1）焦磷酸钠溶液：1%（质量分数）；

2）亚甲基蓝溶液 $[c(MB) = 0.006mol/L]$：准确称取 2.3380g 分析纯亚甲基蓝试剂（三水亚甲基蓝，相对分子质量 373.9，试剂在使用前应一直在干燥器中密封避光储存），使其充分溶解于蒸馏水，在 1000mL 棕色容量瓶中用水稀释至刻度。

（3）试验步骤：称取已在 105℃ ±3℃烘干 2h 的膨润土试样 0.2g ±0.001g，置于预先盛有 50mL 水的 250mL 锥形烧瓶中，使其润湿后，在磁力搅拌器上分散 5min，加入 1% 焦磷酸钠溶液 20mL，继续搅拌 2～3min。然后在电炉上加热至微沸 2min，取下冷却至 25 ±5℃。

在搅拌下用滴定管滴加亚甲基蓝标准溶液。第一次可预滴加约总量 2/3 的亚甲基蓝溶液，搅拌 2min 使其充分反应，以后每次滴加 1～2mL，搅拌 30s 后用玻璃棒蘸取一滴试液在中速定量滤纸上，观察蓝色斑点周围是否出现淡蓝色晕环，若未出现，则继续滴加亚甲基蓝溶液。当开始出现蓝色晕环后，继续搅拌 2min，再用玻璃棒蘸取一滴试液在中速定量滤纸上，观察是否还出现淡蓝色晕环，若淡蓝色晕环不再出现，继续仔细滴加亚甲基蓝溶液。如搅拌 2min 后仍出现淡蓝色晕环，表明已到终点，记录滴定体积。

（4）计算方法：试样的吸蓝量，按式 2-2 计算：

$$MBI = \frac{319.85Vc}{1000m} \times 100 \tag{2-2}$$

式中　MBI——吸蓝量，g/100g；

　　　　c——亚甲基蓝溶液浓度，mol/L；

　　　　V——亚甲基蓝溶液的滴定量，mL；

　　　　m——试样质量，g；

　319.85——无水亚甲基蓝的摩尔质量的数值，g/mol；

　　　100——每克膨润土吸蓝量换算成 100g 膨润土吸蓝量的系数。

（5）允许差：取平行测定结果的算术平均值为测定结果，两次平行测定的相对偏差不大于 2%。

49. 冶金球团用膨润土的膨胀指数如何测定？

答：根据《膨润土》（GB/T 20973—2007）规定膨润土膨胀指数测定方法如下：

（1）仪器设备：

1）具塞刻度量筒：100mL，内侧底部至 100mL 刻度值处高 180mm ±5mm；

2）温度计：量程 0℃ ±0.5℃～105℃ ±0.5℃；

3）天平：精度为 0.01g。

（2）试验步骤。准确称取 2g ±0.01g 已在 105℃ ±3℃烘干 2h 的膨润土样品，将该样品分多次加入已有 90mL 蒸馏水的 100mL 刻度量筒内。每次加入量不超过 0.1g，用 30s 左右时间缓慢加入，待前次加入的膨润土沉至量筒底部后再次添加，相邻两次加入的时间间隔不少于 10min，直至试样完全加入到量筒中。

全部添加完毕后，用蒸馏水仔细冲洗黏附在量筒内侧的粉粒使其落入水中，最后将量筒内的水位增加到 100mL 的标线处，用玻璃塞盖紧（2h 后，如果发现量筒底部沉淀物中有夹杂的空气或水的分隔层，应将量筒 45°角倾斜并缓慢旋转，直至沉淀物均匀）。静置 24h 后，记录沉淀物界面的量筒刻度值（沉淀物不包括低密度的胶溶或絮凝状物质），精确至 0.5mL。

记录试验开始时和结束时试验室的温度，精确到 0.5℃。

（3）允许差。对同一试样的两次平行测量，平均值大于 10 时，其绝对误差不得大于 2mL，平均值小于或等于 10 时，其绝对误差不得大于 1mL。

50. 冶金球团用膨润土水分如何测定？

答：根据《膨润土》（GB/T 20937—2007）规定，膨润土的水分测定方法如下：

（1）仪器设备：

1）温度计：量程 0℃ ±0.5℃ ~ 105℃ ±0.5℃；

2）天平：精度为 0.01g；

3）烘箱：可控制在 105℃ ±3℃；

4）称量瓶：$\phi 50mm \times 30mm$。

（2）试验步骤。将称量瓶在 105℃ ±3℃下烘干至恒重并称量，加入约 10g 膨润土试样，将称量瓶和试样再次称量后在 105℃ ±0.3℃烘箱中烘干 2h，取出在干燥器中冷却 30min，称量。

（3）计算方法。按式 2-3 计算水分的质量分数：

$$W = \frac{m_3 - m_4}{m_3 - m_5} \times 100 \tag{2-3}$$

式中　W——水分质量分数，%；

　　　m_3——烘干前称量瓶和膨润土试样质量，g；

　　　m_4——烘干后称量瓶和膨润土的质量，g；

　　　m_5——称量瓶的质量，g。

（4）允许差。取平行测定结果的算术平均值为测定结果，两次平行测定的相对偏差不大于 2%。

51. 冶金球团用膨润土过筛率如何测定？

答：根据《膨润土》（GB/T 20937—2007）规定，膨润土过筛率（75μm，干筛）的测定方法如下：

（1）仪器设备：

1）试验筛：$\phi 200 \times 50 - 0.075/0.05$（GB/T 6003.1）；

2）羊毛刷：毛长约 3cm，刷宽约 5cm；

3）黑纸：40cm ×40cm；

4）天平：精度 0.001g。

（2）试验步骤。称取在 105℃ ±3℃烘干 2h 的试样约 10g，精确至 0.001g。移入装有底盘的试验筛中，用羊毛刷轻刷试料，使粉末通过筛孔收集在底盘，直至达到筛分终点。筛分终点的判定是在筛子下垫一张黑纸，轻刷试料，刷筛至没有在黑纸上留下痕迹，即为筛分终点。将筛余物移到已知质量的表面皿中称量，精确至 0.001g。

（3）计算方法。按式 2-4 计算过筛率（75μm，干筛）：

$$S = \frac{m_1 - m_2}{m_1} \times 100 \tag{2-4}$$

式中　S——过筛率（75μm，干筛），质量分数，%；

　　　m_1——试料质量，g；

　　　m_2——筛余物质量，g。

（4）允许差。取平行测定结果的算术平均值为测定结果，两次平行测定的相对偏差不大于 20%。

52. 膨润土吸水率怎样测定？

答：根据《膨润土》（GB/T 20937—2007）中规范性附录规定，膨润土吸水率测定（多孔法的测定方法）如下：

（1）测定方法原理。膨润土通过多孔毛细管吸水膨胀，质量随吸水程度提高而增加，测量一定时间段的吸水增重而计算出该时间段的吸水率。

（2）仪器设备：

1）多孔陶瓷板：250mm×250mm×60mm，孔径 150～170μm（按 GB/T 1967 测定），显气孔率 30%～43%（按 GB/T 1966 测定）；

2）玻璃容器：350mm×350mm×100mm；

3）天平：精度 0.01g；

4）中速定量滤纸：φ125mm；

5）温度计：量程 0℃±0.5℃～105℃±0.5℃。

（3）试验准备。把多孔陶瓷板放入玻璃容器中，用蒸馏水浸没，使多孔陶瓷板浸透。试验时始终保持使多孔陶瓷板上表面高出水面 6mm±1mm，并使玻璃容器和水温度稳定在 20℃±2℃。

（4）试验步骤。将滤纸两张放在蒸馏水中浸渍 30s。使其吸水饱和，然后放在多孔陶瓷板上平衡水分 60min 后，分别称量该滤纸。

称取两份 2g±0.01g 已在 105℃±3℃温度下烘干恒重的膨润土，分别均匀地撒在两张湿滤纸上，膨润土的散布直径约 9cm。

将滤纸和膨润土对称放置在多孔陶瓷板上（注意不要重叠），盖上玻璃容器盖。静置 2h 后，用镊子和铲刀仔细取出湿滤纸和湿膨润土，在天平上称量。

（5）计算方法。膨润土的吸水率按式 2-5 计算：

$$W_a = \frac{W - W_0 - m}{m} \times 100 \tag{2-5}$$

式中　W_a——吸水率，%；

　　　W——湿滤纸和湿膨润土质量，g；

　　　W_0——湿滤纸质量，g；

　　　m——干膨润土试样质量，g。

（6）允许差。取平行测定结果的算术平均恒为测定结果两次平行测定的相对偏差不大于 3%。

53. 碱性熔剂有哪些种类？性质如何？

答： 所谓熔剂是指高炉冶炼过程中的造渣物质。球团生产添加熔剂的目的，主要是为了调节球团矿的渣相成分，提高球团矿的冶金性能，如提高还原度、提高软化温度，降低还原粉化率和还原膨胀率等。根据不同冶金化学特性适宜添加的熔剂种类也不同。目前球团生产中常用的碱性熔剂有石灰石、白云石、菱镁石、生石灰、消石灰等。

（1）石灰石的主要成分是碳酸钙，化学式为 $CaCO_3$。理论纯石灰石含 CaO 为 56%，含 CO_2 为 44%，表面颜色为无色或乳色。常见的石灰石含有 MgO、Al_2O_3 等杂质，硬度约 3，堆密度为 $2.6 \sim 2.8 t/m^3$。

（2）白云石的主要成分是碳酸钙和碳酸镁，化学式为 $CaCO_3 \cdot MgCO_3$。纯白云石含 CaO 为 30.4%，MgO 为 21.8%，CO_2 为 47.8%，表面颜色呈灰白色，硬度约 $3.5 \sim 4$，堆密度为 $1.8 \sim 2.9 t/m^3$。研究表明，提高球团矿 MgO 含量有助于改善球团矿还原软化温度。

（3）菱镁石的主要化学成分是 $MgCO_3$，纯的菱镁石含 MgO 为 47.6%，CO_2 为 52.4%，表面颜色为白色、灰色等，硬度 $4 \sim 4.5$，常具有贝壳状断口，堆密度为 $2.9 \sim 3.1 t/m^3$。

（4）普通生石灰由石灰石经高温煅烧后的产品，主要成分为 CaO。理论 CaO 含量 85% 左右，易破碎。镁质生石灰是由高镁石灰石经高温煅烧后的产品。

（5）消石灰（俗称白灰）是生石灰（CaO）经吸水消化后的产品，主要成分 $Ca(OH)_2$，纯的消石灰含 CaO 为 75.67%，含水（化学水）24.33%。

消石灰除了是碱性熔剂（含 CaO）外，它还是有效的黏结剂，因为经过充分消化的消石灰具有高分散性，水化后有一定的胶结性能，在膨润土广泛使用以前它是主要的黏结剂，现在仍有的球团厂在继续使用。但是生石灰的消化工艺复杂，而且常常不容易做到消化彻底，致使消化后的石灰中常有夹生（CaO），而在以后的造球中继续消化，引起生球质量的恶化。更为麻烦的是消化过程的劳动条件太差。因此现代化的球团生产只要不是特殊需要，都尽量不使用消石灰，而采用膨润土。

54. 球团生产对碱性熔剂的要求有哪些？

答： 总的要求是有效成分含量要高，化学成分均匀，不溶残渣部分要少，其他成分尤其是有害杂质（如 S、P 等）要低，粒度和水分要适合，见表 2-8 和表 2-9。

表 2-8　石灰石化学成分（YB/T 5279—2005）

类　别	等　级	化学成分/%					
		CaO	CaO + MgO	MgO	SiO_2	P	S
		不小于			不大于		
普通石灰石	特级品	54.0	—		1.5	0.005	0.025
	一级品	53.0	—		1.5	0.010	0.035
	二级品	52.0	—	3.0	2.2	0.020	0.060
	三级品	51.0	—		3.0	0.030	0.100
	四级品	50.0	—		3.5	0.040	0.150

类 别	等 级	化学成分/%					
		CaO	CaO + MgO	MgO	SiO$_2$	P	S
		不小于			不大于		
镁质石灰石	特级品	—	54.5		1.5	0.005	0.025
	一级品	—	54.0		1.5	0.010	0.035
	二级品	—	53.5	8.0	2.2	0.020	0.060
	三级品	—	52.5		2.5	0.030	0.100
	四级品	—	51.5		3.0	0.040	0.150

表2-9　冶金生石灰的理化指标（YB/T 042—2004）

类 别	等 级	化学成分/%						灼减/%	活性度/%
		CaO	CaO + MgO	MgO	SiO$_2$	P	S		
		不小于			不大于				不小于
普通生石灰	特级品	92.0	—		1.5	0.020	0.020	2.0	360
	一级品	90.0	—		2.0	0.030	0.030	4.0	320
	二级品	88.0	—	<5.0	2.5	0.050	0.050	5.0	280
	三级品	85.0	—		3.5	0.100	0.100	7.0	250
	四级品	80.0	—		5.0	0.100	0.100	9.0	180
镁质生灰石	特级品	—	93.0		1.5	0.025	0.025	2.0	360
	一级品	—	91.0	≥5.0	2.5	0.050	0.050	4.0	280
	二级品	—	86.0		3.5	0.100	0.100	6.0	230
	三级品	—	81.0		5.0	0.200	0.200	8.0	200

注：活性度为4mol/mL，40℃±1℃，10min 结果。

所谓有效成分其特定含义与所选用的目的有关。如选用石灰石、消石灰的目的是要其中的 CaO，所以要求 CaO 含量要高；选用白云石、菱镁石时则主要是其中的 MgO 含量要高（当然有时还同时着眼于 CaO），而 SiO$_2$ 则被视为杂质。

粒度则主要取决于所选用的破碎（磨矿）设备的要求。一般都要控制入厂原料的最大粒度。对于磨矿以后粒度对球团而言自然是越细越好，一般要求 −0.074mm（−200 目）部分至少不得低于80%。

国外生产熔剂性球团矿时，对加入混合料的石灰石或白云石有下列要求：

（1）化学成分均匀，从中和料堆来的熔剂，氧化钙含量的波动，按中和分析不应该大于±0.20%；

（2）细磨后 −0.074mm 粒级含量为80%～100%；

（3）水分波动不超过0.3%。

2.3　原料加工

从矿山、选矿厂提供的精矿粉、黏结剂和熔剂不可能都符合球团生产的要求，因此有必要进行加工处理，常用的有破碎、筛分、再磨、中和、干燥等工艺。细磨设备主要为球磨机、棒磨机，造球混合料用润磨机。

55. 铁矿粉的再磨工艺有哪些?

答：现在随着球团矿产量的增加，对铁矿粉的需求量逐渐加大，采购适宜造球的铁矿粉比较困难。因此一些企业开始在矿山或球团厂增加铁矿粉再磨工艺。

（1）干磨和湿磨。按磨矿原料干、湿来分可以分为"干磨"和"湿磨"。按磨矿过程有无分级，又可分为"开路"和"闭路"两种，如果综合两种分类则可细分为下列四种：

$$
磨矿 \begin{cases} 干式磨矿 \begin{cases} 干式开路磨矿 \\ 干式闭路磨矿 \end{cases} \\ 湿式磨矿 \begin{cases} 湿式开路磨矿 \\ 湿式闭路磨矿 \end{cases} \end{cases}
$$

干式磨矿除了磨铁矿粉（精矿）外，还常常将其他配合料如石灰石、白云石、蛇纹石和返矿等按规定的配料比定量配料给入磨机（但膨润土、消石灰不配入）一块磨矿。这样在磨矿的同时还起到了初步混捏的作用，可提高造球料的均匀性。干磨的优点是：磨矿介质消耗少，产品不需要脱水。缺点是：耗电高，矿石需经预先干燥、灰尘大。

湿式磨矿是在磨机给矿口加水，使矿粉呈矿浆进行磨细的一种方式。湿式磨矿在磨细难磨性矿石的情况下采用，通常都是与分级机配合使用，具有使磨矿产品粒度更加均匀的特点。然而，湿式磨矿必须有脱水工序，所以选用的对象应该是脱水性能较好的矿石，譬如磁铁矿。湿磨的优点是：耗电量低、灰尘少。缺点是：磨矿后需要脱水，以达到造球要求。

根据经验，到底采用湿磨还是干磨主要看原料的过滤性的好坏，一般而言，磁铁精矿过滤性好，可采用湿磨；赤铁矿、褐铁矿等天然富矿的过滤性差，大多采用干磨。

（2）润磨。对球团原料的细磨处理除了干磨和湿磨外，近年来又新发展了一种称之为润湿磨矿（简称润磨）方法。所谓润磨就是将含一定水分的原料（可配加膨润土），按接近造球所需水分，即润湿状态下在特殊的周边排矿式球磨机（即润磨机）中进行磨矿和混碾。起到对原料的混捏作用，能够降低膨润土的单耗，改善成球，却不能显著改变原料的粒度组成。

56. 简述熔剂的加工处理工艺流程。

答：熔剂的加工处理一般应包括中和、破碎、细磨，有时还包括有干燥作业。

（1）中和。熔剂像铁矿粉一样，也必须有中和作业才能保证化学成分的稳定，以致最终产品（球团矿）化学成分的高度稳定。因此国外球团厂对熔剂的中和也像对待主体原料铁矿粉一样给予高度重视。我国的球团企业在这方面还有很大差距。

熔剂的中和方法和铁矿石的中和基本相同。原则上应该是从熔剂的开采开始，利用装运、转运、筛分和堆料有意识地进行中和。当然光靠这种中和是远不够的，熔剂在运到球团厂之后还要进行再中和。具体的作法是：熔剂从矿山运到球团厂后，用抓斗起重机，皮带机和堆料机等造堆而达到中和目的的。

（2）破碎、干燥、磨矿。熔剂的破碎、细磨一般分两步进行，也就是先将入厂的原料

（大块）经破碎机破碎到一定的粒度，而后将其给到磨矿机进行细磨。如果入厂的熔剂粒度较小（如在25mm以下），则可以不经破碎而进行一次性磨矿。磨矿一般采用干磨。如果熔剂的水分较高，则在磨矿前（或磨矿时）还需进行干燥，现在一般的作法是在同一台特殊设备（烘干磨或风扫磨）中同时进行干燥和磨矿作业。

就破碎和磨矿本身而言都有开路与闭路之分。熔剂的破碎一般采用开路，而熔剂的磨矿则既有开路也有闭路，但采用闭路的较多。

一般情况下，熔剂的破碎、磨矿分别进行，但也有将熔剂（或部分熔剂）与黏结剂按比例配比后在同一台设备中进行破碎、细磨。加拿大的IOC公司把精矿与少量石灰石、焦粉一起细磨。

破碎常用设备是锤式破碎机；熔剂磨矿所用设备几乎全是球磨机。

57. 简述膨润土的加工处理工艺流程。

答：为了方便起见，球团厂（车间）通常采取购进成品（粉状）膨润土，以水泥闷罐车或袋装运进膨润土受料间，而后以风动（压气）送往配料矿槽。

膨润土从矿山开采后，伴有大块，并原矿水分较高，一般在15%以上，有时甚至高达30%左右。常常需要预干燥（或自然干燥）到10%以下时，才能破碎和细磨。

我国破碎主要使用颚式破碎机；细磨设备采用悬碌式磨粉机，又称雷蒙磨。

典型膨润土加工流程如图2-3所示。

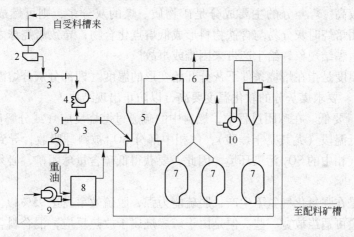

图2-3 典型膨润土加工流程图

1—矿槽；2—给料机；3—皮带运输机；4—颚式破碎机；5—雷蒙磨；
6—旋风收尘器；7—单仓泵；8—加热器；9—风机；10—排风机

2.4 燃料种类

58. 球团生产使用燃料的作用和种类有哪些？

答：燃料在球团生产工艺中起发热剂的作用，在生产还原性球团矿时，也起到还原剂的作用。燃料质量对球团矿的产量、质量，生产成本及其他技术经济指标的影响都很大。

因此选择合适的燃料具有重要的意义。

球团生产最初使用的是气体燃料和液体燃料。近些年由于石油危机、石油产品和天然气价格上涨，致使固体燃料作为球团生产燃料得到应用和发展。

气体燃料主要有高炉煤气、转炉煤气、发生炉煤气、天然气、石油气。

液体燃料主要有重油、柴油。

球团生产用固体燃料主要有非炼焦煤、半焦和碎焦，以及无烟煤。

59. 球团生产对燃料质量要求有哪些？

答：燃料质量与球团矿质量、产量和工艺过程是否顺畅有着密切关系，因此选择燃料时应注意如下要求：

（1）燃烧性要适宜。燃烧性系指燃料与氧在一定条件下的反应速度。反应速度愈快，则燃烧性愈高。在球团焙烧过程中，若燃烧速度明显快于传热速度，则高温作用时间短，易造成"欠烧"；反之，传热速度显著大于燃烧速度，则焙烧温度降低，同样影响球团矿的质量。为使燃烧速度与传热速度有一个良好配合，要求燃料要有适宜的燃烧性。

（2）发热值要高。燃料中可燃性碳、氢及其化合物多，则灰分就少、发热值就高。使用高热值燃料，可以提高气体燃烧产物中自由氧含量，有利于氧化球团矿的固结，并改善其冶金性能。

（3）灰分少且软化温度高。通常，气体燃料和液体燃料的灰分含量都很少，而固体燃料的灰分则比较高。煤灰分的主要成分是矿物质。煤的灰分多，则可燃成分少，发热值低，而且，球团焙烧时灰分易与含铁物料形成低熔点化合物，导致焙烧球之间或焙烧球与竖炉壁之间发生黏结现象，给生产带来困难或事故。

灰分软化温度是指在焙烧条件下灰分开始变形的温度（即部分灰分熔融生成一定数量液相时的温度）。要求煤灰分的软化温度要高，以防止出现结块。

（4）含硫量要低。在球团过程中，燃料中的硫通过燃烧反应（或分解反应）生成 SO_2 进入气相，在低温段（尤其是干燥段），气相中部分 SO_2 被料球吸收，导致球团产品含硫量升高，并且气相中的 SO_2 污染环境。因此，要获得低硫含量球团矿，必须使用含硫量低的燃料。

竖炉球团是在强氧化气氛下生产，脱硫能力强，脱硫效率高达95%以上，故对燃料或原料中的含硫量可适当放宽一些。但是由于硫燃烧属于放热反应，混合料含硫量超标，容易致使炉内结块，造成事故。

3 配料工操作技能

球团生产的配料设备和工艺与烧结配料相比，比较简单；本章主要讲述对造球原料的准备，包括配料设备知识，操作技能，安全防护知识。

3.1 配料设备

60. 受料矿仓的结构和设计要求有哪些？

答： 球团生产受料仓主要用来接受细矿粉和黏结剂。

（1）配料矿槽的结构。目前使用的配料矿槽结构主要有金属结构、金属活动结构等两种。形状均为圆锥形，倾角 70°~80°，见图 3-1。

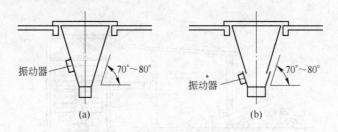

图 3-1　圆锥形矿槽结构示意图

（a）金属圆锥形活动矿槽；（b）金属圆锥形矿槽

由于球团使用的精矿粉等物料的水分一般都在 10% 左右，黏性较大，在料槽中易发生棚料现象而影响配料操作，因此球团的配料矿槽应采用活动式圆锥形金属结构矿槽，因金属结构的活动式圆锥形矿槽摩擦系数小，易于下料。为了减少黏料，矿槽的倾角应大于70°，下部采取圆锥形活动式结构，在活动部分还应设置振动装置或风动装置处理黏料。

振动装置有仓壁振动器或附着式混凝土振动器；风动装置有用高压空气吹管和风动松料器。

在配料矿槽的顶部，一般还设有格子网算板。可防止行车抓料时，配料槽内的料柱产生板结，有保持料柱疏松和防止大石块、塑料布等杂物进入配料槽的作用。

为了保持矿槽内的压力均匀，使矿槽内料柱高度基本保持恒定，在球团配料矿槽应设置上、下限料位器及自动报警系统。

为了减小物料在流动过程中对配料矿槽内壁的磨损、粘、挂料和堵塞，在料槽内壁镶嵌含油尼龙衬板或高分子耐磨衬板。

对于粉状物料，如膨润土、熔剂等黏结性小的原料，仓壁倾角可为 60° 左右。

（2）受料仓的配置：

1）受料仓要考虑适用于铁路车辆卸料，或同时适用于汽车卸料。受料仓的长度应根据卸料能力及车辆长度的倍数来决定，铁路车辆长度约为14m，故用于铁路车辆卸料的受料仓一般跨度为7m，其跨数应为偶数。

2）受料仓的两端应设梯子间和安装孔。

3）受料仓应有房盖及雨搭。地面设半墙，汽车卸料一侧应有300～500mm高的钢筋混凝土挡墙，以防卸料汽车滑入料仓。

4）受料仓下部应设检修用单轨起重机。

5）房盖下应设喷水雾设施，以抑制卸料时扬尘，排料部位应考虑密封及通风除尘。

6）受料仓上部应有值班人员休息室。

7）受料仓与轨道之间的空隙应设置栅条，以免积料，减少清扫工作量。料仓上方都应设格栅，以防止操作人员跌入及特大块物料落进料仓。

8）受料仓地下部分较深，应有排水及通风设施。

9）受料仓轨道面标高应适当高出周围地面（一般高出350mm）并设排水沟，以防止水灌入。

10）地下部分应有洒水清扫地坪或水冲地坪设施。采用自卸汽车的受料仓配置图见图3-2。

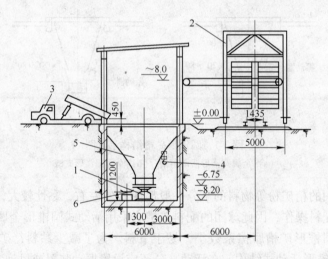

图3-2 采用链斗卸车机及自卸汽车的受料仓配置图
1—圆盘给料机；2—链斗卸车机；3—自卸汽车；4—单轨小车；
5—指数曲线钢料仓；6—带式输送机

61. 料仓防堵措施有哪些？

答：潮湿物料容易堵塞料仓，必须采取防堵塞措施。根据物料黏性大小，料仓下部采用不同的结构形式以防止堵塞。对黏性大的物料，如精矿、黏性大的粉矿等，料仓可设计成三段式活动料仓，并在活动部分装设振动器，如图3-3（a）所示。

对黏性较小的粉矿，料仓上部可设计成带突然扩散形的两段式结构，并在仓壁设置振动器，如图3-3（b）所示。对于消石灰、膨润土等物料，可以直接在一般的金属矿仓壁上设置振动器，如图3-3（c）所示。如矿仓容积较大，可设计成指数曲线形料仓防止堵塞。

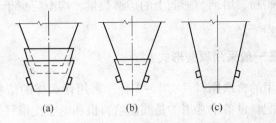

图 3-3　贮存黏性物料的料仓结构
（a）三段式仓；（b）两段式仓；（c）普通料仓

62. 配料室矿槽以什么顺序排列最佳？

答： 各种原料的配料矿槽的排列顺序，一般是在配料皮带前进的方向上，精矿粉矿槽应放在皮带的后部，然后是膨润土和除尘灰等（见图 3-4）。

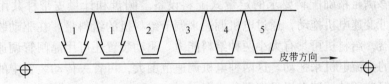

图 3-4　各种原料在矿槽中顺序示意图
1—精矿粉；2—返矿粉；3—消石灰或石灰石粉；4—膨润土；5—其他原料

配料矿槽的排列顺序主要考虑以下几个因素：

（1）膨润土、除尘灰等物料在配料时易扬起尘埃，放在配料皮带前进方向的前方，便于集中密封和除尘，减少对操作环境的污染。

（2）膨润土的配入量一般较少只占 1% ~ 2%，而作用大。它的配料误差的大小，对球团生产有较大的影响，因此，不能放在最下层，以免皮带黏料而引起配料量波动。

（3）精矿粉放在皮带的前进方向的最后位置，有利于其他原料的配比可根据铁精粉的变化而进行调节，同时也为自动配料创造条件。

63. 配料矿槽（贮矿槽）容积和数量如何确定？

答：（1）配料矿槽的大小和数量。配料矿槽的大小和数量，可根据原料要求在配料矿槽内的贮存时间来选定。为了稳定配料和确保球团生产，各种原料在配料矿槽中都需要有一定的贮存时间，通过生产实践，可大致规定如下：

1）精矿粉的保证使用时间，配料室为单独配置时，在 8h 左右，在精矿仓内用抓斗上料时，可为 4 ~ 6h。

2）熔剂（消石灰或石灰石粉）和膨润土，不论是哪种配料形式，使用时间均需大于 8h。

3）细磨返矿粉等其他物料，可按具体情况而定。

4）在原料贮存和使用时间确定后，考虑配料矿槽数量时，为了防止配料设备发生故障而影响生产，对精矿粉、熔剂、膨润土的矿槽数量，均不应少于 2 个，其他原料可按具体情况确定。

64. 精矿粉的给料设备一般采用哪些形式？

答：球团生产使用的含铁原料只有 1～2 种，采用什么样的给料设备取决于技术经济分析的结果，在大型配料设备中常用的是圆盘给料机和电子皮带秤。

（1）普通圆盘给料机。这是用于容积式配料的主要设备。根据物料的容重，借助圆盘控制给出物料的容积量，从而达到配合料所要求的添加比例。由于各种物料的容重随着粒度和温度的不同而发生波动，因此，这种配料设备所采用的容积配料法配料精度低，满足不了现代化烧结厂对配料精度的要求。

（2）调速圆盘+电子皮带秤。调速圆盘+电子皮带秤是一种比较简易的重量配料设备，它由一台带调速电机的圆盘给料机和一台电子皮带秤组成，如图 3-5 所示。

（3）定量圆盘给料机+计量皮带秤。这是一种将普通圆盘给料机与计量皮带秤进行组合的一种能够满足精确配料要求的定量式配料设备。圆盘和计量皮带秤共用一套驱动装置，一般由可变速电机拖动，通过电机调速来调节给料机的给料量。在驱动装置中设有能力转换离合器，给料机可具有大小两种给料能力。驱动装置还可用晶闸管调速的直流电机或变频调速的交流电机来拖动。这两种电机调速范围大，可省去传动装置中的大小能力转换离合器。但这两种调速电机电气部分投资大。

定量式圆盘给料机配料准确，提高了产品质量，改善了劳动条件，而且便于配料自动化。给料机本体与计量胶带机共用一套驱动装置，结构紧凑，占空间少；给料机与计量胶带机同时运转，被称量的物料在两设备上同步运动，增加了计量的准确性。目前，我国新建的大型烧结厂均采用这种定量式圆盘给料机（见图 3-6）。

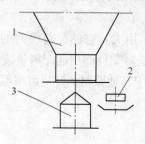

图 3-5　调速圆盘+电子皮带秤示意图

1—料仓；2—电子皮带秤；3—调速圆盘

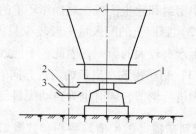

图 3-6　定量圆盘给料机示意图

1—圆盘给料机；2—电子皮带秤；3—带式输送机

65. 黏结剂和熔剂的给料设备一般采用哪些形式？

答：由于膨润土、消石灰、石灰石粉等熔剂和黏结剂属于细粒状物料，比较干燥、黏度小，无法使用圆盘给料，一般采用拖料电子皮带机、螺旋给料机、叶轮给料机、电磁振动给料机。

（1）拖料电子皮带机（见图 3-7）。这种方式是直接将可调短皮带设置在配料槽下部，通过皮带胶面与原料的摩擦作用，将原料从料槽内拖出，达到给料的目的，如果在皮带架上安装称量机构，就能达到自动化。这种配料具有结构简单的优点。但是当料槽料位变化或物料黏度较大时，则配料精度将受到影响。此法一般只适于用松散黏度较小的物料，如石灰石粉、膨润土等。目前皮带给料机的带宽有 500mm、650mm、800mm 等。

（2）螺旋给料机。螺旋给料机是利用带有螺旋的轴旋转，将物料沿着固定的机壳槽内推移前进，通过排料口把物料排出槽外来达到给料的目的。主要部件有槽体、螺旋、进出料口和传动装置等，它的简单构造如图3-8 所示。

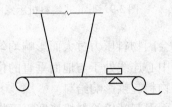

图 3-7　电子皮带秤示意图

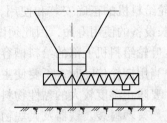

图 3-8　螺旋给料机示意图

螺旋给料机是一种适用于干燥的黏度小的粉状和细粒状物料的给料设备，在球团配料中用于熔剂或添加剂的给料，广泛应用于膨润土配料。生产中常常与失重秤结合使用，完成自动化配料。

优点：结构简单、制造成本低、密封性能好、操作安全方便。

缺点：零件磨损较大，给料能力小，消耗功率大，不适宜用在黏性大易结块物料的给料。

螺旋给料机正确的安装、操作和使用，既能避免事故的发生，又能延长设备的使用寿命，因此必须做到以下几点：

1）螺旋给料机的安装必须牢固，确保运转时有足够的稳定性。

2）螺旋给料机在安装时，必须将机件清洗干净，并在槽内不得留有异物，以防止堵塞。

3）螺旋给料机安装完毕，应对各部运动机件加油润滑，方能进行无负载试车运行。

4）使用原料中，不得混有坚硬或大块物料，以免卡住螺旋而损坏设备。

5）使用的物料中，不得混有塑料布、编织袋、杂草、绳头等杂物，以免缠绕螺旋使物料排出不稳定，影响配料的准确性。

6）螺旋给料机在运转中，如发现有任何异常现象，应立即停车检查，待消除故障后，才能投入使用。

7）螺旋很易磨损。当磨损到一定程度后就要及时进行更换，以免影响配料的准确性；可采用耐磨材质螺旋或在螺旋边缘镶焊合金刀头，以提高螺旋使用寿命。

（3）叶轮给料机。叶轮给料机亦称星型给料机、格式给料机，是一种适用于干燥粉状或小颗粒状物料的给料设备，在球团配料中用于消石灰、石灰石粉、细磨返矿粉和膨润土的给料。

叶轮给料机有弹性叶轮给料机和刚性叶轮给料机两种。弹性叶轮给料机的叶片是用弹簧钢板固定在转子上。刚性叶轮给料机的叶片是与转子铸成一个整体。弹性叶轮机的密闭性和给料均匀性都较刚性叶轮给料机好，在球团配料中一般都使用刚性叶轮给料机。

叶轮给料机优点：结构简单、体积小、重量轻、密封性较好、给料较均匀。

缺点：给料能力小、不适用黏性大和湿润的物料的给料。

叶轮给料机主要由机壳、叶轮、进、出料口及传动装置等组成，如图3-9所示。

叶轮给料机的正确安装和使用，能避免事故的发生，延长设备的使用寿命，因此须做到以下几点：

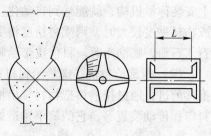

图3-9　叶轮式给料机示意图

1）叶轮给料机上部的给料槽容积不能太大，否则会因物料压力过大而影响均匀给料。

2）当用链轮传动时，不要使主动链轮和从动链轮中心连线处于与地面垂直的位置。

3）要防止湿度较大的黏性物料进入给料槽，而使物料起拱影响给料。

4）严禁塑料袋、铁器及大块物料等混入给料槽，而引起叶轮给料机堵塞不下料。

66. 圆盘给料机的构成及工作原理是什么？

答： 圆盘给料机是细粒物料常用的给矿设备，给矿粒度范围是50～0mm。优点是给料均匀准确、调整容易、运转平稳可靠、管理方便。但构造比其他细粒物料给矿设备复杂，价格较高。

圆盘给料机因其传动机构封闭的形式不同，分为封闭式与敞开式两种。与敞开式比较，封闭式有负荷大、检修周期长等优点，大型烧结厂采用较多，但其有设备重、价格高、制造困难等缺点。中小型烧结厂一般采用设备较轻便于制造的敞开式圆盘给矿机，缺点是物料水分及料层高度波动时容易影响给料波动，进而影响配料的准确性。

圆盘给料机的构造如图3-10和图3-11所示。其工作原理是传动部分带动圆盘旋转，使圆盘与物料间的摩擦力矩，克服料与料间和料与矿槽漏斗套筒内壁的摩擦阻力矩，使料与圆盘一起旋转，并向出口一方移动，由套筒的蜗牛形切力处闸门或刮刀使料从出料口排出，卸到皮带机上。通过调节闸门开度和电机转速，可调节料流的大小。

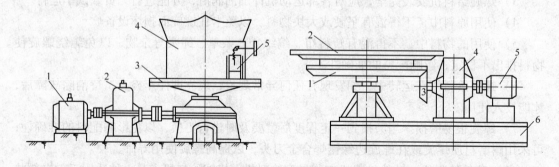

图3-10　封闭式圆盘给料机示意图
1—电动机；2—减速器；3—圆盘；
4—套筒；5—闸门

图3-11　敞开式圆盘给料机示意图
1—伞齿轮；2—小齿轮；3—圆盘面；
4—减速机；5—电动机；6—底座

圆盘给料机的全套装置分为两部分，即上部的套筒与下部的圆盘及其底座。套筒部分由料斗、套筒和可调的卸料阀组成。圆盘部分由电动机经减速机、伞齿轮带动圆盘竖轴转动。

圆盘套筒有蜗牛式与直筒式两种（见图 3-12 和图 3-13）。蜗牛式套筒采用闸门排料，下料均匀准确，尤其适合熔剂、燃料等，但对水分含量较大的精矿粉，常常出现堵料现象。直筒式套筒采用刮刀排料，堵料现象较蜗牛式套筒轻，但下料量波动大。

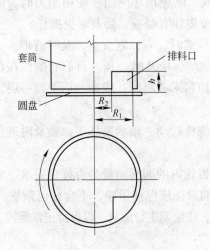

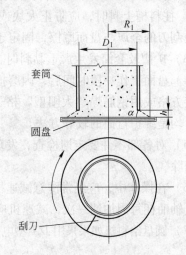

图 3-12　蜗牛式套筒圆盘

R_1，R_2—排料口内外侧与圆盘中心距离；
h—排料口闸门开启高度

图 3-13　直筒式套筒圆盘

R_1—排料口外侧与圆盘中心距离；D_1—套筒直径；
h—套筒离圆盘高度；α—圆盘上物料的安息角

给料圆盘由于与物料的摩擦，磨损较快，故有用辉绿岩铸石、陶瓷等耐磨材料来代替钢板作衬板，以延长使用寿命。

圆盘给料机技术规格见表 3-1。

表 3-1　圆盘给料机技术规格

形式	型号	直径/mm	转速/(r/min)	给料粒度/mm	给料能力/(m³/h)	电动机 型号	功率/kW
封闭座式	FPG1000	1000	6.5		13	JO₂-41-6	3
	FPG1500	1500	6.5		30	JO₂-52-6	7.3
	FPG2000	2000	4.79	≤50	80	JO₂-61-6	10
	FPG2500	2500	4.52		120	JO₂-71-6	17
	FPG3000	3000	1.3~3.9		75~225	JO₂-72-6	22
敞开座式	CPG1000	1000	7.5		14	JO₂-32-6	2.2
	CPG1500	1500	7.5		25	JO₂-51-6	5.5
	CPG2000	2000	7.5		100	JO₂-61-6	10

67. 圆盘给料机在安装上和操作维护中应注意哪些方面？

答：为了保证圆盘给料机正常运转及配料准确，在安装和使用过程中一般应注意下面几点：

（1）在安装时，应保证圆盘的中心与料仓中心线重合在同一垂直线上，圆盘应保持平正，盘面粗糙程度一致，升降套筒的调整距离应符合规定。安装完毕，进行空载试运转 2h，如果情况良好，再进行负荷试车 8h，然后就可正式投入使用。

（2）操作上，应保证矿槽内压力均匀，矿槽内料柱高度应经常保持恒定（最好装一半料）。往料槽上料时，应防止大块或其他杂物进入，以免顶坏闸门。使用刮刀时，应注意不使刮刀的金属与盘面摩擦，固定于刮刀下缘的胶皮如有磨损，要及时更换。

（3）矿槽及套筒发生严重黏料时，应在停机或检修时，有计划放空，及时清理。

（4）盘面工作一段时间后，因磨损变光滑或有凹坑，应及时处理。目前有的厂在盘面上焊接方格或用钢筋焊"太阳型"格子，里面填满原料形成料衬；或在盘面上砌一层无釉瓷砖，均是维护盘面的较好方法。

（5）对各部零件要定期检查，发现问题如基础螺栓松动、轴承损坏等，要及时进行修理和消除。

（6）在操作中，应经常注意减速机及各轴承、齿轮内的润滑油量是否符合要求。伞齿轮与立轴油杯每周加油一次，减速机应定期加油。润滑油应保持干净，不含任何杂质。

（7）圆盘给料机如果采用 JZT 型电磁调速电动机，应定期进行清灰，以保持正常运转。

68. 皮带机的结构、作用和类型有哪些?

答:（1）皮带运输机的作用和类型。皮带运输机是一种连续运输散碎物料的机械，具有高效、结构简单、工作可靠、操作方便和物料适应性强等优点。

皮带运输机不但可以单独作业，进行工艺操作上的少量物料转运，而且可以以数条运输机相连，组成系列运输线，运载大量物料，其运输距离可以几米、几十米、几百米到几万米。皮带运输机类型很多，有通用固定式、轻型固定式、移动式和钢丝牵引式等，其中通用固定式皮带运输机应用最为广泛，约占皮带运输机的 90% 以上，以符号"D"表示。

（2）皮带运输机的结构。固定式皮带运输机的构造如图 3-14 所示，主要包括承载牵引力机构（无端的皮带）、支撑装置（上下托辊组）、增面改向装置（包括张紧滚筒、张紧小车、张紧重锤或张紧丝杆）、受料及排料装置（装卸料斗等）、驱动装置（包括电动机、传动机构及传动滚筒）、安全装置（制动器等）、清扫装置及机架等，移动式的还有走行机构。

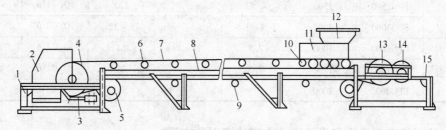

图 3-14　固定式皮带运输机示意图

1—头轮架；2—头罩、漏斗；3—清扫器；4—头部传动辊筒；5—改向辊筒；6—上托辊；
7—运输皮带；8—中间架；9—下托辊；10—缓冲托辊；11—导料拦板；
12—给料漏斗；13—尾部改向辊筒；14—拉紧装置；15—尾轮架

1）驱动装置：皮带运输机的驱动装置由电动机、减速机、联轴节等组成。一般选用 JO₂ 及 JO₃ 型系列电机，当功率大于 100kW 时，采用 JS 型电动机较合适。配套的减速机一般采用 JZQ 型减速机，功率大时可选用 ZHQ 型减速机。

2）传动辊筒：传动辊筒分为钢板滚筒和铸铁辊筒，其表面分为光面、包胶和铸胶面三种。在环境比较干燥地方可采用光面辊筒，环境潮湿消耗功率又大、容易打滑的地方采取胶面辊筒。

3）改向辊筒：改向辊筒也分为钢板和铸铁两种，主要用于 180°、90° 及小于 45° 的改向。用于 180° 的改向辊筒一般为尾轮或"垂直拉紧"。用于 90° 改向辊筒一般为垂直拉紧装置，用于小于 45° 的改向辊筒一般为增面轮。

4）托辊和托辊架：分为无缝钢管、陶瓷、尼龙和橡胶托辊等。上托辊架一般为槽型，采用三个托辊组合，下托辊均为平型托辊。

下托辊的间距一般为 3m。为了减少物料对皮带的冲击作用，在受料端的下部选用缓冲托辊。运送特大块度物料时，应选用重型缓冲托辊。

5）拉紧装置：拉紧装置是为了使皮带保持一定的张紧状态，以防因皮带太松引起打滑。拉紧装置分为螺旋式、车式、垂直式三种。

①螺旋式拉紧装置是靠尾部的螺杆来实现的，它适用于长度较小（小于 80m）、功率不大的运输机上。一般按皮带长度的 1% 选择拉紧行程，分 500mm 和 800mm 两种。

②车式拉紧装置适用于皮带机较长、功率较大的情况，它的结构简单，工作可靠，可优先选用。

③垂直拉紧装置仅适用于在采用拉紧装置有困难的场所，它的优点是利用皮带机在走廊空间位置，便于布置。缺点是改向辊筒多而且物料容易落入运输带与拉紧辊筒之间而损坏皮带。

6）清扫器：皮带运输机的工作面常常黏附着一些物料，特别是当物料的湿度和黏度很大时更为严重，为了清除这些物料，在传动辊筒式增面轮之前安装清扫器。清扫器有弹簧式、重锤式和轮式等多种。在皮带机尾轮辊筒之前的非工作面上也设有清扫器。

7）制动装置：皮带运输机的倾角大于 4° 时，为了防止带负荷停车时发生逆转事故，应安装制动装置。这种装置有带式逆止器、滚柱逆止器和电磁闸瓦式制动器三种。

69. 各种给料设备使用范围及优缺点有哪些？

答：给料设备种类很多，球团厂常用的给料设备及优缺点列于表 3-2。

表 3-2　常用给料设备状况比较

名　称	给料粒度范围/mm	优　缺　点
圆盘给料机	50～0	优点：给料均匀准确，调整容易，运转平稳可靠，管理方便 缺点：设备较复杂，价格较贵
螺旋给料机	粉状	优点：密封性好，给料均匀 缺点：磨损较快
胶带给料机	350～0	优点：给料均匀，给料距离较长，配置灵活 缺点：不能承受较大料柱的压力，物料粒度大胶带磨损严重
电振给料机	100～0.6	优点：设备轻，结构简单，给料量易调节，占地面积及高度小 缺点：第一次安装调整困难，输送黏性物料容易堵矿仓口
叶轮给料机	粉状	优点：密封性好 缺点：给料量小

70. 电子皮带秤的组成及工作原理是什么?

　　答: 电子皮带秤用于皮带运输机输送固体散粒性物料的计量上,可直接指示皮带运输机的瞬时送料量,也可累计某段时间内的物料总量,如果与自动调节器配合还可进行输料量的自动调节,实现自动定量给料。此外,它具有计量准确、反应快、灵敏度高、体积小等优点,因此在烧结厂被广泛地应用在自动重量配料上。

　　电子皮带秤由秤框、传感器、测速头及仪表组成。秤框用以决定物料的有效称量,传感器用以测量重量并转换成电量信号输出,测速头用以测量皮带轮传动速度并转换成频率信号,仪表由测速、放大、显示、积分、分频、计数、电源等单元组成,用以对物料重量进行直接显示及总量的累计,并输出物料重量的电流信号作调节器的输入信号。

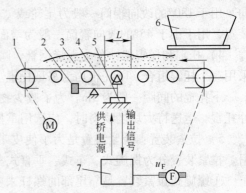

图 3-15　电子皮带秤原理图
1—皮带运输机;2—平衡锤;3—物料;4—秤架;
5—传感器(压头);6—给料口;7—显示仪表

　　电子皮带秤基本工作原理如下(见图 3-15):按一定速度运转的皮带机有效称量段上的物料重量 p,通过秤框作用于传感器上,同时通过测速头,输出频率信号,经测速单元转换为直流电压 u 输入到传感器,经传感器转换成 Δu 电压信号输出,电压信号 Δu 通过仪表放大后转换成 $0\sim10mA$ 的直流电 I_0 信号输出,I_0 变化反映了有效称量段上物料重量及皮带速度的变化,并通过显示仪表及计数器,直接显示物料重量的瞬时值及累计总量,从而达到电子皮带秤的称量及计算目的。

　　该设备灵敏度高,精度在 1.5% 左右,不受皮带拉力的影响。由于采用电动滚筒作为传动装置,电子皮带秤灵敏、准确,结构简单,运行可靠,维护量小,经久耐用,便于实现自动化。

71. 核子秤的组成及工作原理是什么?

　　答: 电子皮带秤是采用压力传感器及速度传感器与微机组成的接触式的自动称量设备,其动态精度可达 1.5%。但由于是接触式的,它要受皮带颠簸、超载、滚轮偏心、皮带张力变化和刚度变化等因素影响,又由于采用的是压力传感器,其器件本身的精度受温度影响较大,且不适合于工作在高温度、高粉尘、强腐蚀等恶劣环境中,实际使用证明,现有通用电子皮带秤的动态运行准确度没有保证。使用中需不断地对电子秤进行调整,否则会产生系统偏差。由于它需要经常校正、维护和维修,给计量工作带来繁重的负担,并且不能保证长期稳定、可靠地工作。

　　核子秤由于采用非接触式测量技术,并充分利用现代计算机及电子学的最新成果,它克服了传统电子秤的缺点。其特点如下:

　　(1)根据 γ 射线穿过物料时其强度按指数规律衰减的原理,对输送机上传送的各种物料累积重量、流量进行非接触式在线测量。

　　(2)不受皮带磨损、张力、振动、跑偏、冲击等因素影响,能长期稳定、可靠地工作。

（3）利用高新技术和特殊工艺制造的传感器具有极高灵敏度，可在高温、多尘、强电磁干扰、强腐蚀等恶劣环境下可靠运行。

（4）除皮带输送机外，还适用于电子秤不能应用的场合，如螺旋、刮板、链板、链斗等各式输送机。

（5）测量秤架安装只需很少的空间，不需要对原设备进行改造。

（6）系统高智能化，操作非常简单，安装标定后，全部维护工作可由按键完成，正常工作下可无人值守。

（7）可用标准吸收校验板方便地对系统精度进行检测。

（8）可随时显示物料重量、负荷、流量，自动打印在某一时刻的累积量。

（9）具有漂移补偿及源衰减补偿功能，系统长时间运行稳定可靠。

（10）由于放射源的强度低，同时系统具有可靠的防护措施，这就保证了在秤架之外的放射剂量远低于国家公众人员防护标准。

核子秤的基本配置包括秤体、信号传输通道等。秤体部分包含 γ 射线输出器、γ 射线传感器、传感器套筒、前置放大器、A 形秤架、V/F 变送器、放射源防护罩等；主机部分包含开关电源、CPU 板、各种信号输入输出接口、打印机等，参见图 3-16。

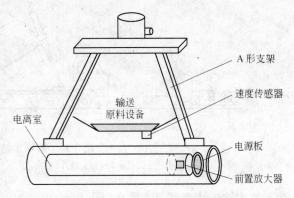

图 3-16　核子秤秤体结构图

核子秤的工作原理：核子秤是利用被测物料对同位素辐射源发出 γ 射线的吸收原理制造的一种新型计量仪器，射线通过物质时，由于被物质吸收和散射，其辐射强度减弱，减弱的幅度遵循一定规律，同时，放射线对惰性气体有激励作用，使气体电离产生电流。通过测定电离电流即可得知射线衰减程度，亦可推知被测物的厚度和质量，从而计算出物料的累积重量、流量等参数。

γ 射线输出器输出的 γ 射线，穿过物料到达传感器。物料对 γ 射线具有衰减作用，物料厚处透过的 γ 射线少，物料薄处透过的 γ 射线多，γ 射线传感器根据所接收到 γ 射线的多少发出相应的电信号，由具有高放大倍率和高稳定性的前置放大器进行放大，放大后的传感器信号经 V/F 转换连同皮带的速度信号一起送入计算机中进行计算，得到皮带运料的各种有用的计量参数。

72. 失重秤的组成及工作原理是什么？

答：失重秤属于动态配料秤，是以物料流量作为控制对象，它适用于物料连续供给的配料场合。凡是粒度较均匀的散状物料及流动性液体都可用失重秤进行配料。它的工作原理是当料斗向外排料时，仪表通过测量并计算单位时间内料斗中物料的重量之差与单位时间的比值从而得出物料的流量，此流量与设定点比较，如果存在误差，则仪表的 PID 调节系统改变控制信号的大小，从而改变给料设备的出料量，以使出料量与设定点一致。

失重秤主要由料仓、闸门、计量斗、称重传感器、失重秤仪表等组成部分。

73. 膨润土高压气力输送系统有哪些特点和注意事项?

答:膨润土高压气力输送系统(见图3-17)的特点为:

(1)需要空气量少,低压输送时$(2.9 \sim 6.9) \times 10^4 Pa$,混合比为$2 \sim 10$;高压输送时,混合比为$20 \sim 200$。

(2)因风量小,输送管径小,分离器结构简单,仓式泵风量为$5 \sim 18 m^3/min$;袋式收尘器为$8 \sim 40 m^2/min$。设备小,建设费用低。

(3)节省劳力,可自动控制,事故少,维修工作量小。

(4)输送采用密闭系统,环境保护好。

(5)可远距离输送,达到$500 m$以上。

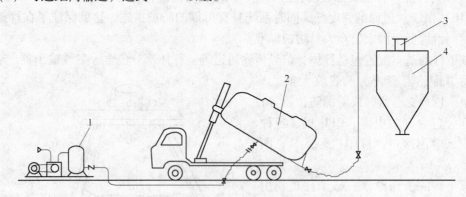

图3-17 膨润土输送系统图

1—压力机;2—密封罐车(带仓式泵);3—袋滤器;4—膨润土仓

气力输送注意事项主要有以下几点:

(1)严格控制料位,防止淤料损坏除尘器。

(2)管道接口必须绑牢,防止喷膨润土伤人。

(3)输送过程中,严禁靠近管道,防止管道断裂伤人。

(4)助吹阀要保证正常。

3.2 配料工操作

74. 配料的目的和要求是什么?

答:配料就是根据对球团矿质量指标要求和原料成分,将各种球团原料(含铁原料、黏结剂、添加剂等)按一定的比例组成配合料(或称为混合料)的工序过程叫配料或配料作业。

配料的目的是为获得化学成分稳定、机械强度高、冶金性能良好的球团矿,并使混合料具有良好的成球性能和生球焙烧性能,保证球团焙烧和高炉冶炼过程顺利进行,达到高产、优质、低耗。为此,就要对不同的含铁原料、黏结剂、添加剂等进行合理、准确的配料。

一般由于球团生产使用的原料种类比较少，故配料作业工艺较烧结生产简单。但是，要求进入配料室的原料应经过中和混匀处理，化学成分、水分和粒度等应符合生产要求，并根据炼铁生产对球团矿理化性能的要求，进行配料计算，以保证球团矿的品位、硫含量以及碱度等主要成分指标在控制范围之内。

75. 配料计算前必须掌握哪些情况？

答：配料计算前必须掌握以下情况：

（1）各种原料的化学成分和物理性能；

（2）成品球团矿的质量技术要求和考核标准；

（3）原料的堆放、贮存和供应等情况；

（4）配料设备的能力。

76. 配料方法有几种？它们各有什么优缺点？

答：配料的准确性在很大程度上决定了所采用的配料方法，目前普遍采用的有容积配料法和重量配料法两种。

（1）容积配料法。容积配料法是根据物料堆比重一定的道理，借助给料设备控制其容积数量，达到所要求配比的一种配料方法。该法的优点是设备简单，操作方便。但是由于物料的堆比重、水分并不是一个固定值，所以尽管料仓闸门开度不变，但不同时间的给料量往往不一样，因此造成配料误差较大。为了提高此法的配料准确率，常常配以重量检测（即跑盘）。除了物料堆比重变化会引起配料量波动外，还有设备等诸多方面的原因。

（2）重量配料法。重量配料法是按原料的重量进行配料的一种方法。其优点在于比容积配料法精确，特别是添加数量较少的组分（如膨润土）时，这一点就更明显。此外，重量配料法可实现自动化配料。重量自动配料是借助电子皮带秤（或核子秤）和定量给料自动调节系统来实现的。

两种配料方法的比较参见表3-3。

表 3-3 两种配料方法的比较

重 量 配 料	容 积 配 料
（1）精度高，误差小，配料误差一般在 ±1.5% 左右。国外在 ±1% 以内；	（1）误差大，精度低，配料误差一般在 5% ~10%，瞬时误差超过 20%，逐渐趋向淘汰；
（2）能实现自动配料，可减轻工人的劳动强度，提高生产率；	（2）不能实现自动化，工人劳动强度大，不能满足生产要求；
（3）设备比较复杂，维护困难	（3）设备简单，操作方便，维护容易

77. 配料计算的原则是什么？

答：球团配料计算，就是在一定用料计划下，考虑到各种原料搭配，根据已知的原料成分和规定的球团矿成分（如含 Fe 量、CaO/SiO_2、MgO 或 S 含量等），确定合适的配料比例，正确的配料是保证球团矿质量合格的关键之一。球团矿的品位取决于矿粉的含铁量，CaO、MgO、S 含量决定于炼铁工艺的要求，而 SiO_2 是原料带入的必然结果。

配料计算是建立在"质量守恒、物质不灭"原理的基础上，按不同的平衡条件，列出方程组，然后求解，以下介绍的计算方法，均以单位质量球团矿为计算基础。

(1) 按 Fe 平衡可列方程式；

(2) 按碱度平衡可列方程式；

(3) 按 MgO 平衡可列方程式；

(4) 按焙烧过程中的失氧量可列方程式。

我们通常将方法（1）~（3）分别或同时运用于生产配料计算，而方法（4）只有设计时使用。但是在生产现场我们最经常使用的还是碱度平衡计算法。

78. 配料计算的步骤有哪些?

答：配料计算的方法很多，但其计算步骤基本一致，主要有以下几个方面：

(1) 计算前列出所使用原料的化学成分，对化学成分不齐的，要进行补齐。

(2) 根据要求确定配料计算中的一些必要条件，如成品球团矿的含铁量、碱度、膨润土和添加剂配比。

(3) 根据选定的配料比（选择配料比时要根据原料成分、贮存量和对球团矿质量要求，凭经验选定）计算球团矿的化学成分和实际配料时的干、湿料给料量。

一般是确定 100kg 湿料中各种原料的配入量。

(4) 计算各种原料的干料、湿料、残存量（即球团矿量）、TFe、SiO_2、S 等。

$$干料量 = 湿料量 \times (1 - 水分)$$

$$湿料量 = 干料量 \div (1 - 水分)$$

$$残存量 = 干料量 \times (1 - 烧损)$$

烧损采用原料化验分析的烧损值，也可通过计算确定。原料中的烧损部分为：全部结晶水、碳酸盐中的二氧化碳、燃料中的固定碳和挥发分及部分硫。

原料中的残存（不烧损）部分的总量就是所得到球团矿的量。

(5) 校核计算球团矿的化学成分。配料后的全铁量与总残存量之比为球团矿的含铁量；配料后各化合物量与总残存量之比即为球团矿中这种化合物的含量。

计算结果的碱度值与所要求球团矿的碱度对比，一般误差在 ±0.05 内即可。

配料计算都是以干基为准。这是因为各种原料水分不一，且波动大，不能成为固定值，另外化学成分都是以干基为准进行化验的。

生产中配料使用的是湿基值，要将干基值用公式换算为湿基值。

79. 常用的配料计算方法有哪些?

答：配料计算的方法有多种，最常用的球团矿配料计算方法有以下两种：

(1) 根据本厂的原料，事先确定配料比，然后进行配料计算。在生产酸性球团矿（自然碱度）时，常采用此法计算。此法中又有使用单一铁精矿粉的计算和使用两种或两种以上铁精矿的计算两类。

(2) 按对球团矿的技术条件（质量要求）的配料计算。球团矿的技术条件是与配料计算密切相关的，主要有全铁含量和碱度两项。根据上述两项技术要求进行的料配计算是较为复杂的。一般要列二元一次方程，才能计算出各种原料的配料比。

80. 例举如何进行配料计算。

答：由于多数企业生产酸性球团矿，使用的原料品种比较单一，基本是铁精矿粉(1～2种)、除尘灰和膨润土。不论使用多少种含铁料，我们都可以先根据实际生产情况、技术要求、库存量确定部分铁料的配比。如使用三种铁粉，可以先根据生产情况确定一种铁粉配比，另外两种待求；除尘灰、膨润土可根据情况先确定配比。因为它们用量比较小，生产中的调整，影响很小，可忽略不计。

例如：原料情况如下（表3-4），膨润土配比为1.1%，除尘灰配比3%，要求球团矿品位为63.5%，求两种精粉的配比，写出球团矿化学成分。

表3-4 原料成分 （%）

原料	TFe	FeO	CaO	SiO$_2$	烧损	配比
普通精粉	66.5	26.8	0.8	5.20	+2.92	A
钒钛精粉	64.7	23.5	1.2	6.00	+2.55	B
除尘灰	63.0	0.55	1.15	5.75	0	3.0
膨润土			2.3	67.00	-5.8	1.1

注：1. 作配料计算所用的数据都是干量，不含有水分。

2. 膨润土、精粉的烧损需经过试验或计算确定。

3. 球团矿生产一般都以磁铁矿为主，由于磁铁矿中FeO氧化生成Fe$_2$O$_3$吸O$_2$增重，可以用下式计算，如表中数据：

$$2FeO + \frac{1}{2}O_2 = Fe_2O_3$$
$$144 \qquad 16 \qquad\qquad 160$$

铁精粉增重量 =（精粉FeO含量 - 球团矿FeO含量）×（16÷144）

如果球团矿中FeO含量为0.55%，则两种精粉增重分别为2.92%和2.55%。

（1）配料计算中常用的公式有：

1）干球的含铁量 = 所有含铁料带入的含铁量之和

2）某铁料带入干球的含铁量 = 某铁料的品位×某铁料的配比

3）成品球的品位 = 干球的含铁量÷Σ残存量

4）Σ残存量 = 每个物料残存量之和

5）每个物料的残存量 =（1±烧损%）×这个物料的配比

6）铁粉A配比 + 铁粉B配比 + 除尘灰配比 + 膨润土配比 = 100

7）碱度 R = ΣCaO÷ΣSiO$_2$

8）每个物料的CaO量 = 这个物料化学成分CaO量×配比

9）每个物料的SiO$_2$量 = 这个物料化学成分SiO$_2$量×配比

（2）计算配比（初学者计算时，为避免混淆，成分及配比只带入数，可不用带入%）

1）干球的含铁量：

普通精粉带入的含铁量： **66.5A**

钒钛精粉带入的含铁量： **64.7B**

除尘灰带入的含铁量: 63×3

则 干球含铁量 $= 66.5A + 64.7B + 63 \times 3$

2）Σ 残存量:

普通精粉的残存量: $(1 + 2.92\%)A = 1.0292A$

钒钛精粉的残存量: $(1 + 2.55\%)B = 1.0255B$

除尘灰的残存量: $(1 + 0) \times 3 = 3$

膨润土的残存量: $(1 - 5.8\%) \times 1.1 = 1.0362$

则 Σ 残存量 $= 1.0292A + 1.0255B + 3 + 1.0362$

3）成品球团品位:

$$63.5 = \frac{66.5A + 64.7B + 63 \times 3}{1.0292A + 1.0255B + 3 + 1.0362} \tag{1}$$

$$65.3542A + 65.1193B + 256.30 = 66.5A + 64.7B + 189$$

$$1.1458A = 0.4193B + 67.3 \tag{2}$$

4）所有原料配比之和等于100。

$$A + B + 3 + 1.1 = 100$$

则 $A = 95.9 - B \tag{3}$

由式（2）、式（3）解出(将式(3)代入式(2)):

则 $1.1458(95.9 - B) = 67.3 + 0.4193B$

$$1.5651B = 42.5822$$

$$B = 27.21$$

则 $A = 68.69$

5）总结、验算。计算到这里还不能算完，计算是否正确，还需要验算，将以上配比分别带入式（1）进行验算:

$$\frac{66.5 \times 68.69 + 64.7 \times 27.21 + 63 \times 3}{1.0292 \times 68.69 + 1.0255 \times 27.21 + 3 + 1.0362} = \frac{6517.372}{102.6359} = 63.4999$$

通过验算证明以上配料计算是正确的。

（3）计算干球的 ΣCaO 和 ΣSiO_2 含量:

普通精粉带入 CaO 含量: $0.8 \times 68.69\% = 0.5495$

钒钛精粉带入 CaO 含量: $1.2 \times 27.21\% = 0.3265$

除尘灰带入 CaO 含量: $1.15 \times 3\% = 0.0345$

膨润土带入 CaO 含量: $2.3 \times 1.1\% = 0.0253$

则 ΣCaO 含量 $= 0.5495 + 0.3265 + 0.0345 + 0.0253 = 0.9358$

普通精粉带入 SiO_2 含量: $5.2 \times 68.69\% = 3.5719$

钒钛精粉带入 SiO_2 含量: $6.0 \times 27.21\% = 1.6326$

除尘灰带入 SiO_2 含量: $5.75 \times 3\% = 0.1725$

膨润土带入 SiO_2 含量： $67 × 1.1\% = 0.737$

则 ΣSiO_2 含量 $= 3.5719 + 1.6326 + 0.1725 + 0.737 = 6.114$

（4）球团矿化学成分。写出球团矿化学成分的 CaO 和 SiO_2 时如果按（3）的结果那是错误的，应该考虑残存量（即将 $A = 68.69\%$、$B = 27.21\%$ 带入式 Σ 残存量 $= 1.0292A + 1.0255B + 3 + 1.0362$ 中，则 Σ 残存量 $= 102.6359\%$），（3）的结果除以残存量所得结果（$CaO = 0.9358 ÷ 102.6359\% = 0.9118$，$SiO_2 = 6.114 ÷ 102.6359\% = 5.957$）为球团矿化学成分即 $TFe = 63.5$，$CaO = 0.9118$，$SiO_2 = 5.957$，$R = CaO ÷ SiO_2 = 0.9118 ÷ 5.957 = 0.153$。

81. 配料室的"五勤一准"操作内容是什么？

答："五勤"即勤检查、勤联系、勤分析判断、勤计算调整、勤总结交流，"一准"即配料准确。

（1）"勤检查"即随时观察原料粒度、颜色、水分、给料量的情况。

（2）"勤联系"即经常与收料室、仓口工、混合烘干工、造球工、焙烧工、分析化验等岗位取得联系。

（3）"勤分析判断"即经常分析判断原料成分、给料量、配比与球团矿质量的情况，不断提高分析能力与操作水平。

（4）"勤计算调整"即根据分析判断情况，及时进行计算调整。

（5）"勤总结交流"即及时总结当班配料的经验教训，并毫不保留的向下班交流。

（6）"配料准确"即水分稳定、粒度均匀、下料精确、给料连续、判断准确、调整及时、成分合格。

82. 配料的一般质量事故如何进行分析和处理？

答：配料的质量事故主要会引起成品球团化学成分的变化和生球质量的变化，具体事故项目、原因和处理措施见表3-5。

表3-5 成品球和生球质量与配料的关系

项 目	原 因	处 理 措 施
$TFe↑$ $SiO_2↓$	精矿中 TFe 升高或高品位精矿料流量变大	调整高品位和低品位铁粉配比，控制高品位精矿粉流量误差
$TFe↓$ $SiO_2↑$	精矿中 TFe 下降或低品位精矿料流量变大	高品位铁精矿流量稍加大，控制低品位铁粉流量误差
生球落下强度↓爆裂严重	膨润土配比或下料偏小	适当增加膨润土配比和检查膨润土下料量
生球落下强度特好、塑性↑	膨润土配比或下料量偏大	适当减少膨润土配比和调整膨润土下料量

注：为避免竖炉内结块，一般不生产熔剂球团矿，可以生产 MgO 质球团矿。

83. 什么叫料批？如何计算各种物料小时料量和单班总料量？

答：料批就是每米配料皮带上的配料量，单位为 kg/m。

每小时上料量（t）$= 60(min) ×$ 料批（kg/m）$×$ 配料皮带速度（m/min）$/1000kg$

$$某种物料每小时上料量 = 60(min) \times 料批(kg/m) \times 这种物料的配比(\%) \times$$
$$配料皮带速度(m/min)/1000kg$$
$$本班总上料量 = 每小时上料量之和(t)$$

84. 影响配料准确的因素有哪些?

答: 影响配料准确的因素很多,主要有原料、设备、操作等,一般应注意下面几点:

(1) 原料方面:

1) 原料水分的影响。由于原料水分的增多,物料在矿槽内会经常出现"棚料"、"崩料"现象,破坏了配料过程的连续性和准确性,当原料水分变化时,给料机的下料量也会发生变化,所以应严格控制原料的水分。

2) 原料粒度的影响。同一种原料由于粒度组成的不同,会使原料的堆密度和其他物理性质有所不同,因此,在圆盘给料机闸门开口度不变的情况下下料量也不会一致,所以应控制原料粒度组成的稳定性。

3) 配料矿槽内料位必须保持稳定,防止因料柱压力变化而引起下料量的波动,在圆盘给料机开口度不变的情况下,料位低,下料量少;料位高,下料量大。故矿槽内的料位应保持一定的高度,使矿槽在常压下操作,一般应保持 2/3 ~ 4/5 的高度。

4) 当抓斗抓料上矿槽时,为了防止因精矿粉在矿槽中压得太实,可在矿槽上加格子孔算板。

5) 上料时应使物料在矿槽中均匀分布,防止集中在某一侧造成偏析和偏行。

6) 在原料中应防止混入异物,如精矿粉中混入铁器、大石块、草包等;膨润土混入垃圾、纸张、麻绳、石子等,影响给料机的下料量。

(2) 设备方面:

1) 在设计和安装时,必须保证圆盘给料机中心与配料矿槽中心一致相吻合,大小套筒不能偏心;否则会影响下料的准确性。

2) 圆盘给料机和盘面必须平整,同时应保持沿盘面各方面均有相同和一定的粗糙度,否则也会造成下料不准确。

3) 给料装置,包括套筒及闸门,调节不灵活,也易影响下料的准确性。

(3) 操作方面:

1) 由于受各种因素的影响,料流量随时都在变化,因此必须经常称量和及时调整,一般要求每隔 15min 称量一次。由于圆盘给料机各点的下料量不等,故要定期标定给料机下料量,一般在圆盘给料机上等分 8 点,并作上标记,从中取接近 8 点平均下料量的两点作为称料点,并统一操作。

2) 原料的化学成分变化时,要及时进行配比校正,做到没有原料成分不配料,当某种原料中断而又无其他相近的原料替代时,应停止配料。

3) 同一品种原料用量过大时,最好用两台给料机给料,可减少下料量的波动。

85. 配料工岗位职责有哪些?

答: 配料工的岗位职责有:

（1）严格遵守本岗位的安全和技术操作规程，严格执行交接班制度。

（2）负责配料室内配料矿槽、圆盘给料机、螺旋给料机（或皮带秤）、胶带运输机及所属设备的操作、点检和维护。

（3）及时向有关部门反馈设备存在的缺陷及故障、隐患，认真填好点检卡。

（4）根据技术部门下达的配料通知单进行精确计算，准确配料，做好记录。

（5）负责监督检查及反馈抓斗吊车工（或仓口工）的供料情况，对上料中出现的问题及时向班长汇报。

（6）负责与质检部门联系，掌握本班球团矿品位、碱度情况，并及时调整原料配比。

（7）负责掌握精矿粉、膨润土（添加剂）等原料矿槽的料位情况，积极配合上料工向配料矿槽上料，保证料位达到要求。

（8）负责保管好配料工器具，按要求提出磅秤检修校验计划，提出自动配料仪表使用中的问题及检查要求。

（9）负责提出检修项目、备件计划和做好检修配合工作，以及检修后的试车验收工作。

86. 配料工岗位技术操作规程有哪些内容？

答：由于各球团厂所用矿槽形式、数量及配备设备的不同，配料岗位操作规程不尽相同，但其基本内容是一致的。

（1）配料矿槽的使用：

1）配料矿槽应根据原料配比情况分配使用。

2）各种原料必须分矿槽储放，严禁混料。

3）配料矿槽改变装料品种时，必须进行彻底清槽。

4）使用的配料矿槽的存料量不少于配料矿槽容积的1/2，设有料位器的矿槽，存料量不得低于下限。

5）在料量允许时，应保证每种含铁原料各用两个圆盘给料机供料。

6）使用螺旋称重给料机时，使用膨润土的配料矿槽存料量不得少于矿槽容积的1/2。

（2）配料工进行设备操作前要进行详细检查，确认无误后方可启动；在设备运转中，要随时监听设备运转是否良好，发现问题要及时汇报给有关领导，经批准后进行处理。

（3）开、停机操作：

1）开机顺序：配料工接到要料信号后，依次延时启动输往混料工序的皮带运输机、配料矿槽下的称量皮带、铁精矿的圆盘给料机、膨润土的给料机；

停机顺序：与开车顺序相反。

2）设备检查后，确认具备开机条件后，将设备操作手柄打到联锁位置，通知主控室联锁启车。

3）联锁不能启动，根据需要可按开机顺序手动启车。

（4）测料操作：设备启动后，按确定的配料比配料与测料，要求5min内达到要求。测料的具体要求为：

1）铁精矿粉、膨润土及其他添加剂每30min人工跑盘测料一次。

2）测料前要核对磅秤零点及测料盘皮重，测料时将0.5m长测料盘平行置于皮带运行方向从给料设备下接料（圆盘给料机下或其他给料机下）；以从下料设备下通过三次后称量的平均值为准，并将每次称量结果填写于测量记录表上。

3）原料量允许误差范围：

单种铁精矿　≤1kg/m 皮带

单种膨润土　≤0.05kg/m 皮带

单种白云石　≤0.1kg/m 皮带

单种石灰石　≤0.2kg/m 皮带（生产熔剂性球团矿时）

4）变动料批或变配料比时，必须在 10min 内完成。

5）及时掌握原料成分、球团矿质量及原料的槽存情况。

6）及时清除原料中的杂物、大块，以保证配料量准确。

7）配料矿槽发生待料或棚料时，要立即启动振动器，无效时应立即启动有同种原料的其他圆盘给料机。

8）配料圆盘给料机发生堵料时，要立即进行疏通，如 3min 内无法疏通时要立即启动装有同种原料的其他圆盘给料机。

9）当发生待料、棚料等使圆盘给料机不能正常下料超过 3min，又无其他同种原料的圆盘给料机可使用时，应立即停止配料，向值班调度汇报、采取应急措施。

10）各种原料配比由厂技术部门确定，配比变动时，应由技术人员进行计算后下达变料通知单，方可变料。

11）在球团矿质量发生波动时，征得技术部门同意后，可在如下范围内进行配比调整：

铁精矿粉：±5%

膨润土：±0.3%

12）在球团矿质量发生波动时，应迅速对配料操作和计量工具进行检查，发现问题应及时进行改进，并将检查结果汇报给技术部门，以便调整配料。

13）为保证生产稳定，配料量变动不宜频繁。

14）启车或停车要做到料头料尾整齐，并与其他岗位保持密切联系，确保球团高产、优质、低耗。

15）准确填写配料岗位各种记录。

16）做好取样工作，接班后 1h 之内分三次在各配料圆盘下料口分别接取各种铁精 1kg，膨润土 200g 送工艺检验室做水分和粒度测定。

87. 配料工岗位安全操作规程有哪些内容？

答：配料工岗位安全操作规程包括：

（1）上班前必须正确将劳保用品穿戴齐全，严禁穿长身大衣上岗。

（2）开机前认真检查安全防护装置是否齐全、有效，设备周围是否有人或障碍物，确认无误后，方可开机。

（3）开机前必须先发信号响警铃半分钟或回信号后，方可开机。

（4）禁止用湿手操作、用湿布擦拭、用水冲刷电器，以防触电。

（5）处理大块和捅圆盘卡料时，禁止伸手去挖掏。要用钢钎或长钩，并且要站稳在圆盘侧面，身体不得靠在皮带支架上，所用工具要离开盘面，防止卡圆盘、塌料伤人及被铁棍击伤。铁棍被卡住时，必须停机处理。

（6）生产中禁止进入矿槽处理故障，需要处理时必须停机和系好安全带，并设专人监护。清理仓壁黏料时，人必须站在料面上，黏料高度不得超过1m，要随清理随降料面。

（7）跑盘测料前要先检查工作场地有无障碍物或积水，以免绊倒摔伤，放盘要快，抓盘要稳、准、快。

（8）设备运转时，禁止在转动部位清扫、擦拭和加油。清扫皮带头尾轮下积料时，精神要集中，应使用长柄工具，人远离机架0.5m。

（9）严禁横跨、乘坐运转中的皮带，严禁运送其他物品或在停转的皮带上休息。

（10）处理故障和检修时，要切断电源，并挂上"有人检修，禁止合闸"的警示牌。坚决执行"谁挂牌，谁摘牌"规定。

（11）在下列情况下，应迅速切断事故开关：

1）发生人身事故时；

2）皮带有撕毁危险或开裂要断时；

3）皮带有压住、打滑、电机冒烟等设备事故时。

88. 矿槽及料仓的黏料清理作业应采取哪些安全措施？

答：矿槽及料仓仓壁容易黏料，进行清仓作业时，为防止可能发生的积料塌落、上部落物及下部设备运转造成的砸伤、掩埋、窒息、绞伤等人身事故，应采取如下安全措施：

（1）清理作业前，将仓上工序的皮带机及仓下工序的圆盘给料机停止运行（包括切断事故开关、挂检修牌）。如果上道皮带机不能停运，应将上口加挡板封闭。

（2）料仓上面及周围1m范围内堆放物品应清理干净，仓前拉设警戒线。

（3）清理作业时，上面进料口及下部圆盘必须设监护。下仓人员不得少于两人。

（4）清理前，下仓人员必须戴好安全帽，系好安全带、安全绳。进出料仓要使用安全梯。

（5）清仓时，仓内照明必须使用安全电压。

（6）下仓时，必须用散料将料仓下部悬空部分填平，只留1m黏料高度。

（7）清仓作业时，要从上往下层层清理，严禁从下部采用掏窑的办法清理。当清理人员将所留1m料位清理时，应停止清理，仓内人员必须撤出，启动圆盘放料，直至待清黏料漏出1m时，继续派人清理，循环进行。

89. 配料工跑盘的技术要求有哪些？

答：配料工跑盘的技术要求有：

（1）跑盘要求两人操作，一人放盘，一人取盘。

（2）铁精粉等高配比原料需用0.5m盘检测，熔剂等小配比的原料用1m盘或0.5m盘检测。

（3）跑盘前需清理干净盘底黏料。

（4）跑盘要在下料比较稳的瞬间放盘。

（5）跑盘时要求把盘放在皮带中间，保证物料全部接住。

（6）每种物料检测不低于 3 盘，然后称量取平均数。

90. 配料室安全危险源点有哪些？防范措施是什么？

答：球团厂配料室设备较多，生产操作过程中存在安全隐患，如果提前预防，就能起到一定效果。配料室危险源点主要有：

（1）皮带绞伤；

（2）生石灰、膨润土喷伤或灼伤（眼睛、皮肤）；

（3）捅料摔伤或铁器击伤；

（4）清理矿槽摔伤或落入仓内掩埋；

（5）跑盘绞伤；

（6）更换托辊绞伤；

（7）微机室电伤；

（8）误操作，绞伤。

具体防范措施有：

（1）皮带尾轮加装防护网，尾轮增加扫料器；

（2）劳保穿戴齐全，尤其要戴防护眼镜及口罩；

（3）料仓口增加操作（检修）平台；

（4）清理矿槽必须系安全带并有专人监护；

（5）跑盘必须精力集中，双人操作；

（6）更换托辊必须停机操作；

（7）微机室配电盘禁止非专业人操作；

（8）开机前必须确认，否则不准开机。

91. 配料工岗位设备维护规程有哪些内容？

答：配料工岗位设备维护规程包括：

（1）每小时检查电机温度不高于 65℃，减速机的温度不高于 30℃，是否有振动和杂声等。

（2）每小时检查皮带接口有无撕裂，刮料器皮子磨损情况，要及时更换。

（3）皮带跑偏时，应及时调整。托辊损坏时，应及时更换。

（4）每周（或停机时）检查减速机、滚筒油位和泄漏情况，缺油及时补足。

（5）经常检查各部位连接、地脚螺栓是否松动。

（6）经常检查传感器和仪表是否灵敏可靠，检修时必须将称重传感器安全钮锁死，避免损坏传感器。

（7）经常检查矿槽圆盘及料门是否工作正常，无卡料现象。

92. 如何对皮带秤进行日常维护？

答：使用好配料秤，使之长期准确可靠的工作，日常维护工作是不可缺少的。

（1）常检验秤架状态，秤架上的积料，各托辊表面及头尾轮表面黏料应及时清除，否则会产生偏差和皮带跑偏。

（2）秤架上所有的托辊应滚动自如，尤其是称量柜托辊及称量柜前后的各个过渡托辊有卡死不转的，应及时更换。

（3）各润滑部位应定期加油，使其处于良好的工作状态。

（4）皮带如有磨损严重，或划坏的情况发生时，应及时更换。

（5）最好能每天空秤进行一次自动校正零点操作，确保可以消除一些固有的偏差。

（6）定期检查系统接线和接地状况。

（7）更换仪表、皮带、传感器或称量柜托辊时，必须进行校秤工作。

（8）在检修时，必须将保险螺杆向下旋，使称量框脱离传感器，使传感器不再受力。

（9）换上新皮带时，小皮带要空转 10min 进行自动校准，然后才能下料使用。

（10）小皮带运转不能跑偏，否则易损坏皮带，影响计量的准确度。

（11）换皮带或换前后轮时，一定不要踩在皮带中间的上方，否则会踩坏称重传感器。

（12）换轮时，卸测重传感器的螺丝即可，其余部件不能动。

93. 皮带电子秤如何标定？

答：皮带电子秤的精度需要经过标定，才能投入使用，秤的标定就是确定仪表的瞬时读数和累计量之间的比例关系，也就是要通过大量的数据确定 K 值（即比例积算器每一个字代表物料的重量）。

$$K = \frac{G}{Z}$$

式中　K——比例积算器每一个字代表物料的重量，kg/字；

　　　G——下料重量（或砝码、链码的累计重量），kg；

　　　Z——比例积算器打字字数，个。

皮带电子秤标定的方法通常有以下四种：

（1）砝码标定。用砝码标定皮带电子秤时，主要是检查传感器和秤架本身及二次仪表系统的工作情况。

方法：皮带在空运转时，在传感器上面一侧挂耳的挂钩上，添加标准砝码，每次一块，同时用比例积算单元进行计算，砝码加到最大称量值，观察系统的输出是否线性，回差怎样，并将在一定时间内，比例积算器的计字与砝码的累计重量进行比较，来标定称量和计算精度。

砝码标定方法简单易行，但因传感器的输出是受到下料点的变化而影响，因此它不能代替物料的标定。

$$\delta = \frac{G - G_S}{G} \times 100\%$$

式中　δ——皮带电子秤的精度（相对误差）；

　　　G——砝码的累计重量，kg；

　　　G_S——比例积算器计算的下料量。

（2）链码标定。用链码代替物料通过皮带电子秤的称量段，然后将链码的重量与比例积算器的计量进行比较，计算秤的误差和精度。

链码法标定的缺点与砝码标定一样,因通过传感器的链码与实际物料的下料和受料位置不一样,精度也较低。

(3) 实物标定。用实际物料通过皮带电子秤,分别使其达到最大称量的瞬时值流量,然后将物料称得重量与比例积算器的计字比较来标定称量和计算精度。

此法标定比较准确可靠,但劳动强度大,耗费时间长。

(4) 抛盘称料标定。用长度为 0.5m 的称量盘,以多次抛盘称量的平均值,与给定值比较来标定和确定精度,这也是一种对圆盘给料的皮带电子秤标定的常用方法,但是由于圆盘给料的不均匀性,抛盘次数必须是大量的才有意义。

94. 配料开机生产主要步骤和配料操作的注意事项有哪些?

答:(1) 配料系统主要操作步骤:

1) 开机前的准备工作:检查各圆盘给料机、配料皮带秤、皮带机等所属设备,以及各安全装置是否完好,设备运转部位是否有人或障碍物;检查矿槽存料是否在 2/3 左右。

2) 开机操作:集中联锁控制时,接到开机信号,合上事故开关,由集中控制集中启动。非联锁控制时,接到开机信号,合上事故开关,即可按顺序启动有关皮带机,再开启所用原料的配料皮带秤,最后开启相应的圆盘给料机。

3) 停机操作:集中联锁控制时,正常情况下由集中控制正常停机,有紧急事故时,应立即切断事故开关。

需要手动时,把操作台上的转换开关打到手动位置即可进行手动操作。

4) 按要求输入上料量、配比等参数,并利用自动计算公式检测成分是否在控制范围内。

(2) 配料操作的注意事项:

1) 随时检查下料量是否符合要求,根据原料粒度、水分及时调整。

2) 运转中随时注意圆盘料槽的黏料、卡料情况,保证下料畅通均匀。

3) 及时向备料组反映各种原料的水分、粒度杂物等的变化。

4) 运转中应经常注意设备声音,如有不正常声响及时停机检查处理。

5) 应注意检查电机轴承的温度,不得超过 55℃。

6) 圆盘在运转中突然停止,应详细检查,确认无问题或故障排除后,方可重新启动,如再次启动不了,不得再继续启动,应查出原因后进行处理。

配料系统在生产中常出现的故障与处理方法见表 3-6。

表 3-6　配料系统常见故障的原因与处理方法

故　障	原　因	处 理 方 法
矿槽堵料	物料水分过大	矿槽存料不宜过多,开动振动器处理
圆盘爬行、横轴断裂、闸门坏	料中有大块杂物卡住	检查排除异物、更换闸门
电机声响不正常,开不起来	负荷大;选择开关、事故开关位置不对或接触不良	找电工检查处理
减速机轴承温度高、有杂音	齿轮啮合不正,缺油;轴承间隙小,横轴缺油	检查加油、调整间隙
皮带打滑跑偏	拉紧失灵,皮带松;皮带有水,下料偏。头尾轮黏料	检查处理

95. 皮带机跑偏的原因和调整方法有哪些？

答：（1）皮带机跑偏的原因有以下几种：

1）皮带尾部漏斗黏料，下料不正；

2）尾部漏斗挡皮过宽或安装不正；

3）掉托辊或托辊不转；

4）尾轮或增面轮不正或黏料；

5）皮带张紧装置调整不适当或掉道；

6）带接头不正，或皮带机架严重变形。

（2）皮带跑偏处理调整方法：

1）检查头尾轮、增面轮及上下托辊是否黏料，若黏料立即立即清除；挡皮是否适当，若过宽要割去一部分至适当为止；托辊是否完好，若有不转的或缺托辊，要及时更换、补齐。张紧装置是否适当，可用管钳调节尾部张紧装置，至皮带走正为止。

2）上层皮带向行人走廊一侧跑偏时，将可移动的托辊支架顺皮带运转方向移动。

3）下层皮带跑偏时，用扳手移动下托辊吊挂位置，移动的方向与调上托辊的方向一样，视尾轮为头轮。

96. 皮带机打滑的原因和处理方法有哪些？

答：打滑原因：皮带过载，皮带里层有泥水或皮带松弛。

处理办法：皮带过载必须通知控制室办理停电手续，上皮带打滑将过载部分物料卸下。运转中皮带打滑应立即切断事故开关，防止皮带磨断，处理时严禁用脚踩皮带。处理皮带打滑，必须有三人在场，一人指挥，一人守住事故开关，一人用松香给料器，以高压风往头轮里吹松香。无松香时，往头轮送沥青或草袋也可，必须确认无误。两次启动，间隙时间不少于1min，以免烧坏电机。若张紧装置松动时，调整张紧装置。

皮带机出现划伤等问题时要迅速查明原因，排除隐患，将其缝合、修补。

97. 皮带机的安全防护措施有哪些？

答：皮带机在冶金企业中广泛应用，皮带造成的伤害事故也时有发生。皮带传动的危险部位是皮带与皮带轮的结合处。

（1）皮带及皮带轮系统要安装安全防护罩。

（2）安装在过道及上空的皮带传动必须加挡板防护，以防皮带断裂伤人及其他事故的发生。

（3）皮带两侧必须安装跑偏报警装置和紧急停车的拉绳开关。

（4）较长的皮带在适当位置安装皮带过桥，避免岗位工横跨皮带。

（5）皮带尾轮容易落进粉料，随着尾轮运转，清除非常困难和危险。很多工伤案例显示，由于岗位工清理尾轮落料，被绞掉胳膊。笔者通过现场经验，"发明"了尾轮接料盒，具体做法如下：使用200mm以上的槽钢，或用钢板焊接一个300mm宽、同皮带架长度、沿长度方向焊50mm两条边沿，即形成了像槽钢一样的钢件。然后将它安装在皮带尾轮滚筒前方的皮带架上，离尾轮滚筒20～30mm。这样卷入尾轮的粉料就会落入"接料盒"

中，岗位工用铁锨或耙子清除。

98. 皮带刮料器挡皮使用窍门有哪些？

答： 皮带工生产中时常为防止皮带黏料，调节刮料器挡皮，如果处理不善，会引发事故。这里介绍的是皮带工多年总结的经验，值得借鉴。

首先，皮带一旦黏料、返料严重，立即更换挡皮，不允许再紧，否则皮带表面与刮料皮中的帆布接触后，轻者磨去皮带胶面，重者使皮带开胶、起皮甚至撕裂。其次，经验不足的工人往往认为刮料皮越紧越不撒料、返料，但这种现象只是暂时的，一旦将皮带胶皮磨去，即使天天更换新刮料皮也无济于事。最好是刮料皮与皮带形成一种若即若离的状态。另外，绝不能新旧皮带混用，要保持刮料皮与皮带胶面的平行，不允许存在角度。

99. 如何避免皮带运输机造成的伤害？

答： 皮带运输机伤害事故主要原因是人的不安全行为造成的。如不停机清扫、不经联系就启动设备、运行中处理故障、从运行中的皮带上跨越等，都可导致意外事故的发生。

预防皮带机伤害事故，一方面要完善皮带运输机的安全防护装置（如皮带机的防跑偏、打滑和紧急停车等），另一方面要严格规范人的作业行为，具体是：

（1）严禁在皮带机运转过程中从事注油、检修、清扫、检查等作业。

（2）作业人员的工作服应穿戴整齐，避免被旋转的机器卷入。

（3）启动皮带时应先发出警报信号，经确认无异常时方可启动。

（4）在作业人员停机注油、检修、清扫、检查时，应在电源开关处挂上"注油、检修"等标志，并锁上电源箱。

（5）严禁在皮带上行走，跨越皮带时必须走安全桥。

（6）皮带机停止运行时，要从起始端向最末端，依次停转，待全线停机后方可清理皮带上物料等。启动皮带机时，必须启动最末端的，依次启动，最后启动起始端。

（7）必须由指定人员调节皮带的拉紧装置。

（8）室外皮带机在大风天气应停止运转，且必须对其采取加固措施。

（9）对在停电或紧急停止运转时有滑动、倒转可能性的皮带机，要设有特别标志。在更换托辊时，要注意相互之间的配合，不要把手放在靠近皮带与托辊架的结合部，并严格执行停送电确认制。严禁皮带运转时打扫卫生和处理皮带故障，在调整皮带跑偏时操作人员要衣扣整齐，女工须将长发挽入帽内。

100. 皮带机上、下托辊如何维护？

答： 应严格遵守托辊的管理及涂油的规定。这样做可以保护输送带，减少施加于输送带的张力。检查托辊时，应清除附在托辊表面上的异物，特别注意下托辊，附着物有时会导致输送带跑偏，造成带边损伤。同样损坏的和不转动的托辊会导致带子的局部磨损及跑偏。因此，损坏的和经修理不转动的托辊，必须及时更新托辊。

注油不能过量，一旦过量，漏到输送带上的黄油和润滑油就会使不耐油的橡胶变软膨胀脱层剥落。上托辊的位置不同及倾斜弯曲部位（曲率半径）设置不当，会使带子产生异常屈挠疲劳，从而使带子背面磨损及纵裂，引起皱纹。托辊隆起时，往往会使带子在运行中浮动而洒落被运物料，导致带子损伤，所以必须及时校正。如能进行定期检查管理，可以防止事故发生，这样不仅能合理使用输送带，也同时减少托辊的消耗，降低能耗，降低成本。

101. 皮带机生产中检查项目有哪些?

答: 定期检查输送带本身故障并及时处理，是防止发生意外事故和提高胶带使用寿命的重要措施，输送带的检查包括上下表面损伤、带边损伤、带芯骨架损伤和接头。首先应检查的是接头部位，看是否有脱扣、开胶、分层、开口、位移、偏斜等现象。发现的破损现象即使较小，也应在未扩大之前尽早的进行简单的部分修补，当破损相当大时，应立即停车进行彻底修补，或者先进行紧急修补，再尽快进行大修，破损严重则必须更换。

102. 造成圆盘给料量波动的原因及防止方法有哪些?

答:（1）除了设备的本身原因外，造成给料量波动的原因大体可分为三个主要因素:

1）原料水分变化: 在圆盘给料机的转速、闸门开口度不变的情况下，精矿水分小于9%，粉矿水分小于4.5%，下料量比较正常;精矿水分9%~12%，粉矿水分4.5%~6%，下料量则增大;精矿水分大于12%，粉矿水分大于6%时，下料量又减小。

原料水分含量异常时，可以采用延长称料盘（用两个称料盘连接使用）和增加称料频数的方法来提高称料的准确性。

2）原料粒度变化: 在其他条件相同的情况下，物料粒度越大，下料量越大，粒度越小，下料量则越小。所以，在操作时，一定要做到勤观察，一发现物料粒度有变化，立即进行称量检查，以便及时调整圆盘转速或闸门开口度，保证下料量准确。为了防止粒度偏析所造成的下料量波动，可以在入仓前加强混匀效率。

3）矿槽压力的变化: 矿槽内料位的变化容易引起矿槽压力的变化，对给料量的影响也是很大的。当矿槽满时，下料量较稳定，当料位降到2/3时，下料量开始逐渐减小，并趋于稳定，当料位降到1/4时，下料量又逐渐变大。尤其是矿槽料快用完时，下料量急剧增大，比满槽量的下料量增大2kg左右。掌握矿槽料位对下料量的影响规律，无疑对提高配料的准确性是十分有利的。防止方法就是保持矿槽中料位60%~80%之间。因此在料槽内应设料位监测装置。

（2）就设备本身原因来说，主要有以下三方面:

1）圆盘中心点与矿槽中心线不吻合;

2）盘面衬板磨损程度不同;

3）盘面不水平。

圆盘给料机常见故障产生原因及处理方法参见表3-7。

表3-7　圆盘给料机常见故障产生原因及处理方法

故　障	原　因	处　理　方　法
圆盘跳动	圆盘面上的保护衬板松脱或翘起擦刮刀 有杂物或大块料卡入圆盘面和套筒之间 竖轴压力轴承磨损 伞齿轮磨损严重	处理衬板，平整、紧固、磨损的更换 清除杂物及大块物料 更换轴承 更换支撑体或伞齿轮

故　障	原　因	处 理 方 法
排料不均	闸刀松动或刮刀支座活动 带刮刀的套筒底边与圆盘面不平行 有大块料堵塞排料口 料仓黏料严重	固定闸和刮刀支座 调整更换套筒 清除大块物料 疏通料仓
减速机构有异响 及噪声	轴承损坏 减速机内缺润滑油 齿轮损坏	更换轴承 适量加油 换齿轮
机壳发热	油变质 透气孔不通	换油 疏通透气孔
传动轴跳动，联轴器 发出异常噪声	传动轴瓦磨损 齿轮联轴器无油干磨 支撑体槽轴承坏 减速器机尾轴承坏 联轴器损坏	换瓦 加油 换轴承 换轴承 更换联轴器

4 烘干工、润磨工操作技能

烘干和润磨是我国竖炉球团工艺流程的特点，国外的球团厂基本没有，原因是我国竖炉球团厂大都没有自己的矿山和选矿厂，不能控制精矿粉的水分和粒度。对造球料进行混合、干燥、润磨是保证造球过程得以充分完成的关键，是保证生球质量和产量的前提条件，也是整个球团生产工序中的重要环节。

4.1 烘干工操作知识

103. 球团生产中混合干燥的目的是什么？

答：混合料在混合干燥机中有两个目的。一是混匀，由于在球团生产中，膨润土的配比很小，为了使它能在矿粉颗粒间均匀分散，并使物料同水良好混合，成为成分、粒度和水分均匀的混合料，才能改善物料的成球性，提高生球强度和热稳定性，故造球料必须保持优良的混匀效果。二是烘干。一般精矿粉水分较高（>8%），超出造球的适宜水分，这时需要调整燃烧炉温度，脱去多余水分，便于在造球过程中添加1%~2%水分，提高造球效率。

球团生产中混合、干燥作业是在同一个设备中完成的（也有先将精矿烘干，然后再配料的），目前我国球团生产中普遍使用的混合、干燥设备有圆筒混合烘干机和强力型圆筒搅拌机。

104. 简述圆筒混合干燥机的构造和原理。

答：圆筒混合干燥机（简称烘干机）主要由筒体装置、传动装置、托轮、挡轮装置、头尾溜槽及支架、保护罩、润滑系统和燃烧炉等部分组成。筒体长度一般为8~20m，直径为1.5~3.0m，筒体与直径之比一般为5:1~8:1，转速一般为5r/min左右。

烘干机类似于圆筒混合机，不同的是烘干机配有燃烧炉，筒体内不镶嵌耐磨尼龙衬板，而是焊有耐磨提料钢板。

烘干机安装有1.5°~3°的倾斜角度，使筒体入料口与卸料口中心产生高度差，物料在混合的同时受到物料重力的分力作用而不断向前运动。随着圆筒转动，筒内混合料连续地被带到一定高度后向下抛落翻滚，并沿筒体向前移动，形成螺旋状运动，从头至尾，经多次循环，完成混匀，然后到达尾部经溜槽排出。同时燃烧炉的炙热气体以一定的速度流过筒体，完成传热、传质过程。由于物料不断地翻动，使气温不断地与新物料层接触从而加速了物料的干燥速度。

烘干机内的气体和物料之间的流向可采用逆流或顺流操作（见图4-1和图4-2）。通常在处理含水量较高、不耐高温、可以快速干燥的物料时，宜采用顺流操作。当处理不能快速干燥而能耐高温的物料时，则采用逆流操作。

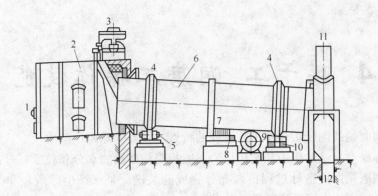

图 4-1 顺流圆筒烘干机示意图

1—烧嘴；2—燃烧炉；3—给料系统；4—滚圈；5—托轮；6—筒体；7—大齿圈；

8—小齿圈；9—电动机；10—挡轮；11—烟囱；12—排料口

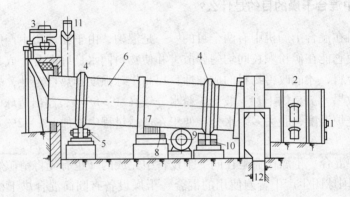

图 4-2 逆流圆筒烘干机示意图

1—烧嘴；2—燃烧炉；3—给料系统；4—滚圈；5—托轮；6—筒体；7—大齿圈；

8—小齿圈；9—电动机；10—挡轮；11—烟囱；12—排料口

　　烘干机的重要工艺参数为圆筒直径、长度、倾斜度及转速（见表4-1）。烘干机的直径主要决定于干燥介质的流速。一般来说气体流速大些可提高传热传质系数，强化干燥操作。圆筒直径过小、流速过高时，气体中夹带粉尘现象严重。

表 4-1 圆筒混合干燥机有关技术参数

| 规　格 | 生产能力 /(t/h) | 转速 /(r/min) | 倾斜度 /% | 进气温度 /℃ | 烘干水分/% | | 电动机 | | 减速机型号 | 总重 /t |
					初	终	型　号	功率 /kW		
φ2.2m×16m	40~45	4	4	≤800	10	6	Y315M-6	75	ZSY315-31.5	58
φ2.4m×18m	70~90	4	4	≤800	11	6	Y315M3-6	132	ZSY450-31.5	64
φ2.8m×18m	100	4.2	4	≤800	11	7	Y355M1-6	160	ZSY500-28	92
φ3.0m×20m	160~180	3.9	4	≤800	10	6	Y355L1-6	220	ZSY500-28	105
φ3.2m×20m	165~180	4.2	4	≤800	10	7	Y355L2-6	250	ZSY560-28	133
φ3.4m×20m	160~180	3.6	5	≤800	11	7	Y355L2-6	280	ZSY560-28	143

续表4-1

规　格	生产能力 /(t/h)	转速 /(r/min)	倾斜度 /%	进气温度 /℃	烘干水分/%		电动机		减速机型号	总重 /t
					初	终	型　号	功率 /kW		
φ3.4m×25m	160~180	3.5	5	≤800	11	7	Y2-400-6	315	ZSY630-31.5	159
φ3.5m×20m	170~185	3.9	4	≤800	11	7	YX450-6	355	ZSY630-28	160
φ3.6m×20m	180~200	3.6	5	≤800	11	7	YKK450-6	400	ZSY630-28	172
φ3.6m×28m	200~220	3.6	5	≤800	11	7	YKK500-6	450	ZSY630-28	198

注：以上是辽宁朝阳重型机器有限公司产品。

　　烘干混合料的流程，把混合工序和干燥工序结合在一起，它的优点是节省了一台混合机，工艺简单，投资较少，占地面积小。不足之处有以下几点：

　　（1）以干燥机代替混合机，混匀效果差，膨润土用量高。

　　（2）干燥过程中易形成母球，对成球不利。

　　（3）当精矿水分大时，配料矿槽下料不畅通，配料准确问题难以解决。

　　（4）顺流干燥形式由于进料端温度较高，皮带机事故较多，因此现在多采用逆流式干燥流程。

105. 简述强力型圆筒搅拌机（混合机）的构造和原理。

　　答：强力型圆筒搅拌机亦称固定圆筒式连续搅拌机、强力型圆筒混合机，简称强力混合机。实践证明，强力型圆筒搅拌机是一种高效率的混合设备，在国外已获得普遍和广泛使用，已成为在铁矿球团系统中，对造球前原料进行预处理的一个必不可少的设备，特别是需要加入膨润土或其他添加剂更为必要。

　　（1）基本构造。强力混合机主要结构有立式圆筒、旋转混合盘、偏心搅拌工具、挡流刮板（见图4-3）。主轴通过电机驱动，根据设备容积配置1~3个主轴分别驱动，主轴上安装若干不同角度的搅料齿耙，齿耙随着主轴高速运转，达到搅拌目的；混合盘双电机驱动，如出现断电可以轻易实现带料启动。利用物料流势能使物料从混合机入口到出口运动。

图4-3　德国爱立许DW40型
强力混合机内部结构

　　1）搅拌齿耙（见图4-4）是特殊设计制造的型型混合耙，在铁矿粉混合作业上有特殊的作用。齿耙的前面和背面都有很厚的耐磨层，齿耙的表面经过硬化处理，一般寿命可达一年以上。型是双面的，以造成料层的机械流态和必要的反复混合，从而保证了混合的均匀性。

　　2）轴的密封。采用不需要保护的"气封"装置，可防止在轴端的密封处产生漏灰和磨损，轴填料的更换周期为每年一次。

（2）混合原理。精矿粉与添加剂通过混合机一端的上部入口连续进入混合机，物料受到高速转动齿耙的强力搅动，产生剧烈运动，将细粒物料猛烈地散抛起来，投向筒壁后又反弹回来，与其他颗粒交叉往来，这样物料在筒体内相互交织运动，形成一种物料颗粒与空气紊动状态的混合物（见图4-5）。交叉颗粒的这种"抛射和旋涡"运动，使各个矿粒都能与添加剂或水相接触，使添加剂分布良好，水分彻底吸附，形成质量完全均匀的混合物。物料在连续搅拌反混过程中，推向排料端前进，通过固定的或可调节的排料口排出。

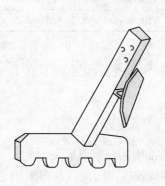

图4-4 搅拌齿耙外形示意图

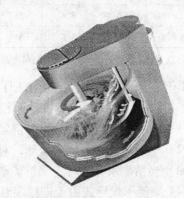

图4-5 搅拌混合原理示意图

（3）设备优缺点：

1）生产能力大。由于强力型圆筒搅拌机混匀和均匀湿润物料的时间短，一般少于1min，所以生产能力大，标准设备的有效生产能力最大达400t/h以上。

2）膨润土的分布均匀，可减少膨润土的添加量。

3）干球强度提高。由于在强力型圆筒搅拌机中，膨润土得到十分均匀地分布，故在膨润土用量相同时，经强力型圆筒搅拌机混合后生产的干球，其落下次数比用其他方法增加很多。

4）水分分布均匀，无积水或有害的水滴。由于强力型圆筒搅拌机在工作时，产生机械流体层的作用，使得每一矿石颗粒的表面获得充分暴露，保证水分均布，结果使球团矿高产。

5）造球时能最大限度地控制最大的结块，使生球粒度均匀，生球返回料最少。

缺点：功率消耗大。

106. 影响物料混匀的因素有哪些?

答：在混合作业中影响配合料混匀效果的因素很多，主要有原料自身性质、混合设备、混合操作控制等几个因素。

（1）原料自身性质影响。在原料自身性质影响上有以下几个方面：

1）原料的黏结性。黏结性大的物料，容易结成团，它的分散性差，易于制粒，对混匀十分不利。在铁矿粉中，赤铁矿、褐铁矿粉比磁铁矿的黏性大，混匀较为困难。

2）原料的水分和粒度。物料的水分大易成团块，物料的粒度差别大，混合时容易产生偏析，难以混匀，在水分大的细粒物料中加干料的情况下，混匀质量是很难保证的。

3）原料的密度。在混合料中各原料之间的密度相差太大，会影响物料间的穿插混杂，不利于混匀。

（2）设备对混匀效果的影响。目前在我国球团生产的混合工序中，较普遍的是采用圆筒混合机。所以，这里讲混合设备影响混匀效果，就以圆筒混合机为例。

1）圆筒混合机的倾角。圆筒混合机安装的倾角大小，决定物料在混合机中的停留时间（即混合时间）。倾角越大，物料混合的时间越短，因此混匀效果也越差，如果倾角太小，则混合机的产量受到影响，容易造成物料堆积，混匀效果也不好，所以圆筒混合机的倾角一般在2.5°～4°之间较为适宜。

2）圆筒混合机的转速。圆筒混合机的转速决定着物料在筒体内的运动状况。转速太小，筒体所产生的离心力也较小，料带不到一定的高度，形成堆积状态，因此混匀效果低。但转速过大，则筒体所产生的离心力太大，使物料紧贴于圆筒壁上，以致完全失去混匀的作用。一般圆筒混合机的转速为6～8r/min。

3）混合机的长度。如果增加圆筒混合机的长度，也就等于增加了物料在圆筒内的停留时间，有利于提高混匀效果。

4）混合机的充填率。圆筒混合机内物料充填率增大，在混匀时间不变时，虽能提高产量，但由于料层增厚，物料在筒体内的运动受到阻碍和限制，甚至破坏，对混匀也不利。而充填率过小，产率低，使物料间相互作用小，对混匀也不利。一般认为圆筒混合机的充填率在10%～15%为好。

5）筒壁黏料。圆筒混合机在工作时，如果筒壁黏料较厚时，会阻碍物料的运动，使物料达不到应有的一定高度而降低混匀效果。

（3）操作方法：一般当精矿粉水分较高（>8%）时，混合烘干机的目的是混匀和干燥；而当精矿粉水分较低（<6%）时，混合烘干机除了混匀外，由于精矿粉水分小，无法与膨润土混匀，混合料水分也偏低，在成球盘内需要加大量水，从而破坏了成球过程。因此需要在混合烘干机内入口加入适宜的水（1%～2%），预先润湿精矿粉，使混合料水分达到造球要求。

（4）给料量。圆筒混合机的给料量应做到均匀，否则会造成混合机充填率的变化，而引起混匀效果及造球质量的波动。

混合机的给料量也不可忽大忽小，在满足生产的前提下，应选择合理的给料量，对提高混匀效率是有利的。

107. 如何提高造球物料的混匀效果？

答：提高混匀效果，不仅是改善造球质量的关键。而且对成品球团矿的质量，甚至是高炉的冶炼都会产生很大的影响。提高混匀效果可以从原料、混合工艺和设备及操作等方面入手。

（1）改善原料准备工作。这主要包括：

1）控制好原料水分。降低铁精矿粉和添加剂的水分，不仅有利于提高混匀效果，而且对提高配料的准确性大为有益。如果使用的精矿粉等原料水分较高时（>10%），应预先进行干燥处理，再参加配料和混合为好。

2）粉碎黏结的团块。对黏结性大的物料和高硫铁精矿粉，非常容易黏结成团和大块，对混匀非常不利，在配料或混匀前应进行粉碎，以保证一定的混匀效率。

3）原料预处理。在球团配料前，预先将含铁原料，在原料场预先混匀或在含铁原料中预先配入部分熔剂（生产自熔性球团矿时）一起混匀，得到一种化学成分稳定及粒度和水分分布均匀的含铁原料或混合料。然后送至配料室加入添加剂再进行混合，这样可得到很高的混匀效率。

（2）工艺设备。根据对目前一些常用的混合机进行测定研究和实践使用证明，当它们单独使用时，混匀效果是轮式混合机最差，圆筒混合机次之。

1）选择采用高效率的混合机。如强力圆筒搅拌机、圆筒混合烘干机。

2）延长混合机长度，增加混匀时间。

3）采用多段混合工艺。目前国外往往采用多段混合工艺来提高混匀效果，一般有二至三段和四段混合等。

4）采用润磨机设备。

（3）提高岗位操作水平，加强操作。在操作上，除了在前面叙述的圆筒混合机内，必须做到加入的水量要适宜，应把水喷到料面上，选择合适的给料量和做到均匀给料外，还应该及时消除圆筒壁的黏料，来加强混匀作用。经常敲打筒体和在圆筒内壁安装刮板是清除圆筒壁黏料的一种行之有效的方法。

108. 圆筒混合干燥机的使用和维护注意事项有哪些？

答：（1）圆筒混合烘干机的振动问题。齿轮传动的圆筒混合机，在工作时，由于滚圈、托轮及齿轮啮合的几何形状发生轻微变化，就会产生振动；另外给料不均匀也会造成振动，所以在使用过程中应加强维护。

1）四个托轮位置不正，应及时查找调整，保证对应两托轮中心线在同一水平面上，其高低应在允许范围之内，在圆筒中心线同侧两托轮高低偏差应当一致。

2）托轮或滚圈因运转时间长，表面疲劳，产生脱皮疤痕，应及时更换。托轮更换后，需保证四个托轮直径一致。

3）大齿圈或滚圈、托轮或小齿轮的螺栓松动，应及时拧紧。

4）筒内黏料过厚或偏集一边，应及时停车清除。

5）传动减速机与小齿轮的齿接手不正，应重新找正。

（2）烘干温度过高或长时间高温没料，致使筒体变形。停料必须及时关闭烧嘴，打冷风，待筒体温度降低，再停机。筒体变形严重，要采取措施找正。

（3）圆筒筒体下移，主要是挡轮磨损和轴座活动，此时应先把筒体移回原处，再调整挡轮或加固挡轮轴座，如挡轮磨损严重应更换。

（4）托轮摆动，主要是因轴承间隙过大或损坏，应及时更换轴承。

（5）圆筒筒体衬板或给料漏斗与料接触面磨损，应及时修理或更换。

109. 烘干机岗位安全操作规程有哪些要求？

答：烘干机岗位安全操作规程的要求有：

（1）上班前必须将劳保用品穿戴齐全，严禁穿长身大衣上岗，女工将长发盘入帽内。

（2）开机前认真检查安全防护装置是否齐全、有效，设备周围是否有人或障碍物，确认无误后，方可开机。

（3）开机前必须先发信号响警铃半分钟或回信号后，方可开机。

（4）禁止用湿手操作、用湿布擦拭、用水冲刷电器，以防触电。

（5）烘干机燃烧室点火前应先打开放散阀，并用蒸汽吹扫管道，放散过程中应及时通知周围人员，以防发生中毒。做爆燃实验，合格后方可点火。

（6）点火时应站在上风口，侧身点火，先给火种，后给煤气。煤气压力低于 2500Pa 时严禁点火。

（7）生产过程中随时检查冷凝排水器工作是否正常及煤气管道、阀门有无泄漏。在煤气区域检查和作业必须两人以上，一人工作一人监护，严禁单独作业。

（8）检修需进入筒体处理问题时，应可靠关闭煤气、切断电源，经确认筒体内无残余煤气且温度合适时，方可进入筒体内作业，并挂上"有人工作，禁止合闸"的警示牌。并且使用安全电压照明。

（9）发生煤气中毒时，要立即进行救护并通知有关人员处理，同时疏散人员、保护好现场。

（10）设备运转时，禁止在转动部位清扫、擦拭和加油，清扫、巡视设备时要精力集中，严禁靠近运转中的设备。

（11）检修时，要切断电源，并挂上"有人检修，禁止合闸"的警示牌。

110. 清除圆筒烘干机内的黏料时应采取哪些单项安全措施？

答： 清除圆筒烘干机内的黏料时，为防止可能发生的煤气中毒、积料塌落、圆筒转动等意外事故，一般要采取如下安全措施：

（1）必须可靠切断煤气，并进行氮气吹扫。检验合格后，可靠切断氮气，避免氮气窒息中毒。

（2）开启助燃风机旁通阀门，往筒体内吹入空气，降低筒体内温度。

（3）参加作业人员必须穿戴好工作服、安全帽、工作鞋、手套等安全防护用品。

（4）在圆筒内作业，必须使用 36V 低压灯作照明。

（5）采取以下措施后，方可进入圆筒内作业：

1）切断事故开关、挂上检修牌，并派专人看守；

2）用木楔在圆筒齿圈处卡死，防止筒体转动；

3）停止混料机进出口设备运转。

（4）用大锤敲击筒体外壁时，必须确认筒内人员已撤出。站在筒体上敲大锤，必须系好安全带。如筒体黏料频繁，可以在筒体一侧吊挂几个铁锤，生产中敲击筒体（见图4-6）。

（5）清除黏料必须从出料口处开始，顺序由上至下，由外向内进行。在上部黏料未消除前，不得进入内部清理，以防止上部黏料塌落。

图4-6 敲击筒体吊锤图片

111. 烘干工的岗位职责有哪些？

答：烘干工的岗位职责有：

(1) 严格遵守本岗位安全和技术操作规程，以及交接班制度。

(2) 负责烘干机、燃烧炉及本岗位所辖皮带机的开停操作、维护、保养。

(3) 负责及时与造球工联系调整燃烧炉出口废气温度、流量，控制好混合料水分。

(4) 负责设备及环境卫生的清扫，并保管、摆放与交接好工具。

(5) 负责备品备件到岗位后的保管与维护。

(6) 负责设备的点检、润滑及各种记录的填写，以及信息的反馈。

(7) 负责设备紧固件的紧固，易损件的更换，常见故障的处理。

(8) 负责提出检修项目、备件计划和做好检修后的试车验收工作。

(9) 在进行各项设备的操作前后，必须执行"确认制"。

112. 烘干机岗位技术操作规程有哪些？

答：(1) 操作要点：

1) 启动前，必须对所属设备进行全面细致检查，发现问题立即向上级报告。

2) 必须熟练掌握烘干炉技术热工参数及各种仪表的使用性能。

3) 确认煤气压力是否正常。煤气点着后，启动烘干机，防止烘干筒过热变形。

4) 根据料批及物料水分及时调整煤气、助燃风比例，以确保烘干后水分达到工艺要求。

5) 及时观察烘干后水分变化，发现异常立即向润磨机岗位汇报，以便提前调整入磨量，避免结圈事故。

6) 技术要求：

①燃烧炉炉膛温度控制在 800～1050℃。

②燃烧炉出口废气温度小于 800℃。

③烘干机尾部废气温度 80～140℃。

④烘干后物料水分控制在 6.0%～7.5%。

(2) 引煤气操作：

1) 引煤气前，必须往煤气管道通氮气，待管道末端放散见到冒气 10min 后，关氮气并送煤气，送煤气 5min 后，即可做防爆试验，合格后，可点火操作，然后关闭煤气放散阀。

2) 煤气管道内充满煤气时的操作，可开启末端放散 10min 后，作防爆试验，合格后点火操作。

(3) 点火操作：

1) 当炉膛温度低于 600℃时，必须先送明火，后送煤气。当炉内温度大于 700℃时，可送煤气直接点火。注意一次点火不成功不能急于再点，要查明原因，再试。

2) 正常生产时，炉膛温度控制在 800～1050℃。

3) 检修后，要在正常生产前 1h 点燃烘干炉，升温到 700℃以上，再投料，避免料流带入的冷气流扑灭烧嘴火焰。

（4）停炉操作：

1）关闭煤气阀门和空气阀门。

2）关闭煤气主管道阀门。

3）打开放散阀。

4）突然停电，可迅速关闭主管道阀门，然后关闭煤气支管阀门，打开放散阀。

（5）烘干机操作：

1）设备检查确认无异常后，通知配料可以开机。

2）停料后，不能立即停烘干机，待筒体温度低于60℃，方可停机。但每10~15min转动一次混料筒，直到混料筒冷却至室温为止，以防变形。

3）烧嘴燃烧温度要一致，温差较大时，可调节各煤气阀门。混合料水分可通过调整废气量、燃烧温度及给料量大小来实现。

4）短时间停料，待干燥机内的料快转完时，必须立即减少煤气、空气量，以保持不灭火为准，烘干机不许停。

113. 烘干机设备维护规程有哪些？

答：烘干机设备维护规程有：

（1）每小时检查电机、减速机、鼓风机的温度、振动、杂声等情况，地脚螺栓是否松动。

（2）每小时检查托圈、托轮、挡轮螺丝和齿轮、齿圈螺栓是否松动，发现问题及时处理。

（3）负责烘干机托轮和齿圈润滑。齿轮每24小时加一次油，积灰、杂物不得进入大、小齿轮之间。

（4）定期检查减速机油位，缺油时补足。对所有轴承室、阀门定期加油。

（5）经常监听各运转部位声音是否正常，检测电机温升不超过60℃，滑动轴承温度不大于60℃，滚动轴承温度不大于90℃。

（6）烘干机禁止带负荷启动，停车后如需立即启动时，应待筒体完全停稳或转动方向与正常运转方向相同时，方能启动，以防齿辊及对轮螺丝扭坏。

（7）烘干机长时间不使用时，应定期调换角度。温度过高时，严禁停机以防变形。

4.2 润磨工实操知识

114. 什么是润磨工艺？

答：所谓润磨就是将含一定水分（8%左右）的原料，按接近造球所需水分（即润湿状态下）在特殊的周边排料式的球磨机（即润磨机）中，同时进行磨矿和混碾。

对于造球来说，不仅要求原料有一定的细度，而且还必须达到合适的粒度组成、适宜的塑性、含水均匀的润湿状态。由干磨或湿磨所得的物料，经加水或脱水而后（用一般方法）混合所产生的混合料不可能获得造球所需的足够的塑性，而润磨是物料在一定水分条件下进行的，所以它对物料不仅有磨细作用，而且还有混捏、碾磨作用。因此它不但可以改变物料的粒度组成（增大比表面积）、颗粒的表面形态、增加物料颗粒间的接触面及粒子表面结合力，而且由于混碾的结果使粒子间的水分被挤压到颗粒的表面使之充分润湿，使隔离分散的颗粒更加密实地黏结，提高充填密度，从而毛细凝聚力进一步增大，因此能提高物料的成球性。

不难理解，经润磨后的物料，由于提高了塑性，因此可以降低造球水分，可以减少黏结剂的添加量。如某钢厂采用润磨后，基本在取消膨润土的条件下仍可保持以前的生球质量（见表4-2）。

表4-2　某钢厂球团车间润磨结果

项　目	粒度（网目）组成							水分/%	堆密度 /(t/m³)
	+60	60~100	100~170	170~200	200~325	-200	-325		
磨　前	1.11	0.88	8.66	9.54	20.65	79.81	59.16	6~7	1.44
磨　后	0.36	0.64	6.13	6.25	15.90	86.12	70.22	5~6	1.46

以上分析，可以得出润磨的效果：

精矿粉润磨后直接造球，一方面提高了其在造球前的温度，其热焓增加，有利于成球；另一方面，润磨后物料颗粒变细，表面活性增加，亲水性能增强，有利于物料成核和母球长大，缩短成球时间，提高造球生产能力。

另外，增加润磨之后，还可以将球团返矿添加配料中进行造球，能降低球团矿的还原膨胀率，控制异常膨胀，有利于高炉生产的稳定顺行。

115. 简述润磨工艺在球团生产上应用概况。

答： 据资料介绍，润磨工艺起源于日本。首先由日本矢作制铁所发明，后被光和精矿公司采用并发展。从硫酸渣中提取铁及金、银、铜、铅、锌等贵重金属，必须将硫酸渣制成小球。1965 年为了改善球团生产原料硫酸渣的成球性能，提高生球强度和成品球团矿的强度，改善球团矿的冶金性能，首先研制了润湿式球磨机并用于球团生产，润磨机的规格为 $\phi2540mm \times 3440mm$；转速为 16.8r/min；配套电动机功率为 260kW；装球量为 10t 左右，钢球直径为 100mm。

除日本外还有其他国家的球团厂也采用润磨机来细磨物料用于球团生产，如美国一家用硫酸渣做原料的球团厂，在原料处理中也采用润磨机对硫酸渣进行细磨混捏后送去造球和焙烧固结，效果也很显著。

我国润湿磨矿工艺首先是在化工行业采用。而在钢铁工业采用润湿磨矿工艺是从 20 世纪 70 年代开始的。最先在钢铁工业采用润湿磨矿工艺的是开封钢铁厂，1973 年该厂与南昌有色冶金设计院合作，将一台管磨机（$\phi1440mm \times 3270mm$）改制润磨机，用来细磨硫酸渣，供给该厂的 $2.5m^2$ 球团竖炉做原料生产球团矿，并取得了良好的效果。

1995 年，南京钢铁公司球团厂将 60 年代从日本引进"光和法"处理硫酸渣时附带的两台 $\phi3.3m \times 5.1m$ 润磨机用于生产竖炉氧化球团。

1999 年，济钢和洛阳矿山设计研究院等单位在全国率先开展了球团润磨技术研究，设计制造的国产球团润磨机在济钢投入使用。

进入 21 世纪，润磨工艺在我国球团生产上的应用得到迅速发展，一些老球团厂（车间）在技术改造中增加了润磨工序，新建球团厂大多数都增设了润磨工序。

目前我国沈阳重型机器有限责任公司、洛阳矿山机械公司和朝阳重型机器有限公司都可以生产直径 3m 以上的大型润磨机。

116. 润磨机的结构和特点有哪些？

答：润磨既不同于湿磨也不同于干磨。湿磨不能直接得到含水量较低的产品，当磨矿粒度很细时，往往过滤很困难，需要设置一套干燥设备，使得工艺复杂，成本增加。干磨也必须先将物料干燥到含水分 0.5% 以下，然后磨矿，并需设置收尘系统，以获得细粒产品，改善劳动条件。润磨既能直接得到含水量符合造球要求的细粒产品，劳动条件又较干磨大为改善。因此润磨是比较理想的控制球团原料粒度的措施。

润磨机结构和传动形式同球磨机一样，唯一区别在于排料方式采用周边排料和内部衬板材质采用橡胶衬板。

润磨机的结构特点要求入磨物料含有一定的水分（6.0% ~ 7.5%），因而要求润磨机具有特殊的结构形式，其特点如下：

（1）周边排料：由于润磨物料中含有一定的水分（6.0% ~ 7.5%），采用球磨机的格子板排料，会堵塞格子条孔，故必须采用周边排料。即在润磨机排料端筒体周边的适当位置设置排料格子，细磨后的含水物料经周边的格子孔排出来，因格子孔间隙小于钢球直径，故钢球仍留在筒体内，只有极少数钢球的碎块随物料一齐排出。

（2）强制给料：润磨机必须采用螺旋给料机强制给料（见图 4-7）。由于螺旋给料会因"黏料"和"磨损"而出现故障，使磨矿作业不能正常进行。经过球团技术人员的多年研究和工业试验，2003 年最早在承德建龙特钢、宣钢、安钢水冶等先后用皮带给料机取代了螺旋给料机（见图 4-8），大大提高了运转率和降低维修费用。笔者亲自参与了承德建龙润磨皮带给料机的设计和施工过程。

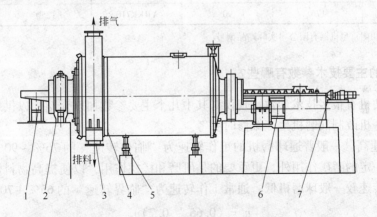

图 4-7 润磨机强制螺旋给料示意图

1—加料斗；2—主轴承位；3—排料口；4—回转部位；

5—顶起装置；6—传动部位；7—螺旋给料装置

（3）橡胶衬板：一般球磨机常用的钢衬板，具有一定的亲水性，无弹性，故易黏料，只能用于干磨或湿磨。润磨时，物料中含有一定的水分，为了防止"黏料"现象发生，润磨机采用橡胶衬板，因为橡胶衬板亲水性较差，具有良好的弹性，当钢球冲击橡胶衬板

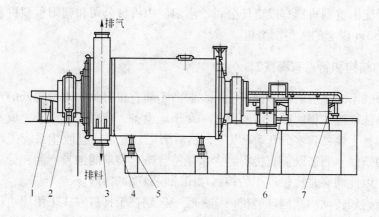

图 4-8　润磨机皮带给料示意图

1—加料斗；2—主轴承位；3—排料斗；4—回转部位；
5—顶起装置；6—传动部位；7—皮带给料装置

时，由于弹力的反作用，黏附在衬板上的物料又被弹起而脱落，故使用橡胶衬板不易黏料，从而保证润磨生产作业连续正常进行。

润磨机的有关参数见表 4-3。

表 4-3　润磨机的有关技术参数

规格/m×m	总重量/t	生产能力/(t/h)	电动机		减速机型号
			型　号	功率/kW	
φ3.2×5.4	116	50	YR560	630	ZDY450
φ3.5×6.2	128	70	YTM630	1000	ZLY560
φ3.8×6.5	176	90	YRKK710	1250	MBY800

注：表中是朝阳重型机器有限公司实际产品型号。

117. 润磨机的主要技术参数有哪些？

答：润磨机有很多技术参数，现仅对其中几个主要参数加以介绍，以供新设计润磨机或用普通球磨机改制润磨机生产维修时参考。

（1）转速高。一般普通球磨机的工作转速为"临界转速"的 76% ~ 90%。由于润磨机除了具有一定的磨矿作用外，更重要的是研磨和搓揉作用，以便提高物料塑性。因此润磨机的工作转速较一般球磨机低，通常工作转速为"临界转速"的 65% ~ 70%。

$$n = (0.65 \sim 0.7)n_{临}$$

式中　$n_{临}$——润磨机临界转速，r/min，$n_{临} = 42.4/\sqrt{R}$；

　　　R——润磨机筒体直径，mm。

一般球磨机的工作转速在 19.61 ~ 22.70r/min；而润磨机工作转速在 16.77 ~ 18.08 r/min 之间。

（2）排料孔的大小。排料孔的大小一般用开孔率来表示，即开孔面积与润磨机规格尺寸的关系。开孔率就是筒体上周边开设的排料孔的总面积与润磨机筒体内表面积的百分比，用下式表示：

$$\delta = \frac{f}{F} \times 100\%$$

式中　δ——开孔率，%；

　　　f——周边排料条孔的总面积，m^2；

　　　F——润磨机筒体总内表面积，m^2。

开孔率应通过试验确定，它与润磨机的给料量、装球量和磨矿细度等因素有关。开孔率过大时，排料能力过大，润磨机筒体内物料充填率减小，物料尚未得到足够的粉碎和研磨混捏就很快被排出，致使润磨效果变差；相反，开孔率过小时，润磨机筒体内物料充填过大，物料在磨机的筒体内停留时间虽长，但料球比过大，物料仍得不到良好的粉碎、细磨和混捏，对物料的润磨效果也会变差。

国内外经验，润磨机开孔率一般为 0.9% ~ 1.3%，通常在 1.10%。

（3）长径比。润磨机的长径比也是润磨机的一个重要技术参数。长径比等于润磨机筒体长度与筒体内径之比值，用下式表示：

$$K = \frac{L}{D}$$

式中　K——润磨机的长径比；

　　　L——润磨机筒体的长度，mm；

　　　D——润磨机筒体的直径，mm。

由于润磨机内物料和钢球的分布是有规律的，自进料端开始，物料充填率为递增分布，而钢球充填率为递增分布，料球比为递减分布。因此，润磨机的长径比必须适宜才能获得最佳的物料研磨混捏效果。长径比过大或过小研磨混捏效果都会变坏。

根据有关资料介绍，润磨机的长径比在 1.5 ~ 1.7 的范围内比较适宜。通常最常见的润磨机的长径比为 1.5 左右。

（4）润磨机生产能力的计算：

1）润磨机所需筒体容积的计算。润磨机生产能力确定后，可按下面公式计算所需筒体容积，然后再根据长径比的关系，确定直径和长度。

$$V_1 = \frac{Q}{q}$$

式中　V_1——润磨机所需的筒体容积，m^3；

　　　Q——润磨机的生产能力，kg/h；

　　　q——润磨机的单位筒体容积生产能力，$kg/(h \cdot m^3)$。此项也是未知数，要根据模拟试验确定或参考其他已生产润磨机的参数选定。

2）钢球装入量的计算。根据国内外润磨机的生产实践，装球量按润磨机筒体有效容积的 25% 计算，则装入钢球量可按下式计算：

$$G_{钢球} = V_1 \gamma_{钢球} \times 25\%$$

式中 $G_{钢球}$——装入筒体的钢球质量，t；

$\quad\quad\gamma_{钢球}$——钢球的密度，7.81t/m^3；

$\quad\quad V_1$——润磨机所需的筒体容积，m^3。

介质填充率对润磨效果影响较大，当介质填充率低，而物料填充率过大时，不但减弱研磨、搓揉作用，而且造成介质包裹物料及润磨机黏料现象。一般来说介质填充率根据润磨机的产量，通过试验后确定。国内外的中直径 $\phi 3300\sim 3500\text{mm}$ 润磨机产量为 50t/h，介质填充率为 17%~18%。

118. 混合料润磨在球团生产中的作用有哪些？

答： 中南大学烧结球团研究院在实验室对球团混合料润磨进行了较全面研究，混合料润磨在球团生产中的作用有以下 4 个方面：

（1）提高原料塑性，改善生球质量。润磨过程中由于物料被搓揉、挤压使物料塑性增加，随着润磨时间延长，这种作用愈明显。图 4-9 为某厂混合料润磨时间与生球强度的关系，由图中可见：

1）通过润磨后，生球抗压强度和落下强度都有大幅度提高；

2）随着润磨时间延长，生球落下强度一直是提高的，但抗压强度有极值；

3）润磨 8min 后，虽然磨矿作用不明显，即 -0.074mm 含量没有明显提高，但落下强度仍呈直线上升，说明混合料润磨时间越长，塑性越大，称之为"揉面作用"。

（2）提高混合料的细度，使混合料粒度及粒度组成趋于合理。从图 4-10 可以看出混合料润磨前后，-0.074mm 粒级含量的变化不大，润磨 12min 后，-0.074mm 的含量只增加了 3%。相比而言，大于 0.49mm 的含量的降低幅度稍大一些，从 10.73% 降到了 4.4%。这说明，润磨的磨矿作用不明显，生球强度的大幅度提高是由于润磨提高了物料的活性、塑性及附着力所致。

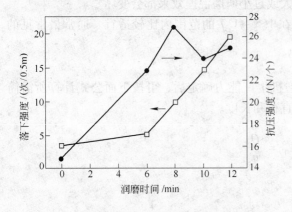

图 4-9　润磨时间与生球强度的关系

●—抗压强度；□—落下强度

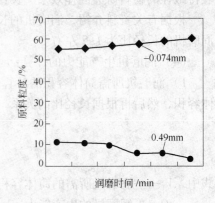

图 4-10　润磨时间对原料粒度的影响

（3）通过磨矿，增加矿物的晶格缺陷，以增大矿物的表面活性。

（4）润磨降低膨润土用量。我国许多球团厂由于铁精矿粒度粗，使得生球强度差，成球速度慢，造球过程不能顺利进行。为了解决上述矛盾，采用加大膨润土用量，有的膨润土用量高达 5% ~6% 。混合料通过润磨后，使黏结剂与矿粒紧密接触，以增大黏结剂与矿粒之间的附着力，借助这种附着力，使粗颗粒能被包裹进球团内部，可以降低膨润土用量。图4-11 是混合料润磨 6min 时，生球强度与膨润土用量的关系。由图看出：混合料润磨 6min 后，当膨润土用量为 1.5% 时的生球强度都高于不润磨时膨润土用量为 2.5% 的生球强度，由此可知混合料润磨 6min 可降低 1% 的膨润土用量。

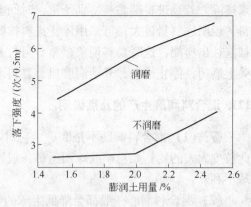

图 4-11　润磨前后对生球强度的影响

119. 什么是润磨系统的调湿操作？

答： 润磨机的特点是可以细磨含有一定水分的物料，并要求水分有一个适宜的范围。否则水分大，润磨机就会黏料，也称"结圈"或"胀肚"，使润磨过程难以进行。相反，如果水分过小，就会出现"冒烟"现象，而且会造成润磨机室粉尘飞扬，恶化操作环境，同时使成球过程遭到破坏。

因此，在物料进入润磨机前要进行水分调整，使其达到适宜值，这个操作叫调湿。目前大部分球团厂都在润磨机前安装了圆筒混合烘干机，目的就是当精矿粉水分超过润磨需要的水分时，调高燃烧炉温度和废气量，蒸发水分；当精矿粉水分低于润磨需要的水分时，调低燃烧炉温度和废气量，有时还要往烘干机中加水。

120. 润磨机运行中应注意哪些问题？

答： 润磨机运行中应注意以下几个问题：

（1）控制入磨物料的含水量。入磨物料的黏附能力与它的含水量有密切的关系。一定的范围内，随着含水量的增加而黏附能力增加。当入磨物料的含水量达到某一值时，物料具有的黏附力大于钢球冲击下橡胶衬板的弹力，黏料现象开始发生。因此在润磨过程中，水是增强研磨效果、改善成球性能必不可少的因素，又是可能发生黏料的重要原因。不同物料，亲水性能不同，入磨物料的适宜含水量范围应通过实验确定。

（2）控制润磨机的给料量。根据实验观察，物料和钢球在润磨机中的分布是有一定规律的。在进料端物料充填率最大，钢球充填率最小。当物料与钢球能维持一定的比例时，润磨机得以在不黏料的情况下正常运转，若物料充填率增大到某一限度时，钢球为大量物料包裹，无法直接打击橡胶衬板，对物料的粉碎、研磨作用显著降低，甚至伴有夯实物料的副作用，此时尽管物料水分不高，但在钢球的夯实作用下，黏料现象仍然随之发生。与此相反，在排料区，物料充填率最小，钢球充填率最大，料球比通常小于正常值，故不易黏料。同时开孔率增大，物料在润磨机内的移动速度加大。当给料量一定时，物料的充填率和钢球的充填率都发生有利的变化，有利于克服黏料现象。因此控制润磨机的给料量，可以保证有合适的物料充填率和料球比，防止黏料的产生。

（3）黏料事故的排除。当装球量、开孔率、物料一定的情况下，若进料端、筒体钢球、排料格子都发生不同程度黏料，说明物料水分过大。此时可通过加入部分干料的方法来排除。若是进料端黏料特别严重，时间愈长，黏料区间愈大，但排料端及排料格子不黏料，说明进料量过大，可采用停止进料排除故障。如果进料端较长一段被物料堵死，钢球被赶往出料端，这时黏料现象严重，可打开润磨机的门，用钢钎沿轴线捅开一条沟槽，再关上磨门，停止给料，开动润磨机，黏料事故便可逐渐排除。

121. 混合料润磨生产的几点说明。

答：（1）混合料润磨不是磨矿，它对降低铁精矿粒度的作用不如干磨或湿磨明显，因此粒度太大的物料如粉矿或球团返矿一般不宜加入润磨，因为这些物料容易成母球，对造球不利。

（2）混合料润磨一般都会降低生球的爆裂温度，球团原料不同，降低的幅度不同。一般降低 100℃ 左右，高的可以降低 150℃ 至 200℃。

（3）生球爆裂温度受润磨时间的影响，随着润磨时间延长，爆裂温度降低，因此混合料润磨时间不宜长，生产上一般润磨 4 ~ 5min 较适宜。

（4）混合料水分不宜过大。因为水分过大。一方面，使润磨机出料困难，另一方面，润磨生球爆裂温度本来就低的原料时，对生球干燥不利。进润磨机的水分最高应不超过 7.5% 左右。

（5）混合料部分润磨不可取，因为润磨前进行分料，润磨后还必须进行再混匀，否则造球机操作不稳定，而且使混合料准备工艺复杂化。另外，润磨部分的比例小于 50%，润磨效果不明显。

122. 以 $\phi 3200mm \times 5400mm$ 型润磨机为例说明介质钢球的填充要求。

答：润磨机研磨介质为钢球，介质重量为 50t。属于短磨机，单仓、尾卸式，转速 16.5r/min，介质的数量、配合与补充如下：

$$G = V\gamma\mu$$

式中　G——磨机内介质的装入量，t；

　　　V——磨机的有效容积，m³；

　　　γ——介质的堆密度，t/m³；

　　　μ——磨机的介质填充率，以小数表示。

短磨机介质填充率可以控制在 20% 左右。在一定范围内，填充率大，产率高，但是超过一定范围，电耗增加，也不利于设备的安全运转。

磨机内介质要求搭配合理。一般钢球直径为 30 ~ 100mm，以 10mm 为一级差。各级钢球的比例是两头小，中间大。物料硬度高，粒度大可增加大球的比例，反之可增加小球的比例。磨矿细度要求较细时，平均球径应小些；产量要求高时平均球径可适当大些。

介质的补充方法：根据磨机内球面降低情况补充，根据磨机产量与单位介质消耗量补充，根据磨机主机电流读数降低情况补充。

喂料量增加，球磨机产量提高，但是产品质量变差。若喂料量过多，使得磨机内钢球和物料的比值太小，介质对物料的粉磨作用严重减弱。润磨量太小，则产量低，而且介质、衬板、电耗增加。正常生产情况下，根据润磨机工作状况尽可能实现全润磨，磨料率最低不能低于 80%。特殊情况，入磨量不得低于 25t/h，避免砸坏算板。

合理调整给料量，按规定给料，每小时波动不许超过5t。

磨后细度提高7%以上，水分在5.5%~6.5%的范围内波动，以满足造球需要。

混合料出烘干机后水分如超过8%，应停止入润磨，以防止结圈事故。

注意观察电流的变化，电流低于55A时，要及时补加钢球，原则上，每周补加钢球3t，以保证磨后细度提高7%左右。

当停机超过4h以上。筒体内物料有可能结块，启动主电机前应用慢速驱动装置盘车，以达到松动物料的目的。

冷却水水压要求大于0.4MPa。

123. 润磨机岗位安全操作规程有哪些要求？

答：润磨机岗位安全操作规程为：

（1）上班前必须将劳保用品穿戴齐全，严禁穿长身大衣上岗，女工将长发盘入帽内。

（2）开机前认真检查安全防护装置是否齐全、有效，设备周围是否有人或障碍物，确认无误后，方可开机。

（3）开机前必须先发信号响警铃半分钟或回信号后，方可开机。

（4）禁止用湿手操作、用湿布擦拭、用水冲刷电器，以防触电。

（5）加装钢球时，要远离吊起的钢球料斗，以防落物伤人。

（6）在润磨机筒体内进行检修时，必须使用安全电压照明设备。

（7）设备运转时，禁止在转动部位清扫、擦拭和加油，清扫、巡视设备时要精力集中，严禁靠近运转中的设备。

（8）严禁横跨、乘坐运转中的皮带，严禁运送其他物品或在停转的皮带上休息。

（9）检修时，要切断电源，并挂上"有人检修，禁止合闸"的警示牌，必须执行谁挂牌，谁摘牌。

（10）在下列情况下，应迅速切断事故开关：

1）发生人身事故时；

2）皮带有撕毁危险或开裂要断时；

3）皮带有压住、打滑、电机冒烟等设备事故时。

124. 润磨机岗位技术操作规程有哪些规定？

答：（1）设备启动前的检查：

1）润磨机内钢球数量是否正常。

2）紧固部位螺栓有无松动、脱落。

3）检查与本岗位有关联的设备是否正常。

4）检查各设备油位、润滑系统是否正常。

5）检查水、电是否正常，水压不小于0.4MPa。

6）确认慢速驱动装置完全脱开状态。

（2）手动开机操作顺序：启动润磨机出料皮带→润磨机→强制给料皮带→烘干机出料皮带。手动开机操作要领如下：

1）启动润磨机出料皮带。

2）确认润磨机在手动状态下，然后送电，启动低压油泵，检查各指示灯显示状态，前后轴瓦油流、温度，冷却水压力是否大于 0.4MPa，低压油泵压力为 0.08 ~ 0.20MPa，油箱温度为 30 ~ 40℃（低于 30℃加热器自启，40℃自停）。

启动高压油泵（压力 16 ~ 20MPa），允许主电机启动指示灯亮，启动润磨机主电机按钮，主电机启动，润磨机转动。转子短接指示灯亮，电流处于 50 ~ 60A 表示正常。

3）启动强制给料小皮带机。

4）启动烘干机出料皮带，主电机启动 3min 后高压油泵自停。

自动开机：确认设备处于自动控制状态下，低压油泵启动 30s 后，高压油泵自启。等到允许主电机启动灯亮后，启动主电机，3min 后高压油泵自停（同手动）。

（3）自动开机：确认设备处于自动控制状态下，低压油泵启动 30s 后，高压油泵自启。等到允许主电机启动灯亮后，启动主电机，3min 后高压油泵自停（同手动）。

（4）停机操作：

1）手动停机（停机顺序与开机顺序相反）：接到停料通知，停烘干机出料皮带，停强制给料小皮带。观察润磨机排料情况，约 10min 物料排空，启高压油泵，停主电机，3min 后停高压油泵；30min 后启高压油泵，3min 后停高压油泵；以后每隔 30min 开停高压油泵 3min，使筒体降至室温。

2）自动停机：接到停料通知，停烘干机出料皮带机，物料基本排空（约 10min）后，停主电机（高压油泵自启）同前手动。

125. 润磨机设备维护规程有哪些要求？

答：润磨机设备维护规程有以下要求：

（1）每小时检查轴瓦温度、油量是否正常，循环水是否正常。

（2）每小时检查油箱有无漏油，稀油喷射是否正常。

（3）每小时检查轴承温度（前后轴瓦温度小于 50℃，主电机温度小于 80℃，减速机、小齿轮轴承均小于 60℃）。

（4）每小时检查电机、减速机是否有急剧周期性振动或异常声音。

（5）每小时检查皮带接口是否开裂，托辊是否完好。

（6）检查润磨机轴瓦时必须保持清洁，不得戴手套，以防止杂质混入油内。

（7）对润磨机体部件焊接时，应注意接地保护，防止电流灼伤齿面和轴瓦面。

（8）当停机超过 4h 以上，筒体内物料有可能结块，启动主电机前应用慢速驱动装置盘车，以达到松动物料的目的。

（9）在顶起装置完成检修工作后，需将筒体下落时，注意不要快速卸压，应缓慢关停千斤顶。

（10）润磨机一般情况下不宜在 1h 内连续启动两次。

126. 简述润磨机碎钢球分离机的设计及应用。

答：润磨机使用后，由于碰撞造成一部分钢球破碎，产生大量不规则形状铁器，通过周边排料口排出润磨机，在生球筛分过程中，卡住生筛辊子，致使生筛停止运行或使生筛陶瓷辊破裂而更换，同时经过生筛的碎钢球进入成球盘，还会使成球盘的陶瓷刮刀损坏更换，既增加维修费用，又影响设备运转率。围绕如何有效分离物料中的碎钢球，作者经过现场多次实践，在出润磨机皮带与进入造球皮带垂直融汇的输送装置处，设计了"润磨无动力碎球分离机"应用如下，效果比较明显。

（1）悬臂式圆滚筛结构。圆滚筛采用 $\phi20mm$ 圆钢制作两个圆圈（$\phi500mm$ 和 $\phi800mm$），然后截取长 800mm 的 $\phi16mm$ 圆钢作为圆滚筛的筋条，焊在两个圆圈上，间距 20mm。

机加工一条轴，一侧安装轴承。将轴焊在两个圆圈的中心（大圈靠轴承侧），用 $\phi20mm$ 圆钢作辐射型支撑架。

悬臂结构，将带轴承的圆滚筛垂直固定在进入造球皮带侧支架上，圆滚筛小圈口正对出润磨机皮带下料点（见图4-12）。

图 4-12　润磨机碎钢球分离机现场

（2）传动装置。将悬臂式圆滚筛轴承输出端，安装皮带轮。同时在进入造球皮带下层安装特制皮带托辊，上面安装皮带轮，然后两个皮带轮用三角带连接。通过皮带运转，带动特制皮带轮运转，然后通过三角带带动悬臂式圆滚筛运转，速度现场实测，一般 25r/min 就可以。

（3）效果分析。可以使物料中杂物 80% 以上有效的分离出来，从而瓷辊、刮刀、齿轮的寿命延长，既提高设备运转率，又降低维修费用，年节约费用非常可观。同时减少杂物进入球盘，为提高生球的质量提供有力的保障。

此项小改革曾荣获 2005 年度建龙钢铁集团公司自主活动竞赛一等奖。

5 造球工操作技能

造球又称滚动成形，是球团生产中的重要工序之一。它工作的好坏在很大程度上决定着成品球团矿的产量、质量。本章主要讲述水分子特性、细磨物料的特性，成球机理、造球设备、筛分设备以及造球工操作技能。

5.1 基础知识

造球是细磨物料在造球设备中被水湿润，借助机械力的作用而滚动成球的过程。物料的成球性及生球的机械强度与物料的表面性质和水的亲和能力有关。

127. 什么是液体的表面层和表面能？

答：液面下厚度约等于分子作用半径的一层液体，称表面层。表面层内的分子，一方面受到液体内部分子的作用，另一方面受到液面外部气体分子的作用。处于液体内部的分子（见图5-1）所受邻近包围它的分子的引力在各个方向都是相同的，总的合力等于零，即处于均衡的力场中，而处于表面层内的分子尽管它同时受到液体内部分子和液体外部气体分子的作用，但由于气体密度远小于液体密度，通常可把气体分子的作用忽略不计，因此，表面层中的分子始终处于不均衡力场中，每个分子都受到垂直于液面并指向液体内部的不平衡

图 5-1　液体分子所受的力

力。若要把一个分子从液体内部移到表面层内，就必须克服这个不平衡的力而做功，以增加这一分子的位能。分子在表面层内比在液体内部有较大的位能，该项位能称作表面能。

128. 什么是液体的表面张力？

答：当液体的一个系统处于稳定平衡时，应有最小的位能，故液体表面的分子有尽量挤入液体内部的趋势，使得液面愈小位能就愈低。由于液体具有尽可能缩小其表层的趋势，液体表面就好像是一拉紧了的弹性膜，处在沿着表面的使表面有收缩倾向的张力作用之下，这种力称作液体的表面张力。

129. 什么是润湿现象？

答：液体和固体相接触时，一些液体能润湿固体，而一些液体不能润湿固体。比如水滴在玻璃上，水沿玻璃平板面展开，我们说水能润湿玻璃；水银滴在玻璃上，水银便收缩成球形，且极易在玻璃上滚动，我们说水银不能润湿玻璃。这种现象称为润湿和不润湿现象（见图5-2）。

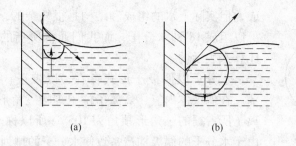

图 5-2 液体与固体接触处的接触
(a) 润湿; (b) 不润湿

同一种液体能润湿某些固体的表面,而不能润湿另一些固体的表面。例如,水能润湿干净的玻璃,而不能润湿石蜡。这是由于液体分子与固体分子之间的相互引力(称为附着力)大于或小于液体分子之间的相互吸引力(称为内聚力)决定的。

附着力大于内聚力就产生液体能润湿固体的现象,附着力小于内聚力就产生液体不能润湿固体的现象。

在圆柱形的管子里,能润湿固体的液体表面呈凹形,不润湿固体表面呈凸形。这种弯曲的液面称为弯月面。

130. 什么是细磨物料的比表面积?

答: 所谓比表面积是指单位重量或单位体积的固体物料所具有的面积,其单位 cm^2/g 或 cm^2/cm^3。

一般造球的矿物原料比表面积在 $1500 \sim 1900cm^2/g$ 之间,物料具有如此大的表面积,因此也就具有较大的表面能。这种表面能量过剩的不平衡状态,使其表面具有非常大的活性,能吸附周围的介质,从而为生球的形成提供了条件。

131. 什么是毛细管和毛细现象?

答: 毛细管是内径很细(小于 2mm)的管子。

如果将毛细管插入液体内,管壁的内外液面就产生高度差。若液体能润湿管壁,则管内液面升高;若液体不能润湿管壁,则管内液面反而较管外液面低。这种现象叫做毛细现象(亦称毛细管现象,见图5-3)。

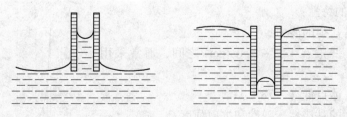

图 5-3 液体在毛细管内的上升和下降

132. 水分子的构造怎样?

答: 水是自然界普遍存在的物质,纯净的水化学成分由 11.11% 的氢和 88.89% 氧组

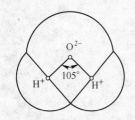

图 5-4 水分子的构造图

成，但实际上水的组成和结构是很复杂的，从理论上讲氢和氧可以组成 18 种水分子，而我们通常所指的水分子是用分子式 H_2O 来表示的。

水分子以偶极子形式存在，以带正、负电荷的两极体表示。在偶极体内氢、氧离子位于等腰三角形的三个顶点上，氧离子所占据的三角形顶角为 105°。所以称水分子为极性分子。由于水分子的偶极构造，致使水分子的排列疏松（见图 5-4）。

133. 水在造球细磨物料中有哪些形态和作用？

答：水在细磨物料中可以处于不同的形状，有些性质与普通水相比大不一样。按照通常土壤学的分类，在多孔的散料层中，水可以呈现如下的一些状态：

（1）汽化水；

（2）分子结合水，即吸附水、薄膜水；

（3）自由水，即毛细水、重力水；

（4）固态水；

（5）结晶水和化学结合水。

从细磨物料成球的观点来看，影响成球过程的主要是分子结合水和自由水，即吸附水、薄膜水、毛细水和重力水。干燥的细磨物料在造球过程中被水润湿，一般认为可分四个阶段进行，首先吸着吸附水、薄膜水，然后吸着毛细水和重力水。

134. 什么是吸附水？它有什么特性和作用？

答：（1）吸附水概念。当干燥的细磨物料与水接触时，因为水是一种具有偶极构造的极性分子，由于静电作用，在颗粒的电场范围内的极化水分子被吸附于颗粒表面，来中和颗粒表面的电荷。因而在颗粒的表面形成一层吸附水层。这种被干燥的细磨物料颗粒表面强大的电分子引力所吸引的分子水就称为吸附水。

（2）吸附水的形成（见图 5-5）。吸附水的形成不一定要将颗粒直接与水接触（即放入水中或往颗粒中加水），当干燥的颗粒在自然条件下与大气接触时，就会吸引大气中的气态分子（即水蒸气）而形成吸附水。

（3）吸附水的特性：

1）没有溶解盐类的能力；

2）密度大，一般在 $1.2 \sim 2.4 g/cm^3$ 之间，通常采用 $1.5 g/cm^3$；

3）不导电，冰点低（-78℃）；

4）具有较大的黏滞性、弹性和抗剪强度；

5）不能自由地迁移，更不能从一个颗粒转移到另一个颗粒；

6）蒸汽压比自由水小，所以颗粒烘干时，吸附水能变为蒸汽跑掉。

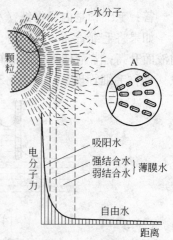

图 5-5 矿粒表面极化水分子的排列

吸附水因具有上述性质，所以又被称为固态水，如果物料含有吸附水，当细磨物料呈砂粒状态时，仍是散粒状态；当细磨物料呈黏土状态时，则可以成为坚硬的固体。因此，一般认为在造球物料层中，仅存在吸附水时成球过程尚未开始。

135. 什么是薄膜水？它有什么特性和作用？

答：（1）薄膜水的形成。在细磨颗粒达到最大吸附水后，颗粒表面还有未被平衡掉的分子力，所以当进一步润湿颗粒时，还可以吸附更多的极性分子，在吸附水的外围形成的一层水膜，这层水膜被称为薄膜水。

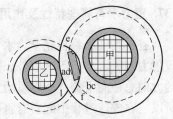

图 5-6　薄膜水从一个颗粒向另一个颗粒移动

（2）薄膜水的特性（见图 5-6）。薄膜水由于受颗粒的分子引力作用。故与自由水的性质也不同，它的主要特性是：

1）在分子力的作用下，具有从一个颗粒向另一个颗粒迁移的能力，而且这种移动与重力无关，可以向任何方向在分子力的作用下移动。

2）薄膜水由于受到电分子引力的吸引，具有比普通自由水更大的黏滞性。

3）薄膜水的内层受到颗粒的吸引较外层强，故薄膜水又可分为强结合水和弱结合水两部分。吸附水和薄膜水合起来被称为分子水，在力学上可以看做是颗粒的外壳，在外力作用下和颗粒一起变形，并且分子水膜使颗粒彼此黏结，这就是细磨物料成球紧密后具有强度的原因之一。

当细磨物料达到了最大分子水后，细磨物料在外力的作用下（搓揉），表现出塑性性质，在造球机中，成球过程才能明显地开始进行。

136. 什么是毛细水？它有什么特性和作用？

答：（1）毛细水的形成。当细磨物料继续被润湿到超过薄膜水时，物料层中就会形成毛细水。它是电分子引力作用范围以外的水分，毛细水的形成是由于表面张力作用所致。因细磨物料层中存在着很多大小不一的连通的微小的孔隙，组成了错综复杂的通道，当水与这样的颗粒料层接触后，就会引起毛细现象。所以概括地说，毛细水就是存在于细磨物料层大小微孔中具有毛细现象的水分。

在细磨物料层和生球中存在的毛细水可分为以下几种：触点状毛细水、蜂窝状毛细水、饱和毛细水。

1）触点状毛细水。指仅仅存在于颗粒接触点周围的水。在颗粒接触点上所出现的触点水是互不相通的，它占有空隙的狭窄部分，并被弯月面所限制。因此，不能以液滴状态移动，不传递静水压力，但呈现毛细压力。

2）蜂窝状毛细水（又称网状毛细水）。当细磨物料层中达到触点水后，继续润湿便出现蜂窝状毛细水，这时有些孔隙被水充满，水开始具有连续性，能在毛细管内迁移，能传递静水压力和呈现毛细压力。生球强度主要是靠生球中颗粒之间的毛细压力使其彼此黏结在一起的。

3）饱和毛细水。当料层孔隙完全被水充满时，则出现饱和毛细水即毛细水达到最大含量。造球最适宜的水量是介于触点态和蜂窝状毛细水之间的。

（2）毛细水的特性及作用。毛细水能够在毛细压力的作用下，及在能引起毛细管形状和尺寸改变的外力作用下，发生较快的迁移。

毛细水的迁移速度决定着物料的成球速度。

在细磨物料的成球过程中，毛细水起着主导作用，当将物料润湿到毛细水阶段时，成球过程才获得应有的发展。

137. 重力水有哪些特性及作用？

答：当细磨物料完全为水饱和时，还可能出现重力水，重力水是处于物料颗粒本身的吸附力和吸着力的影响以外，能够在重力和压力差的作用下发生迁移的自由水。由于重力的方向总是向下的，所以重力水具有向下运动的性能。由于重力水对细磨颗粒具有浮力，所以它在成球过程中起着有害的作用。

一般在造球过程中不允许出现重力水。

5.2 造球设备及性能

目前世界上有4种造球设备，即圆筒造球机、圆盘造球机、圆锥造球机和挤压立式圆锥造球机。我国普遍使用的是圆盘造球机。

138. 圆盘造球机设备结构和工作原理有哪些？

答：圆盘造球机亦称成球盘或造球盘，是国内外球团厂广泛采用的一种造球设备。圆盘造球机实质是一个倾斜的，带有边板平底钢质的，以等角速度旋转的圆盘。

（1）圆盘造球机的成球原理。当造球物料加入球盘内，被洒上细小的水滴。在球盘旋转时，造球物料被带到盘顶，然后沿着斜面滚落。在滚落过程中，由于水滴的作用和物料的滚动，逐渐形成母球。由于不断地加料加水和球盘的旋转，母球不断地滚落、压紧，并粘上造球物料。再次滚落、压紧，经过这样数次循环，母球得以长大，成为粒度合乎要求的生球。同时，由于滚落时的机械力作用，生球被逐渐压实，球内的水分逐渐由中心转移到表面，产生了一定的机械强度，直至形成合格的生球。合格生球在盘内滚落时产生偏析，浮在球料上层，并在离心力的作用下，溢出球盘外。由于球料在旋转的盘底上滚落，没有固定的轴线，再加上球与球之间的挤压和搓动。因此，所滚成的生球在实际上接近球形。

（2）圆盘造球机的构造及技术特性。目前，圆盘造球机的规格繁多，结构比较合理并在生产上获得广泛应用的有以下两种：

1）伞齿轮传动的圆盘造球机（见图5-7）。我

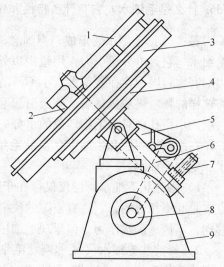

图 5-7 伞齿轮传动的圆盘造球机

1—刮刀架；2—刮刀；3—圆盘；4—伞齿轮；
5—减速机；6—中心轴；7—调倾角螺杆；
8—电动机；9—底座

国大部分球团采用这类造球盘。伞齿轮传动的圆盘造球机主要由圆盘、刮刀、刮刀架、大伞齿轮、小圆锥齿轮、主轴、调角机构、减速机、电动机、三角皮带和底座等所组成。圆盘造球机安装倾角一般在45°~60°之间调节。

圆盘由钢板制成，通过主轴与主轴轴承座和横轴而承重于底座，带滚动轴承的盘体（托盘）套在固定的主轴上，主轴高出盘体，以便固定可随圆盘变更倾角的刮刀臂，刀臂上固定若干个刮刀，以清除黏结在盘边和盘底上的造球物料，主轴的尾端与调角机构的螺杆连接，通过调角螺杆可使主轴与圆盘在一定的范围内上、下摆动，以满足调节造球盘倾角的需要。

工作原理：电动机启动后，通过三角皮带将减速机带动，减速机的出轴端联有小圆锥齿轮，此齿轮与大伞齿轮啮合，而大伞齿轮与托盘直接相连，因此大伞齿轮转动时，造球机的圆盘便随之跟着旋转。这种结构形式的造球机转速的改变，可通过更换电动机出轴和减速机入轴上的皮带轮直径来做一定范围内的调整。

圆盘造球机技术参数见表5-1。

表5-1　圆盘造球机技术参数

规格（直径）/mm	球盘边高/mm	转速/(r/min)	倾角/(°)	台时产量/(t/h)	电动机	
					型　号	功率/kW
3200	380	9.06	35~55	7~11	JO_2-71-4	22
3500	400	10~11	45~57	9~13	JO-82-6	28
4200	450	7~10	40~50	15~20	JO-93-8	40
5000	550	5~9	43~53	30~45		60
5500	550	6.5~8.1	43~53	35~46	JR-92-6	75
6000	650	6.5~9	43~53	40~75	Y315S-4	110
6500	700	5.5~6.9	43~53	45~80	Y315M-4	132

注：表中是朝阳重型机器有限公司实际产品型号。

2）内齿轮圈传动的圆盘造球机（见图5-8）。内齿轮圈传动的圆盘造球机是西德鲁尔基公司设计的，它是在伞齿轮传动的圆盘造球机的基础上改进的，改造后的造球机主要结构是：盘体连同内齿圈回转支撑固定在支承架上，电动机、减速机、刮刀架也均安装在支撑架上，支撑架安装在圆盘造球机的机座上，并与调整倾角的螺杆相连，用人工调节螺杆，圆盘连同支撑架一起改变角度。这种结构的圆盘造球机的传动部件由电动机、摩擦片接手、三角皮带轮、减速机、内齿圈和小齿轮等所组成。

这种圆盘造球机的结构特点是：

（1）造球机全部为焊接结构，具有质量轻、结构简单的特点。

（2）圆盘采用内齿圈传动，整个圆盘用大型压

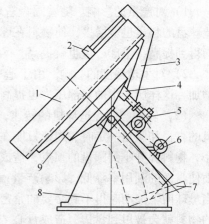

图5-8　内齿轮圈传动的圆盘造球机
1—圆盘；2—刮刀；3—刮刀架；4—小齿轮；
5—减速机；6—电动机；7—调倾角螺杆；
8—底座；9—内齿圈

力滚动轴承支托，因而运转平稳。

（3）用球面涡轮减速机进行减速传动，配合紧凑。

（4）圆盘底板焊有鱼鳞衬网，使底板得到很好保护。

（5）设备运转可靠，维修工作量小。

内齿圈传动的圆盘造球机转速通常有三级，如 φ5.5m 造球机，转速有 6.05r/min、6.75r/min、7.73r/min。它是通过改变皮带轮的直径来实现的。

139. 圆盘造球机的工艺参数对造球有什么影响？

答： 圆盘造球机（见图 5-9）的工艺参数主要包括圆盘直径、转速、倾角、边高和刮刀位置等。

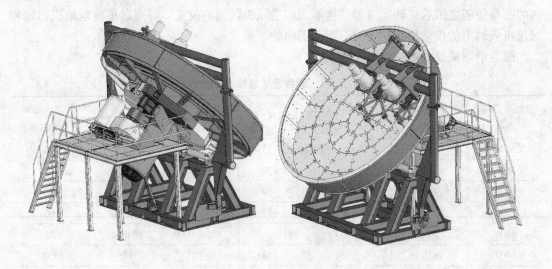

图 5-9 圆盘造球机效果图

（1）圆盘造球机的直径：

1）对产量的影响。随着圆盘造球机直径的增大，球盘的面积也跟着增大，这样加入造球盘的料量也就增多，使物料在球盘内的碰撞几率增加，物料成核率和母球的成长速度均得到提高，生球产量也就提高。

2）对生球强度的影响。由于造球盘直径增大，使母球或物料颗粒的碰撞和滚动次数增加，这样所产生的局部压力也提高。使生球较为紧密，气孔率降低，生球强度提高。

（2）转速。圆盘造球机的转速，一般可用圆周速度来表示（简称周速），当圆盘造球机的直径和倾角一定时，周速只能在一定的范围内波动，如果周速过小，产生的离心力也小，物料提升不到圆盘的顶点，造成母球区"空料"，使物料和母球向下滑动，这样一方面使盘面的利用率降低，影响产量；另一方面由于母球上升的高度不大和积蓄的动能少，当母球向下滚动时得不到必要的紧密，生球强度低。如果周速过大，离心力也过大，盘内的物料就会被甩到盘边，造成盘心"空料"，使物料和母球不能按粒度分开，甚至造成母球的形成过程停止。如果刮板强迫物料下降，则会造成急速而狭窄的料流，严重恶化了滚动成型的特性。因此只有适宜的转速才能使物料沿造球盘的工作面滚动，并按粒度分级而有规则地运动。

另外，圆盘造球机的周速随物料的性质和倾角的不同而不同，一般的适宜周速在 1.0~2.6m/s 之间。

（3）倾角。圆盘造球机的倾角与周速有关，如果倾角大，为了使物料能上升到规定高度，则要求有较大的周速；如果周速一定，则倾角的适宜值就一定。当小于适宜倾角时，物料的滚动性能变坏，盘内的物料会全甩到盘边，造成盘心"空料"，因而滚动成型条件恶化；当大于适宜倾角时，盘内的物料带不到母球形成区，造成有效工作面积缩小。在一定的范围内（圆盘造球机的适宜倾角一般为 45°~50°），适当的增大倾角，可以提高生球的滚动速度和向下滚落的动能，因而对生球的紧密过程是有利的。但当倾角过分增大时，由于生球往下滚动的动能过大，它们与圆盘周边相碰时很容易导致生球粉碎，另外过分增大倾角会使圆盘的填充率下降，生球在圆盘内的停留时间缩短，使生球的气孔率和抗压强度降低，这些都不利于提高圆盘造球机产量和质量。

（4）边高和填充率。圆盘造球机的边高与圆盘的直径和造球物料的性质有关，根据实践经验，当造球机的直径和倾角都不变时，边高 H 的大小应随物料的性质而变，如果物料的粒度粗、黏度小，盘边就要高一些，若物料的粒度细、黏度大，盘边可矮一些。圆盘造球机的边高可按 $H=0.1~0.12D$（D 为球盘直径）来选择。如果边高过高，由于填充率大，使合格粒度的生球不易排出，继续在圆盘内运动，一方面使合格粒度生球变得过大；另一方面使物料在盘内的运动轨迹受到破坏，生球不能很好地滚动和分级，达不到高生产率。边高过低，生球很快从球盘中排出，不可能获得粒度均匀而强度高的生球。

边高的大小还与圆盘造球机的填充率紧密相关，也就是说边高与生球在造球机内的停留时间密切相关，而影响生球的强度和尺寸。边高愈大，倾角愈小，则填充率就愈大。如果单位时间内的给料量一定，填充率愈大，则成球时间愈长，因此生球的尺寸就变大、强度增加、气孔率降低。如果边高愈小、倾角愈大，则填充率小，生球在圆盘造球机的停留时间短，生球气孔率增加和强度降低。

（5）刮刀位置。在滚动成球时，圆盘造球机的盘面和盘边上，往往会附着一层造球物料。特别是粒度细、水分高的物料，更易于黏结盘底和盘边，附在造球盘上的这一层原料称作底料。由于底料的存在，直接影响着母球的运动和长大速度。生球在底料上不断滚动，会使底料压密和变得潮湿。因此，底料很容易黏附上其他造球物料，使母球长大速度降低，同时使底料不断地加厚。随着底料的增加，造球盘的负荷也渐增。在底料增加到一定厚度时，往往会发生大块底料的脱落，形成不规则的大块，破坏了生球的运动状态，对造球正常作业极为不利。为了使圆盘造球机能正常工作，因此必须在造球盘上设置刮板或旋转刮刀，清理黏结在盘底和盘边上的积料。

随着生产的发展，刮板的作用不仅是解决底料的问题，而是在圆盘造球机上合理地布置刮板，成了提高造球盘的生产率和生球强度的有效措施，所以对刮板的布置有如下要求：

1）刮板的配置应有利于最大限度的利用圆盘工作面，不应破坏母球的运动特性。所以在紧密区和排球区一般不能设置刮板，避免使生球受到损伤。

2）应有一个刮板通过圆盘的圆心，避免圆盘中心积存底料，刮板所划圆环不应相互重复。另外，使用刮板的数量应该尽量少，以便减少盘面的利用率和刮板对圆盘造球机运动所造成的阻力，减轻传动设备的负荷，减少盘面的磨损。

140. 圆盘造球机的工作区域有哪些?

答：根据造球物料在圆盘造球机内的形态和运动状况，可把球盘分为四个工作区域：即母球区、长球区、成球区、排球区（见图 5-10），在操作过程中要使球盘工作区域分明。

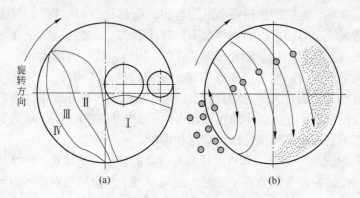

图 5-10　圆盘造球机的工作区域和生球粒度分级示意图
(a) 球盘的工作区域；(b) 球盘内生球粒度的自然分级
Ⅰ—母球区；Ⅱ—长球区；Ⅲ—成球区；Ⅳ—排球区

（1）Ⅰ—母球区。这一阶段具有决定意义的是加滴水。当物料润湿到最大分子结合水以后，成球过程才明显地开始；当物料继续润湿到毛细水阶段时，成球过程才得到应有的发展。因为当已润湿的物料在造球机中受到滚动和搓动的作用后，借毛细力的作用，颗粒被拉向水滴的中心而形成母球。因此，母球是毛细水含量较高的紧密的颗粒集合体。

（2）Ⅱ—长球区。形成的母球，继续在造球机内滚动即进入长大阶段。母球长大的条件是：在母球的表面其水分含量要求接近适宜的毛细水含量。母球长大的方式有聚结长大、成层长大两种。

第一阶段形成的母球在造球机内继续滚动，母球被进一步压密，引起毛细管形状和尺寸的改变，从而使过剩的毛细水被挤到母球的表面上来。这样，过湿的母球表面在运动的过程中就很容易黏上一层润湿程度较低的颗粒，进而母球长大。为了使母球继续长大，必须人工地使母球的表面过分润湿，即往母球表面喷雾水。

（3）Ⅲ—成球区。长大了的母球在成球区，主要受到机械力和生球相互间挤压、搓揉的作用，使毛细管形状和尺寸不断发生改变，生球被进一步压密，多余的毛细水被挤到表面，使生球的孔隙率变小，强度提高，成为尺寸和强度符合要求的生球团，所以此区又称紧密区。

生球的紧密是增加和获得生球最终机械强度所必须经过的阶段。在这一阶段应该停止补充润湿。由此可见，母球的形成靠点滴润湿，母球长大靠毛细结合力，生球的压实靠薄膜水的分子结合力。

（4）Ⅳ—排球区。质量达到要求的生球，在离心力的作用下，被溢出盘外（脱离角与圆盘垂直中心线成30°左右）。大粒度球团，因本身的重力大于离心力，浮在球层上，始终在成球区来回滚动，粒度未达到规定要求的小球，由于重力作用小于离心力，被带到圆盘，仍返回长球区继续长大。

141. 圆盘造球机刮刀的作用和形式有哪些？

答：（1）圆盘造球机刮刀的作用主要是清理在盘底和盘边上的黏结料，使盘底保持平整，有利于滚动成球。同时起到"导料"、"分料"和"排球"的作用，因而在圆盘的成球区和排球区也设置刮刀，以期按照人为意志来强行区分圆盘的各区，来使整个盘面出现明显的分区。

其实，在物料的成球性较好，水分适宜，给料、给水位置和造球机的工艺参数合理的情况下，造球物料在圆盘中的成球过程是受重力和离心力的作用会自然进行分级。当盘体顺时针旋转时，在一定的转速下，第Ⅱ、Ⅲ区域中较大粒度的生球因其质量大，所受的离心力也大，再加上滚落时的偏析作用，自然会向排球侧的盘边靠拢，被盘边带到一定的高度，此时当不断向盘内加料，这些大球即溢出盘外。而较小的料球（母球或粉料）仍被带回第Ⅰ区域继续长大。这时刮刀只起刮底、刮边的作用。

如果物料的水分大，生球长大速度过快，粒度偏大，由于受重力的作用，脱离盘边向盘内滚落，未能溢出盘外，就应考虑设置排球刮刀。

如果物料的成球性较差，生球不易长大，应在第Ⅳ区域增加一辅助刮刀，起到导料和分流的作用，把生球分成大、小两股流向，刮回较大的生球，使它加速长大和紧密，而让较小的母球在刮刀下继续通过，返回第Ⅰ区域。

（2）圆盘造球机刮刀的形式主要有固定式和活动式两种。

1）固定式刮刀。固定式刮刀构造简单、容易制造。但磨损快、寿命短。另外固定刮刀上常常黏结料块，到一定程度后脱落，这些料块经过滚落，也能形成外观如球的团块，但强度很差，其中心和外部含水基本相同，在焙烧过程中大部分变成粉末，因此应尽量避免这种黏结料块的形成。

固定式刮刀分为刮中心、刮底、刮边和排料刮刀四种（见图 5-11 和图 5-12）。

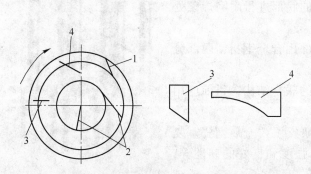

图 5-11 固定刮刀布置图形式一
1—刮边刮底刮刀；2—刮中心、刮底刮刀；
3—排球刮刀；4—导料刮刀

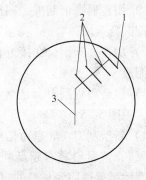

图 5-12 固定刮刀布置图形式二
1—刮底刮边刮刀；2—刮底刮刀
3—刮中心盘底刮刀

固定式刮刀由于使用钢衬板，磨损非常严重，使用寿命一般在 15 天左右。为延长使用寿命一些企业采取在钢衬板上焊合金刀头，先将原钢衬板底边（或侧边），在刨床上刨出了 10mm×20mm 的矩形条槽，然后把硬质合金刀头整齐地排列在槽内，两块刀头之间相距 2~3mm，再把合金刀头与钢衬板用铜焊牢固地焊接在一起。合金刀头是使用凿岩机钻头，牌号 YGH，型号 1H3。

2）旋转式刮刀。旋转刮刀器是活动式刮刀器的一种。20 世纪 70 年代南京钢铁公司从日本引进的，采用了多爪旋转式刮刀器，见图 5-13。这种刮刀器比旧式的板式刮刀更加符合成球过程的工艺要求，同时因为可以形成特有的底料衬，所以能够提高生球强度。

这种两个旋转刮刀器安装在圆盘的右侧稍上方，用于清理盘底、盘边上的物料（见图 5-14）。每个刮刀器安装有 5~7 把刮刀，沿其周边均匀分布，利用刮刀下端与圆盘料面接触，并连续进行相对运动，实现清理和平整底料床的作用。

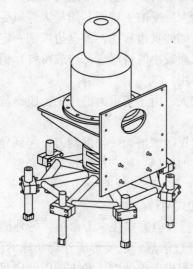

图 5-13　旋转刮刀结构示意图

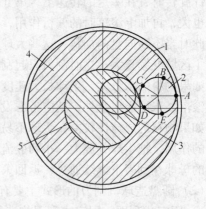

图 5-14　旋转刮刀安装位置及工作范围
1—造球盘；2—旋转刮刀Ⅰ；3—旋转刮刀Ⅱ；
4—Ⅰ刮刀的工作范围；5—Ⅱ刮刀的工作范围

旋转刮刀器的刮刀构造材质目前主要有以下几种：

1）用普通圆钢制成，在接近料面的底部进行耐磨焊条处理或镶嵌合金块。

2）用普通圆钢，在接近料面的底部用合金钢材，两部分焊接而成。

3）耐磨陶瓷刮刀，是钢材与陶瓷的联合结构，目前应用较广，见图 5-15。

4）新型刮刀。北京力拓科技公司研发了"金属陶瓷基复合材料"，该材料具有超高硬度、超高强度和良好的韧性等，其耐磨性是普通陶瓷材料的 30 倍以上。

图 5-15　耐磨陶瓷刮刀

142. 圆盘造球机底衬的作用和形式有哪些？

答：圆盘造球机的成球原理是细磨物料在造球设备中被水湿润，借助圆盘造球机转动的离心力、底盘的摩擦力使细磨物料不断被带升到盘面的一定高度，然后落下。物料受到滚动、转动、翻动、揉、搓、捏和挤压，形成生球。所以造球过程顺利完成的一个基本条件，就是圆盘造球机的底盘具有平整、耐磨和一定粗糙度等特性。

因此，我们经常采取一些措施创造适宜成球的底盘（见图5-16），称为"造衬"，俗称底衬（或料衬）。衬板极易磨损，需要经常更换，严重影响造球机的作业率。所以延长衬板的使用期限，是提高造球机作业的关键。目前使用的衬板有以下几种：

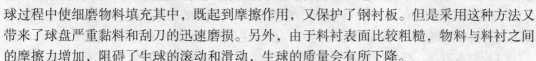

图5-16　用圆钢焊接的
放射形底盘
1—短圆钢；2—长圆钢；
3—中轴

（1）钢板衬板。钢板衬板的表面比较光滑，生球强度较高，衬板黏料和刮刀的磨损都很微弱。但钢板衬板磨损极快，生产实践证明：厚16~22mm钢板制成的衬板，只能使用三个月左右便磨穿。因此，使用钢板衬板的圆盘造球机，钢板消耗大，维修工作量也大，造球机的作业率低。

（2）用细磨物料作料衬。为了减少钢衬板的磨损，在造球机的底板上用圆钢、角铁焊接成放射形或条格形，然后在造球过程中使细磨物料填充其中，既起到摩擦作用，又保护了钢衬板。但是采用这种方法又带来了球盘严重黏料和刮刀的迅速磨损。另外，由于料衬表面比较粗糙，物料与料衬之间的摩擦力增加，阻碍了生球的滚动和滑动，生球的质量会有所下降。

（3）陶瓷衬板。用陶瓷板砌筑盘底作衬板，这是我国的一项创造。陶瓷板亦称耐酸无釉瓷砖，其特点是比较光滑，耐磨性好和有一定的抗冲击性能。目前使用的有150mm×150mm×20mm和150mm×75mm×20mm两种规格。

陶瓷衬板的砌筑：砌筑前先在盘面上用$\phi16~20mm$圆钢焊成条格孔，其间距为600mm，刚好可放四块瓷砖，两排瓷砖要错缝砌筑（见图5-17）。嵌瓷砖前在盘底上先抹一层砂灰（水泥：黄沙 = 1：2），其厚度20mm左右，以黏结瓷砖。瓷砖砌筑要求整个盘面平整，砖缝要小（1mm以下），砌完后，一般须保养3~5天，即可使用。

陶瓷衬板的使用效果：

1）使用寿命长，可达1年以上。

2）瓷砖表面光滑（但有一定的摩擦系数）基本上不黏料，可适当减少刮刀数量（指固定刮刀），盘面的利用率提高，有利于造球，使造球机产量提高30%以上。

3）陶瓷衬板质量轻，可减轻造球机负荷，降低电耗。

4）瓷砖价格便宜，衬板成本低，可节约资金，节省钢材。

5）陶瓷衬板更换容易、施工方便，可大大减少维修工作量。所以在国内获得了广泛使用。

（4）含油尼龙衬板。含油尼龙衬板（见图5-18）由于具有吸水率较低（0.5%~1.0%），摩擦系数较小（0.12~0.45）和较好的耐磨性能，被普遍使用在圆盘造球机的底

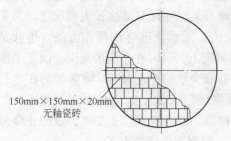

150mm×150mm×20mm
无釉瓷砖

图5-17　造球盘底瓷砖砌筑图

图5-18　圆盘造球机含油尼龙底衬板

衬板和边衬板。河北同业冶金科技有限公司等企业研发的圆盘造球机衬板，经过多年现场应用收到很好效果，具有以下特点：

1）在圆盘造球机上使用带有凸起和凹槽的含油尼龙衬板，可以兼有料衬及陶瓷衬板的优点，提高造球机产量和生球强度。

2）在圆盘造球机上应用带有凸起和凹槽的含油尼龙衬板，可以减轻底盘质量，减少底板黏料，减少刮刀数量，降低造球电耗。

3）含油尼龙衬板耐磨能力强，加之凹槽部分有料衬形成，可以减少衬板磨损，使用寿命较长。

143. 圆盘造球机的加水加料方式对造球有哪些影响？

答： 要保证生球的粒度和强度合乎规定要求，并使造球机达到最大的生产率，在很大程度上取决于造球的方法和操作条件。造球机的操作工艺条件包括加水、加料的方法和圆盘造球机的转速、倾角、边高的调整等。但实际上，大多数厂的圆盘造球机的转速、倾角和边高是相对固定的，而在日常的造球操作中，主要是控制加水和加料方法。

（1）加水方法。任何一种物料，都有一个最适宜的造球水分和生球水分，当造球物料的水分和生球水分达至适宜值时，造球机的产质量都比较理想。但当所添加的水分的方式不同时，生球的产质量也受到影响。一般，圆盘造球机的加水方法有下列三种情况。

1）造球前将物料的水分预先加到造球时的最适宜水分，在造球中不再补充加水。在这种情况下，母球的形成是容易的，但是由于水在物料中的迁移速度较慢，所以母球的长大速度也较慢，生球粒度较小，造球机的产量不高。在实际中，造球前是难以精确控制物料达到造球最适宜水分的，而操作又无调节手段（不补充加水），这种情况往往也是不存在的。这种方法只有在实验中可以碰到和使用。

2）造球前物料的水分大于造球时的适宜水分，在造球过程中或造球前需要添加适量干的物料吸收多余水分。这种情况对于粗矿粉的成球是可以的，但生球强度极差。对于细磨物料造球，物料过湿会失去松散性，容易成大球，甚至不能成球。此外，采用这种方法造球需要准备一部分干料，这会使生产工艺复杂，费用增加。

3）造球物料进入球盘前含水量低于生球水分适宜值，不足部分在造球时盘内补加。这已成为目前用得最广泛的一种方法，因为这种方法能加速母球的形成和长大，可以控制生球的水分和调节生球粒度，同时能通过改变给水方法，强化造球过程。

实践证明，物料在加入造球机之前，最好把水分控制在略低于适宜的生球水分，对于圆盘造球机，造球物料的水分应比适宜的生球水分低 0.5% ~1%。然后在造球过程中加入少量的补充水。补充水既能容易形成适当数量的母球，又能使母球迅速长大和压密。为了满足这个要求，一般应该采用"滴水成球、雾水长大、无水紧密"的操作方法。也就是说，大部分的补充水应以成滴状加在"母球区"的料流上，这时在水滴的周围，由于毛细力和机械力的作用，散料能很快形成母球；另外一部分少量的补充水则以喷雾状加在"长球区"的母球表面上，促使母球迅速长大。在"紧密区"长大了的生球在滚动和搓压的过程中，毛细水从内部被挤出，会使生球表面显得过湿，因此应该禁止加水，以防止降低生球的强度和产生生球的粘连现象。而在"排球区"则更不应该加水了。

在造球物料水分基本接近生球适宜水分的情况下，物料在机械力的作用下，即能形成母球。因此一般只需要加入雾状水就可。

就理论的给水点来说，在母球形成区，给水位置应在给料位置的下方；在母球长大区，则相反，给水位置应在给料位置的上方。

加入的水量与生球质量有较大的关系：加水量适宜时，可获得最佳的造球效果和生球质量。低于适宜值，成球速度减慢，生球粒度偏小，出球率减少。高于适宜值，成球速度加快，造球机产量提高，但生球强度下降。所以调节给水量，可以控制造球机产量和生球的强度及粒度。

（2）加料位置和方法（见图5-19）：

1）加料位置：目前国内外尚无统一看法，但必须符合"既易形成母球，又能使母球迅速长大和紧密"的原则。为此必须把物料分别加在"母球区"和"长球区"，而禁止在"紧密区"下料。这样在造球机转动过程中，有一部分未参加造球的散料会被带到"紧密区"吸收生球表面多余的水分。

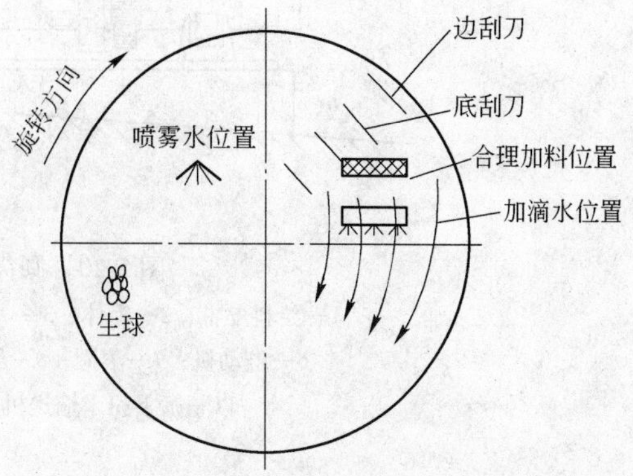

从生产实践中可以看到，形成母球所需

图 5-19　圆盘造球机合理的加水加料位置

要的物料较母球长大要少，所以必须使大部分的物料下到"长球区"，而在"母球区"只能下一小部分的物料。

2）加料方法：可以从圆盘造球机两边同时给入或者以"面布料"方式加入，这种加料方式，母球长大最快。总之，加入圆盘造球机的物料，应保证物料疏松，有足够的给料面，在母球形成区和母球长大区都有适宜的料量加入。给料量的控制也有一个适宜值，给料量过多时，出球量就增多，生球粒度变小，强度降低。给料量过少，出球量就减少，产量降低，生球粒度就会偏大，强度提高。所以调节给料量，也可以控制生球的产、质量。

144. 圆盘造球机安装调试有哪些要求？

答： 圆盘造球机安装有以下要求：

（1）造球机试车时，应运转平稳，圆盘不发生严重摇晃并与接球板无碰撞之处。

（2）大、小伞齿轮啮合好，运转时无杂声。

（3）运转时，立轴轴承无杂声、减速机噪声低。

（4）圆盘倾角应先安装成45°，然后在试运转中调整到最佳角度。

（5）调整刮刀位置和给水、加料位置到适宜值。

（6）调整电动机位置，使传动三角皮带的松紧度适宜，启动时无打滑现象。

145. 圆筒造球机的构造及工作原理有哪些？

答： 圆筒造球机是使用较早的一种造球机，在国外大约有60%左右的球团是用这种造球设备生产的。

（1）圆筒造球机的构造。圆筒造球机的结构基本与圆筒混合机相似。它也有一个内壁光滑稍微倾斜的旋转圆筒，筒体的上方设有洒水管和刮刀；筒体上箍有齿圈和滚圈，滚圈与基座上的托轮接触以支撑筒体；齿圈与传动装置的小齿轮啮合以实现圆筒的旋转；筒体的前后分别设有给料和排球装置，见图5-20。

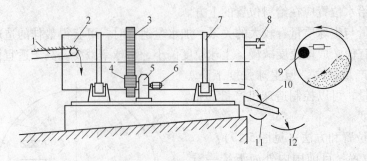

图5-20   圆筒造球机示意图

1—给料皮带；2—筒体；3—大齿圈；4—小齿轮；5—减速机；

6—电动机；7—滚圈；8—给水管；9—刮刀；10—生筛；

11—筛下粉末输送机；12—合格生球输送机

（2）圆筒造球机的成球原理。造球物料进入圆筒造球机后，随着洒水管的水滴落在物料上而产生聚集，由于受到离心力的作用，物料随圆筒壁向上运动，当被带到一定高度后，就滚落下来，这样就形成了母球。在旋转圆筒不断的带动下，母球不断得到滚动和搓揉（同时向前运动），使母球中的颗粒逐步密实，并把母球内的水分不断挤向表面，这时母球表面和周围的造球物料产生了一个湿度差，从而使造球物料不断地黏附在母球表面上，而使母球逐渐长大。长大的母球在继续的滚动、搓揉和挤压中受到紧密，其强度得到提高，然后随粉料和球粒同时被排出圆筒外，经过筛分，得到合格的生球。

146. 圆筒造球机的工艺参数有哪些？

答：圆筒造球机工艺参数有很多，主要的有以下几项：

（1）圆筒造球机的长度（L）与直径（D）之比。它随着原料特性不同而差别较大，应根据原料的成球性以及对生球粒度与强度的要求来选用，一般圆筒长度与直径之比（L/D）为2.5~3.5。

（2）圆筒转速。理想的圆筒转速应该保证造球物料和球粒在圆筒内有最强烈的滚动，并且在物料处于滚动状态下把物料提升到尽可能高的高度（见图5-21）。而物料滑动和在最高处向下抛落对造球过程是不利的。但非常明显，由于圆筒内物料颗粒差异甚大，要使圆筒适应所有粒级要求是不可能的，因此在确定圆筒转速时只能取一个中间值。实践证明，该数值大约为临界转速的25%~45%。

圆筒造球机转速范围一般为8~16r/min。物料在圆筒内旋转的速度，大约圆筒转一圈，料层转5~9圈，随着填充率的增加，料层旋转的速度降低。

（3）圆筒的倾角。圆筒的倾角是直接与生球质量和产量紧密相连的一个工艺参数，在其他条件不变的情况下，物料（生球）在圆筒内的停留时间由倾角确定。倾角愈小，生球在圆筒内停留的时间愈长，生球滚动的时间愈长，但产量则随倾角减小而降低。假如倾角加大，则上述情况正好相反。圆筒造球机的倾角一般在6°左右。

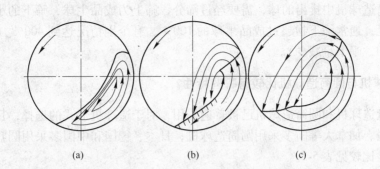

图 5-21 不同转速时圆筒物料运动状态
(a) 滚动状态（最佳转速）；(b) 瀑布状态（较大转速）；
(c) 封闭环形状态（快速转动）

（4）给料量。圆筒造球机的给料量与倾角的作用相似，给料量愈大，物料（生球）在圆筒内的停留时间愈短，产量愈大。但产量愈大，生球强度将会下降。若给料量小，则情况相反。这是因为由于圆筒造球机的填充率小所造成的。最佳的圆筒造球机的填充率为 3%~5%，最大允许值为 10%~15%。

（5）刮刀。为了保持圆筒造球机具有最大的有效容积，须在圆筒内安装刮刀将黏附在筒壁上的混合料刮落。常见的刮刀有固定刮刀和活动刮刀两种。

固定刮刀用普通钢板和耐磨材料制成，通常是在钢板上开几道直孔，然后将耐磨材料用螺栓固定在钢板上面，使用时只让耐磨材料和筒体接触，这样当耐磨材料磨损时，调整和更换都较方便。

活动刮刀有往复式和旋转式刮刀，刮刀的速度范围为每分钟 15~40 次。这种刮刀的好处是，在圆筒壁与刮刀之间不会积料，所以就不会发生采用固定刮刀时由于积料而引起大块突然崩落的现象。

为了增大圆筒壁与物料的摩擦和保护筒壁，让筒壁黏附一层不太厚的底料是有利的，这样对生球的长大和紧密都有好处。因此刮刀刀口应与筒壁稍留有一定的间距。

（6）加水方法。物料在圆筒造球机中的成球过程可分为：母球形成、母球长大和生球紧密三个阶段。因此在圆筒造球机中，为了迅速获得母球，应在其端部喷洒滴状水，喷水管上的小孔直径可采用 1.2~1.5mm。为了使母球迅速长大，在圆筒造球机的中间通常向母球表面喷洒雾状水。生球紧密阶段主要目的是为了提高生球的机械强度，所以在圆筒造球机的后部都不加水。从整个圆筒造球机来说，加水区约占圆筒长度的 2/3。而加水方向，应力求使添加的水，均匀喷洒在造球物料和生球表面，尽量避免将水喷洒在筒壁上而导致筒壁大量黏料。

147. 圆筒造球机有哪些优缺点？

答：（1）优点：圆筒造球机具有结构简单、设备可靠、运转平稳、维护工作量小、单机产量大、劳功效率高等优点。

（2）缺点：圆筒造球机的圆筒利用面积小，只有 40% 左右，设备重、电耗高、投资大；因本身无分级作用，排出的生球粒度不够均匀，在连续生产中，必须与生球筛分形成闭路。即圆筒造球机中排出的球，需要经过筛分，筛上为成品生球，筛下的小球和粉末仍要返回造球机，通常筛下物超过成品生球的100%，有个别情况达到400%（一般随着圆筒长度的增加，筛下量减少）。

148. 圆盘造球机与圆筒造球机比较有哪些特性？

答： 圆盘造球机和圆筒造球机已被普遍采用，对于造球机形式的选择，目前并无明确的规定。美国、加拿大等国多采用圆筒造球机；日本、德国和中国多采用圆盘造球机。两种造球机特性比较见表5-2。

表5-2   圆筒造球机和圆盘造球机比较

项 目	圆筒造球机	圆盘造球机
适应性	调节手段少，适用于单一磁铁精矿或矿种长期不变、易成球的原料，产量变化范围大	调节灵活，适用于各种天然铁矿和混合矿，产量变化范围小仅±10%左右
基建费用	圆筒造球机是圆盘造球重量和体积的2倍，占地面积大。圆筒造球机比圆盘造球机投资高10%	设备轻，占地面积小，投资省10%
生球质量	质量稳定，但粒度不均匀，自身没有分级作用，小球和粉料多，循环负荷高达100% ~ 400%	质量较稳定，粒度均匀易掌握，有自动分级作用，循环负荷小于5%
生产、维修	设备稳定可靠，但利用系数低（0.6 ~ 0.75t/(m² · h)），维修工作量大，费用高，动力消耗少	设备稳定可靠，利用系数高（1.5 ~ 2.0t/(m² · h)），维修工作量小，费用低，动力消耗大

5.3　圆辊筛设备性能

149. 生球筛分的目的和意义是什么？

答： 从圆筒造球机和圆盘造球机中排出的物料不仅有粒度合格的生球，还有很多大球、小球和粉料跟着一起排出。

为了剔除在造球机排出的生球中的不合格小球、超粒级生球和粉料，必须设置生球筛分装置。这样可以避免把大量的粉末和超粒级生球带入焙烧设备。使生球粒度均匀，以改善料层或料柱透气性，是提高成品球团矿的产量、质量的关键措施。

目前常用的生球筛分设备有圆辊筛和振动筛两种，国外一般用振动筛与圆筒造球机配套，国内为圆辊筛与圆盘造球机配套。生产实践表明，圆辊筛除有筛分和分级功能外，对生球还有"再造"作用，可使生球进一步加工压实，去除毛刺，使表面光滑度、强度提高，有利于生球干燥和焙烧固结顺利进行。

150. 圆辊筛的构造及安装要求有哪些？

答：（1）圆辊筛的构造。圆辊筛（见图5-22）是为一组轴线平行在同一平面内旋转的柱形圆辊。圆辊安装在机架上，机架固定在支架上。圆辊两端装有挡料板，防止生球进入圆辊端部。圆辊筛的安装倾角通常为7° ~ 15°，圆辊转速为120 ~ 150 r/min，圆辊轴间距与辊径的差值，构成筛分间隙。例如，圆辊轴间距108mm，辊径102mm，间隙108 - 102 =6mm。当前使用的圆辊筛有两种：一种只筛除小球和粉料，筛上物均为合格品，间隙为 6～8mm，所得到的生球粒度范围较宽；另一种除上述作用外，还剔除超粒级生球。这样间隙就有 6～8mm 和 12～16mm 两种，得到的生球粒度比较均匀。在每根圆辊的同侧轴上装有固定和活动的齿轮各一个（活动齿轮也可以装在同侧机架上），而且相邻两圆辊的固定齿轮与活动齿轮是互相交错啮合安装的。

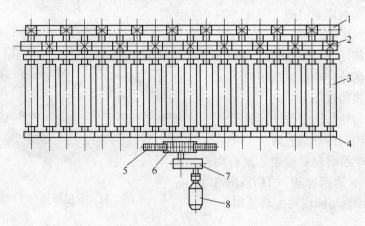

图 5-22　圆辊筛构造示意图

1—传动齿轮；2—导向齿轮；3—圆辊；4—轴承座；5—从动齿轮；

6—主动齿轮；7—减速机；8—电动机

圆辊筛目前在我国还是一种非标准设备，它的尺寸大小，可根据生产工艺的要求，进行选定（增加或减少圆辊的数量和长度）。

（2）圆辊筛的安装要求。主要是选择合适的安装倾角。如果倾角过小，会降低筛分能力，不能满足生产要求。如果倾角过大，筛分能力提高了，但会降低筛分效率，所以安装角度一般以 10°左右为宜。

151. 圆辊筛的传动原理是什么?

答：圆辊的传动原理是：圆辊筛经电动机、减速机和开式齿轮带动主动辊转动，这时主动辊轴上的传动齿轮带动与之啮合的相邻第 2 圆辊轴上的导向齿轮，导向齿轮又带动第 3 圆辊轴上的传动齿轮转动，且方向与第 1 圆辊上的固定齿轮相同。如此传动下去，便带动了一组圆辊中的 1、3、5…单号圆辊以同速同方向运转。同理，开式齿轮带动的另一主动辊（此主动辊或由另一电动机、减速机直接带动），从而使双号圆辊2、4、6…也与单号圆辊一样地同速同方向转动，使全部圆辊旋转（见图 5-23）。传动的主动圆辊可由电动机从中间带动，也可在首尾两端带动。

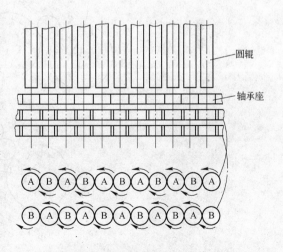

图 5-23　圆辊筛传动原理示意图

A—传动齿轮；B—导向齿轮

经过生产实践表明，由于这种圆辊筛除减速机外都是开式齿轮传动，啮合中心距很难准确，润滑条件不佳，运转时噪声很大。再加上齿轮材质及热处理不好，齿轮磨损很快。

球团设备厂家经过多年研究开发出多种形式的圆辊筛和圆辊，基本解决了这些问题，唐山胜利工业瓷有限公司研发的多种陶瓷圆辊筛（专利号：ZL2005 20135475.8）有：

（1）单传动双层圆辊筛（见图 5-24）。

辊缝间隙可调，并带破碎。

（2）混合传动双层圆辊筛。

（3）箱式齿轮传动双层圆辊筛。

（4）单传机圆辊筛。

（5）箱式齿轮传动带破碎圆辊筛。

（6）开式齿轮传动圆辊筛。

该公司生产耐磨陶瓷筛辊、复合陶瓷聚氨酯筛辊、不锈钢筛辊（1Cr18Ni9Ti）等多种圆辊筛筛辊与圆辊筛配套使用。

图 5-24 双层圆辊筛实物图片

152. 圆辊筛的筛分原理是什么?

答：当圆辊筛的圆辊向生球运行方向旋转时，生球进入圆辊筛上便迅速散开，平铺一层，然后随着圆辊的作用，有秩序地向前滚动。在滚动过程中，生球表面被进一步压实，变得光滑。圆辊筛系统分为三段，即：（1）小于圆辊间隙的小球颗粒漏入回转料斗，返回造球系统；（2）合格球团通过圆辊筛末端分离筛辊间隙时，漏到生球皮带上被送往竖炉；（3）超粒级大球或黏结块通过尾部筛除辊段，经过破碎处理，落入返矿料斗，返回造球系统。

在圆辊筛两圆辊之间的料球，由于受到重力 G 和重力 G 所引起的两个反作用分力 f_1 和 f_2，圆辊旋转时，同时又受到两个摩擦力 F_1 和 F_2 的作用。由于两个摩擦力 F_1 和 F_2 对于料球构成的转矩方向相同，因此只能使料球在原地旋转（见图 5-25）。只有当下一个料

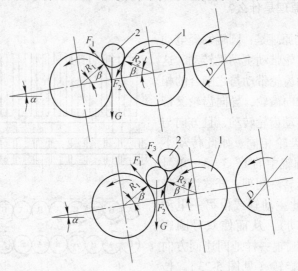

图 5-25 生球在圆辊上的受力情况

1—圆辊；2—生球

球与之接触，由于两个料球在接触点处的圆周速度方向相反，因而阻碍了该料球的旋转，并且在圆辊施与的摩擦力 F_1 和下一个料球施与的摩擦力 F_3 的共同作用下，移往下一辊间。

因此，在圆辊筛上的料球一面被筛分，一面向前滚动。只有在圆辊上的料球不间断地给入情况下，筛分作用才能不停地进行。一旦给料停止，残留在圆辊间的料球，不能越辊前进，以致往往被滚成圆柱形，直到给料重新开始，方能被置换排出。偶尔有非球形的杂物进入辊间，因其不能滚动，极难排出，有时将辊面磨成沟槽。

圆辊筛上球料的通过能力正比于其安装倾角，而筛分效率却与料层厚度成反比。圆辊筛上的生球为 1 层时，筛分效率最高，2~3 层时稍差，超过 4 层时筛分效果已不明显。

153. 圆辊筛有哪些易损件？如何改进？

答：圆辊筛具有构造简单、运转可靠、维修更换容易、所需功率较小、传动平稳等优点。但存在着开式齿轮和圆辊易磨损两个问题。

（1）开式齿轮。早期使用的圆辊筛，普遍采用开式齿轮传动。由于齿轮的啮合中心距很难准确保证，润滑条件又不佳，运转时噪声较大。另外，齿轮虽进行了热处理，但仍磨损较快。

改进的方法：

1）取消开式齿轮，用封闭式齿轮箱替代，齿轮箱与圆辊之间采用十字滑块联轴器连接。

2）用带微电机的行星摆线减速机直接带动圆辊。取消原电动机、减速机和开式齿轮。

（2）圆辊。圆辊亦称辊皮，也是极易磨损的零件。主要原因：

1）铁精矿粉是一种研磨性较强的物料，圆辊在工作时，受到生球和矿粉对辊皮的冲刷和摩擦，产量越高磨损也越强烈。

2）精矿粉添加黏结剂后，粉末极易黏结在辊皮上，使局部增厚，圆辊运转时，造成辊皮与黏结物研磨。

3）辊皮材质不耐磨，一般辊皮采用 20 号无缝钢管制造，硬度低、耐磨性差、寿命短。

改进方法：

1）用 45 号钢管代替 20 号钢管，表面进行淬火热处理或在 20 号钢管表面喷涂耐磨合金，可以提高寿命 2~4 倍，但加工工艺复杂。

2）采用不锈钢管制作辊皮，使用寿命较长。但成本高，加工困难。

3）采用陶瓷材料制作辊皮，使用寿命比钢管辊皮延长；表面光滑不黏料，提高筛分效率；成本低，是现在首选的材质。但避免坚硬的尖角利器进入圆辊筛，使陶瓷辊皮咯裂。

4）采用含油尼龙材质制作辊皮，也可提高使用寿命。

5.4 操作技能知识

154. 简述物料在造球过程中的七种成球机理。

答：细磨物料在造球设备机械力的作用下，受到滚动、转动、翻动、揉、搓、捏和挤压，使物料作机械运动而形成了生球。所以造球过程，实际上是粉末物料中的颗粒聚集成核和核团长大的过程。

物料在造球设备中的转动行为决定于物料的物理、化学性质和造球设备的工艺参数。

造球物料在成球过程中的行为，概括起来有以下7种颗粒成球机理（见图5-26）。

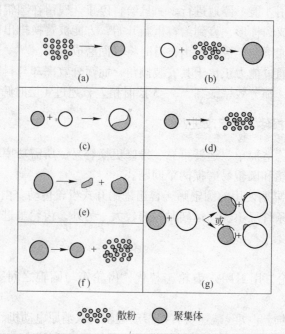

散粉 聚集体

图5-26 颗粒尺寸变化机理示意图

（a）成核；（b）成层（滚雪球）；（c）聚结；（d）粉碎（散开）；

（e）破损；（f）磨损；（g）磨剥转移

（1）成核机理。润湿好的物料在造球机中，由于造球机转动所产生机械力的作用，首先使颗粒互相靠紧，靠近的颗粒在毛细力的作用下，就聚集黏结在一起形成球核，这就是成核机理。任何新球形成，首先都必须经过成核过程，然后才能长大成为合格的生球。

（2）成层机理。已经形成的球核，在滚动过程中聚集新料，而逐渐长大，被称为成层过程，又称滚雪球。

此过程是当连续往球核上加粉料和水时，表面潮湿的球核，由于毛细力的作用，在滚动时一层层地聚集粉料，使球的尺寸连续增大。在生产上，生球多以这种方式长大。

（3）聚结机理。几个小球核连结在一起，称为聚结。

球核在造球机中与"瀑布式"的料流互相碰撞、挤压及搓揉，使球核逐渐变得紧密，毛细管中的水被挤到球表面，两个或多个球核在彼此碰撞中黏附在一起，从而导致球的长大。

（4）粉碎（散开）机理。在造球过程中，部分原料虽然暂时聚集在一起，但由于水分不足，毛细黏结力不足，球核的强度小，在受到撞击或挤压等作用下，而被破碎、粉碎或散开。

这种粉碎作用在造球过程中是不可避免的，特别是对于较粗、亲水性差的物料。

（5）破损机理。已经形成的球，在继续长大过程中，由于冲击或碰撞而破裂成碎片，这种碎片往往形成球核或与其他的球聚结。

（6）磨损机理。已经形成的球在继续长大中，有些球表层因水分不足或无黏结剂而黏附不牢，在互相磨剥过程中被磨损。这些被磨损下来的粒子又黏附到其他的球上。

（7）磨剥转移机理。在造球过程中，球由于相互作用和磨剥，一定数量的原料从一个球转移到另外一个球上，称为"磨剥转移"。

综上所述，在成球过程中，物料的以上七种机理能引起生球在数量和尺寸上的改变，所以在任何情况下生球的形成和长大都可以用这七种机理来描述。

155. 什么叫做母球？用什么方法形成母球？

答：母球是毛细水含量较高的紧密的颗粒集合体。那么如何使物料形成母球呢？

（1）利用机械外力作用于造球物料层的个别部分，使该部分颗粒之间接触发生紧密，同时生成很细的毛细管来形成母球。

（2）在造球物料层中进行不均匀的点滴润湿。物料中的水分子由于毛细力的作用，而向四周扩散，并将周围颗粒拉向水滴的中心，从而形成了毛细水含量较高的颗粒集合体。

在实际生产中，这两种方法同时被采用来形成母球，如物料在旋转的造球机中受到重力、离心力和摩擦力的作用而产生滚动和搓动，并进行补充喷水。

这里应该指出，形成母球后，如果润湿过程停止了，母球是很难继续长大的。

156. 原料的天然性质对造球过程产生哪些影响？

答：在原料的天然性质中，对造球影响最大的是原料颗粒表面的亲水性、形状和孔隙度。

（1）原料的亲水性。原料颗粒表面的亲水性愈高，表示被水润湿的能力愈大。毛细作用力就愈强，毛细水的迁移也就愈快，成球速度也因此而加快，毛细力和分子结合力也大。这就意味着物料的成球性好。据测定，铁矿石的亲水性依下列顺序而递增：磁铁矿→赤铁矿→菱铁矿→褐铁矿。

（2）原料的颗粒形状。用来造球的原料颗粒形状是不相同的，原料颗粒的形状，决定了颗粒表面积和在生球内原料颗粒间接触面积的大小及互相嵌入的紧密程度，这不仅影响原料的成球性，更主要是对于生球强度有很大的影响。

对于表面粗糙的针状和片状的颗粒，具有较大的表面积，因而成球性好。在滚动过程中能相互嵌入，颗粒之间由于接触面积大，表面又粗糙，故摩擦阻力大，生球强度高。

如果颗粒呈球状、立方体状、多角状或星状共生体形，由于表面积较小，所以成球性稍差。颗粒之间的接触面积小，表面又圆滑，颗粒之间的摩擦力也小，所以强度就差。

（3）原料的孔隙度。原料颗粒的孔隙度主要对物料的吸水有很大关系，原料的孔隙度大，其湿容量大，成球性能好。

157. 原料湿度对造球有什么影响？

答：原料的湿度（即含水量）对造球的影响甚大，在很大程度上决定着生球的成长率，同时影响生球的强度。原料湿度对造球的影响有下几种情况：

（1）用干燥的物料造球时，则会引起矿尘飞扬，造成劳动条件恶劣，生球的形成很慢，结构非常脆弱疏松。

（2）用水分不足的原料造球时，生球很难长大，因为原料水分不足，一方面在挤压过程中，很难使母球表面潮湿，因而生球的长大速度很慢；另一方面，在成核初期，矿粒之间的毛细水不足，使矿粒之间的颗粒接触得不紧密，存在的空隙就可能被空气填充，使母球脆弱疏松，故生球强度差。

（3）原料湿度过大，虽然成球速度快，但形成过湿的母球，容易黏结和变形，更容易聚结周围的颗粒和母球，致使生球的粒度偏大而且不均匀，同时过湿的物料和过湿的母球，容易黏在造球机上，使造球机操作发生困难。此外，过湿的原料必然形成过湿的生球，这种过湿的生球强度小、塑性大，在运输过程中容易黏结和变形，使料层透气性恶化，延长干燥和焙烧时间，影响球团矿的产量和质量。

（4）原料水分适宜，在造球过程中不用添加水，则生球的长大靠毛细水向外扩展，使母球表面潮湿以聚结新料。在这种情况下，生球粒度均匀，但长大的速度较慢，造球机的生产率低。

（5）最理想的原料湿度，应该稍低于生球的适宜水分（圆盘造球机约低 0.5% ~ 1%），这样在成球过程中，根据情况补充少量的水。

合适的造球水分随原料条件不同而异，磁铁矿生球适宜水分最低，赤铁矿次之，褐铁矿最高。不同矿粉造球的最佳水分应通过试验来确定。但是，无论使用什么原料造球，最佳水分的波动范围一般不应超过 ±0.5%，最好在 ±0.25% 之内。否则，将对生球质量有明显影响。

158. 膨润土对成球速度有哪些影响？

答：研究表明，随着膨润土用量增加，生球长大速度下降，成球率降低，生球粒度变小并趋向均匀，这种作用对细粒度铁精粉更加明显。

产生这种现象的原因，主要是由于膨润土的强吸水性和持水性所决定的，在成核阶段，球核因碰撞发生聚结长大，但球核内的水因被膨润土吸收，而不易在滚动中挤出到球核表面，从而降低了水分向球核表面的迁移速度，当球核表面未能得到充分湿润，球核在碰撞过程中得不到再聚结的条件，故生球长大速度（即生球速度）降低，相应成核量就会增多，使总的生球粒度变小并均匀化，从而大大地有利于生产中等粒度（直径为 6 ~ 12mm）的球团。

159. 膨润土在造球过程中的作用及机理有哪些？

答：膨润土具有高度的黏结性、吸附性、分散性和膨胀性。因而在铁粉造球中加入膨润土能起到如下作用：

（1）可以提高生球强度，特别是可提高生球的落下强度，而且随着膨润土用量的增加，强度有不同程度的提高。这是由于膨润土具有强烈的水化作用。在膨润土吸附大量的层间水后，体积膨胀，直至最后能分离成单体，这些单体呈现很强的胶体性质，分布在矿粒之间，加强了矿粒的黏结作用，提高了毛细黏结力和分子黏结力。同时在膨润土的吸附水层，能使生球在受到冲击作用时，使球内矿粒之间更好地相互滑动，而产生塑性变形而不致破碎，从而提高了生球强度。一般钙基膨润土有利于提高生球的抗压强度，钠基土有利于提高生球的落下强度。

（2）调剂原料水分，稳定造球操作。水分对造球过程的影响很大，一般要求造球物料的水分波动范围 ±0.5%，对于水分敏感的物料波动范围更窄。当水分超出波动范围偏大时，容易使母球相互黏结，造成生球粒度分布广而不均匀。同时过湿的物料容易黏结在造球机上，妨碍母球正常的运转轨迹，给造球操作带来困难，在造球物料中加入膨润土后，原料水分虽超出波动范围值，但不是过湿时，膨润土能把过量水分吸入层间，母球仍能按正常轨迹运动，不发生黏结，使造球仍能正常操作。同时膨润土的保水作用，使生球在造球过程中的压密阶段，水分不易被挤到生球表面，不致使生球表面过湿，可防止在运输过程中相互黏结。

（3）提高物料的成核率，降低生球长大速度。在造球物料中加入膨润土可以提高物料的成核率，降低生球的成长速度，使生球粒度趋向小而均匀，提高造球机的出球率。

造球物料成核率的提高，是由于膨润土强烈的水化作用，加强了矿粒的黏结作用所致。生球成长速度的下降，是由于膨润土是极细的颗粒，在造球过程中易于吸水膨胀并能分解成片状组织，具有黏性和很好的成球性，这样使母球有了稳定的结构，提高了母球强度，也就减慢了生球的成长率。

生球成长速度降低的另一个原因是膨润土降低了有效造球水分的结果。因为膨润土是典型的层状结构，它和水有特殊的亲和力，大量的水被吸附在层状结构中，这种层间吸附水黏滞性大，在造球过程中不能沿着毛细管迁移。因此当原料水分一定时，随着膨润土用量增加，被吸附在层间的水分就多，对成球起主导作用的毛细水就相应减少，使母球在滚动过程中表面很难达到潮湿要求，母球的成层或聚结长大效果也就因此降低，生球的长大速度就减慢。

（4）在造球物料中加入膨润土，还可提高生球的热稳定性——爆裂温度、干球强度和成品球强度。所以说膨润土是球团生产的优质添加剂，而钠基膨润土又优于钙基膨润土。

160. 造球过程中加水方法有几种？其作用是什么？

答：造球过程中加水方法有两种：一种是滴状水，主要滴于料流上形成母球，一种是雾状水，要喷到母球和中球表面上，使其迅速长大。

滴状水在圆盘造球机是用在倒 T 字形加水器的横管上钻一 $\phi1.2mm \sim 1.5mm$ 小孔形成的，加在圆盘上下料点区域，用来形成母球。倒 T 形加水管的垂直竖管与加水胶管连接，悬挂在支架上，必要时可摘下用手持向某些部位加水。

雾状水用螺旋式离心喷嘴形成，可以用一个或数个喷嘴形成水雾。

在造球操作中首先要控制圆盘给料机的下料均匀、稳定，发现卡、堵现象时应立即清除，保持下料量正常。下料量减少就可能造成生球粒度偏大，应相应减少补加水量。其次是检查原料水分是否正常，根据水分大小调整盘内补加水量。当生球粒度趋向长大过快时应减少补加雾状水，直至停止加水；如果生球不易长大，应增加补加的雾状水，必要时可以短时间的急加水，使母球和中球迅速长大，并通知原料工及时调整原料水分。其三，如果此种状况较长时间存在时，可考虑调整圆盘倾角或转速，以缩短或延长生球在圆盘内的停留时间，以控制生球粒度。其四，当采用以上各种措施效果不明显时，应通过改变膨润土配比或膨润土质量来控制生球粒度，生球不易长大应适当增加膨润土配比。最后，应检查铁精矿粉粒度是否变粗，如因铁矿粉粒度变粗使成球困难时，应改用粒度适宜的铁精矿粉进行生产。

161. 圆盘造球机操作要求有哪些内容？

答：（1）开机前的准备工作：

1）检查机械、电气设备是否有问题，润滑是否良好；油压、回油是否正常。

2）检查机械设备运转部分有无人或其他影响运转的障碍物。

3）检查水管是否有水，喷头是否畅通。

4）检查刮刀是否齐全坚固，位置是否正确；有无阻碍球盘运转的障碍物。

5）圆盘造球机上的矿槽贮料量是否已达到规定量。

6）在确认机电设备没有问题，水路畅通及消除不安全因素后，可启动设备进行造球。

（2）开机操作要求：

1）接到开机指令后启动润滑油站。

2）将刮刀转换开关打到"手动"位置，按下启动按钮。

3）将造球盘转换开关打到"手动"位置，按下启动按钮。

4）球盘内物料充填率小于20%，可以直接启动，如超过20%或盘中有大块时，将物料清除一部分或将大块打碎，方可启动。

5）两台球盘不得同时启动，必须一台正常运转后，再启动第二台。

6）出现生产事故在1h以内，可停料而不停盘，超过1h以上，要停盘并清净盘内余料，严禁重负荷启车以及积料压盘低变形。

（3）技术操作要求：

1）接到生产指令后提前给料造球，并通知生筛先打回转翻板，将不合格生球返回料仓。待布料工要求上生球时，将合格生球打入皮带。

2）根据布料工的要求，及时调整球盘给料量及给水量，保持生球流量稳定。

3）经常检查混合料水分情况，发现过湿或过干应及时与烘干机岗位联系。

4）造球盘倾角一经确定后不得随意改动，刮刀角度也不得随意改变，需要调整时要经技术人员批准后，方可进行。

5）球盘内有大块要及时拍碎，石块等杂物要及时捡出。

6）经常检查旋转刮刀、刮边刮刀的刮料情况，发现底料、边料过厚要及时调整。

7）生球质量应符合下列标准（测定生球强度应选择粒径接近的球团作比较，一般选择10.0~12.5mm粒径的生球作测定）：

①粒度8~16mm不小于90%。

②抗压强度不小于1.0kg/球。

③落下强度由500mm高度自由落于钢板上不小于4.0次/球。

④磁铁矿粉球团水分：9.0%±0.25%，赤铁矿粉球团水分10.5%±0.5%。

162. 圆盘造球机开始造球操作是怎样进行的？

答：新投产或长时间检修，球盘内没有混合料，需要进行"造衬"和"造母球"。首先清理掉球盘内的杂物，当圆盘造球机转动后，可随着立即启动圆盘给料机向造球盘下料，同时开始向原料流上加入滴状水润湿混合料。水滴与混合料相遇形成许多小球，随着球盘的转动与不断加水加料，在球盘中逐渐形成更多小球，就是所说的"母球"。当球盘充填到一定数量的混合料后，可先停止加水加料，让球盘继续转动，使加入的混合料形成"底衬"和"母球"，一般 10min 左右即可完成。

然后再开始继续以一定数量向球盘中加入混合料，并不断向料流中补加水，随着加水加料，则母球继续逐渐长大成为中球，以后又逐渐长大为成球和进一步压实。当球盘中原料充填率达到一定数值后，就开始不断地有成球自动的由球盘内跳出，至此就完成了造球的全部操作过程，转入正常造球工艺操作。

163. 圆盘造球机盘内情况正常时的特征是什么？

答：圆盘造球机盘内情况正常时造球操作中有如下几个征兆：

（1）盘内情况正常时盘内应明显看到：1）从圆盘侧面看，在成球区应明显地看到存在三个区域，上部应是大球，中层为中球，下部为小球（母球）；2）从球盘正面正视，在球盘内也应该明显的分三个区，即成球区、中球区和母球区。并且成品球在球盘内形成滚动，无向下滑落现象。

（2）成品球从球盘跳出后落下强度和耐压强度合乎规定标准的要求。

（3）盘内料流稳定，在上升至最高点时，均匀地向下滚动，分成大、中、小球三部分，无大堆料球不分的下滑现象。

（4）盘内的大、中球和母球数量保持稳定，无大的变化，并连续不断地自动排出盘外，无间断性地一盘一盘的排出现象。

（5）排出的成品生球粒度均匀，尺寸合乎规定要求，夹带出的小球或粉末很少。

（6）排出的成品生球水分适当，不超过规定的适宜水分。

164. 怎样判断球盘内料流水分是否适宜？

答：造球工的操作主要是根据混合料的加入量和其水分多少，补加适量的水分，以保证造球作业顺利进行。盘内水分情况一般可分为四种情况：

（1）水分适宜时的征兆。当球盘内料流水分适宜时，球盘内的成品球区一边大球在图5-27 上的 A、B 两点之间向下滚动，形成滚动区，母球过渡到盘中心的另一侧经过刮刀分成几股料流后滑下，中球在母球与成品球中间滑下，合格的成品球从盘的 B 点至 C 点之间不间断地连续自动地向盘外排出。

（2）水分过小时的征兆。当球盘内料流水分过小时，成品球在图 5-27 的滚动区上升到 B 点，就不再继续上升，而向下滚动，同时母球不易形成，球不易长大，严重时有料面出现，成品球质量变差，尺寸变小，以至有较多的料面带出球盘。

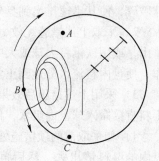

图 5-27　盘内水分适宜时的排球情况

（3）水分稍大时的征兆。当球盘内料流水分稍大时，成品球多数滚动到图 5-27 上的 A 点时还继续上升、不向下滚动，或只有少数向下滚动，进入另一侧的大、中球与母球发生黏结现象，表面光亮，向盘外排球量减少。

（4）水分过大时的征兆。当球盘内料流水分过大时，成品球上升到图 5-27 上的 A 点处还不向下落，而是继续上升并超过球盘的中心线进入另一侧的母球区。大、中球与母球黏结混杂在一起不能分开，表面有水分过多的光亮，成品球迅速长大，超过规定的尺寸，形状不规正，出现扁球、超大球，成品球不再向外排出。生产不能正常进行。

165. 球盘内料流水分不正常时怎样进行调剂处理？

答：造球工要细心操作，精心观察，准确地判断，对出现的不正常的征兆，应在萌芽期及时发现，并迅速地采取有力的措施进行处理，按"水小球小，水大球大"的规律判断、调整操作，使其迅速转入正常。

（1）水分过小的处理：

1）发现水分过小时，应及时增加给水量或适当地减少给料量，使盘内达到正常水分时，再恢复正常操作。

2）如果在成球区出现干料面时，应迅速采取间断急加水的方法增加水量。

3）如短时间不能扭转，应暂时停止给料。

4）较长时间的水分过小，应检查混合料水分是否合适，如低于最适宜水分，应在混料机内适当加水。

（2）水分稍大的处理：

1）操作中发现料流水分稍大时，应及时减少给水量或暂时停止给水。

2）适当加大给料量，使湿料迅速排出到盘外。

3）利用出球刮刀或铁铲强迫成品球大量排出盘外，或用铁铲将大球打碎。

4）然后加入新混合料来中和盘内料流水分，待水分正常后再恢复正常操作。

（3）水分过大的处理。当盘内混合料水分稍大没有及时发现，或虽已发现，但没有积极采取有效措施进行处理时，往往就会造成料流水分过大，此时的处理就比较困难了，严重时无法再进行生产，甚至由于盘内积球的不能排出，负荷过重而造成刮刀板的损坏和设备事故，应注意尽量避免水分过大现象发生。一旦发生时，要及时进行处理。其处理方法如下：

1）发现料流水分过大时，应立即停止给水，增大给料量，强迫出球，并用铁铲将大球破碎，使其迅速排出到盘外。

2）采取上述措施无效，大球仍不能排出时，就应迅速用出球刮刀强迫大球从球盘内排出，或用铁锹将大球或大中小球黏结在一起的湿料全部铲出，然后再加料、加水进行操作，使盘内料流水分达到正常。

3）采用上述措施后效果仍不显著时，就应采取将膨润土、干细磨返矿和生石灰粉等干料直接撒入球盘内吸水，使盘内水分达到正常。

4）如采取前两项措施处理后仍无效，又无准备好的干料可加入时，则只有停盘、将盘内的湿料铲出去，然后再启动球盘加料进行处理，使其恢复正常水分后再进行造球操作。

5）如因混合时加水过大，应通知混合机岗位减少加水量或停止加入。

6）如因铁精矿粉原料水分过大造成的，应在使用前进行烘干脱水。

7）有烘干机工序的，应加强烘干脱水操作，保证混合料水分适宜。

166. 球盘内母球过多不易长大的原因和处理方法有哪些?

答: 在生产过程中往往由于操作不当，会出现母球过多、中球不易长大、成品球粒度过小的现象，其具体原因及处理方法如下:

(1) 球盘内混合料水分过小，母球与中球得不到足够的水分、不能长大，而新加入的混合料不断地形成小球，结果形成球盘内母球过多不易长成为中球，中球不易长大为成品球的现象。

处理方法: 如因混合料水分过小，母球与中球得不到足够的水分不能长大为成品球时，在情况不严重时，可采用间断急加水的方法，使母球和中球得到足够的水分而长大。当情况严重时，必须采取停止加料，慢慢地向料流加水，使母球长大为中球、中球长大为成品球，直到恢复正常后再继续正常的加料加水。采用这种方法，会因停止加料使生球产量减少。

(2) 由于加入原料水分过大，混合料进入球盘后就很快的大量生成母球，而缺少使母球长大的原料，使母球不易长大。

处理方法: 遇到这种情况时，如工艺流程中有烘干设备时应立即通知烘干机对原料水分进行控制，达到造球所需要水分的适宜值。如工艺流程中没有烘干设备时，应立即通知原料工段供应水分适宜的原料。

(3) 加水位置不正确，母球区加水太多，而中球与成品球区得到的水分太少，致使因水分不足不能长大。

处理方法: 遇到这种情况时，应适当调整加水位置，使其达到合理。

(4) 加水方式不合理，滴状水太多，雾状水太少。

处理方法: 遇到这种情况，应适当调整加水方式，适量增加雾状水以利球的长大，减少滴状水以减少母球的生成。

167. 成品球与料面一起甩出盘外时应怎样处理?

答: 在生产过程中由于原料条件变化或操作不当，可能出现成品球、母球与料面一起甩出到盘外的现象，其产生的原因及处理方法为:

(1) 球盘内水分过小，与造球需要的适宜水分相差太多，料与母球得不到足够的水分，因此不能形成母球或长大，当继续加料时，成球、母球与料面就一起甩出盘外。

处理方法: 迅速采用急加水的方法增加给水量，并注意调整给水位置及方式。

(2) 加料量过大，超过球盘最适宜的充填量，加料数量大于排球数量，迫使不能成球的料面随成品球一起排出盘外。

处理方法: 减少给料量，使给料量与排球量相适应。

(3) 加水位置不合适，不能正常的形成母球。当继续加料达到盘内一定充填量时，料面就与成品球一起甩出盘外，严重时可能造成满盘全是料面，无成品球。

处理方法: 往料面上加滴状水，促其形成母球，使母球量达到正常数量值。必要时，要停止加料进行处理。

（4）以上情况均不存在，仍有料面就与成品球一起甩出盘外。

处理方法：降低球盘倾角。

168. 球盘内球料不滚动，而是在成球区大堆地向下滑动的原因和处理方法是什么？

答：（1）盘内水分过大，摩擦力减少，造成大堆料球向下滑动，而不是滚动。

处理方法：应该减少给水量，使水量达到适宜的需要量。

（2）原料粒度变粗，黏结剂数量减少或质量变差，成球性变差，不能成球滚动。

处理方法：如果已查明水分适当，就应迅速查明其他原因，采取相应措施处理。如果是原料粒度变粗、成球性变坏，就应改变原料的粒度组成，或者寻找与粒度组成相适应的工艺操作方，改善造球状况；如因黏结剂配比减少，应及时改变，增加配入量；如因黏结剂质量变差时，应及时改善黏结剂的质量。

（3）球盘倾角过大。当球盘倾角过大时，料流向下的重力大于球盘转动的离心力时，料流就向下滑动，而不滚动。

处理方法：调整球盘的倾角，使其达到适宜值。

（4）球盘转速太低，线速度过小，球盘离心力小于料球向下滑动的重力，因而使料流和球大堆地向下滑动。此时，应改变盘转数。

发生料堆下滑现象可能是由一种原因造成的，也可能是几种原因综合造成的。处理时应多方面的观察、试验、进行综合分析，寻找出确切原因，以便进行处理。不能只单独强调哪一种原因或哪个条件造成的，以免影响及时处理。

169. 成品球不能从球盘中连续排出的原因和处理方法是什么？

答：在生产过程中也常会出现球盘中成品球逐渐增多，中球和母球逐渐减少，严重时会出现球盘内大部分为成品球，而中球和母球很少，其结果是大球排出后，就不能再有大球排出。需等待中球和母球逐渐长大后才能再排球。形成一种间断的排球的状况，即一盘一盘的排球的生产状况，影响焙烧工序生产正常进行。

原因及处理方法：

（1）给水点不正确，大量的补加水加到了成球区，而很少或没有加入到母球形成区和中球区。混合料进入球盘中后，因没有足够的水分不能形成母球，而进入成品球区，黏结在大球上，使大球迅速长大，而中球和母球逐渐减少，大球排出后，就没有大球排出，需等待一段时间后待中球长大后再排出，造成间断性的排球。

处理方法：调整给水点，使给水量适当地调整到母球区和中球区，以增加母球和中球量，使三种球的数量适量，以保证连续排出。

（2）给水方式不合适。补加水大部分以雾状水加入，有利于成球长大，而缺少形成母球的滴状水，不利于形成母球和中球。

处理方法：调整雾状水与滴状水的加入量，增加滴状水加入，使加入比例适当，做到既利于母球的形成，又利于母球的长大，使三种球的分布比例适宜，即可做到连续排出大球。

170. 圆盘造球机造球操作中的注意事项有哪些?

答: 圆盘造球机的操作较为复杂,特别是球盘内的情况变化迅速,如稍一疏忽大意,1~2min 之内就会使全盘发生显著地变化,甚至导致难以纠正处理的局面。因此,要想造出质量好、数量多的生球,在操作上必须注意以下几点:

(1) 集中精力,注意观察和分析盘内料流滚动成球的情况,一旦出现异常现象,就要及时做出正确的判断,迅速进行调整处理,使盘内状况尽快恢复正常。千万不要等待盘内发生大变化后才处理纠正,这样不但处理纠正困难,而且要减产。给整个生产造成困难,影响球团矿的产量和质量。

(2) 盘内发现大块要及时打碎,以免越长越大,影响盘内料流正常分布。

(3) 经常观察原料水分及配比情况,发现不正常现象时应时与配料和烘干、混料岗位联系,以便及时调整。

(4) 经常观察刮刀板位置,不正常时要及时调整,及时清除上面的黏结物;刮刀上的衬板磨损后,要及时调整与球盘衬板的间隙,磨损严重时要及时更换刮刀的衬板。

(5) 经常与布料工、看火工联系,了解生球的质量存在的问题,以利改进操作,提高生球质量。

(6) 经常与工艺检验工联系,了解生球质量检验的结果,以利改进操作,提高生球质量。对生球落下强度、尺寸可以在岗位自检的项目和混合料粒度、水分可目测的项目,要经常检测,并与工艺检验工检测结果相对照,以不断提高自己目力判断的水平。

171. 造球过程中常见事故及处理办法有哪些?

答: (1) 突然停电事故的处理。在运转过程中,如造球盘突然停电要及时停圆盘给料机,关闭给水阀门。待检查处理后,启动球盘前,必须将球盘内积料清出一半,再启动。

如圆盘给料机停电,则将球盘内料往外甩 3~5min 再停。如果检修长时间停机,要将盘内积料清理干净,露底衬为止。

(2) 断水、断料的预防及处理。当发现球盘断水后,要根据来矿水分实际情况及时调整下料量,如来料水分过小形不成合格球时,要立即停盘。

当发现断料时,首先检查圆盘下料口有无卡物,然后启动电振,振打料仓仓壁,如无料及时通知主控室停盘。

172. 影响生球强度变化最常见的因素有哪些?

答: (1) 造球机给料量。一般来说,给料量越大则生球粒度越小,强度越差。

(2) 原料水分。原料水分在不超过极限值的范围内,水分越大,成球越快;水分越小,成球越慢。磁铁矿造球的适宜水分为 9.0% ±0.25%,造球前的原料水分应低于适宜的生球水分。造球过程中的加水方法为"滴水成球,雾水长大,无水紧密"。超过适宜水分,生球粒度变大,抗压强度急剧下降。生球水分低于适宜水分,成球率低,抗压强度和落下强度均难以达到要求。

(3) 膨润土的配比。配比过大,生球粒度变小,造球机产量降低,加水量增加,且加水困难;同时还会引起生球不圆和变形,抗压强度降低。配比过小,生球落下强度和抗压强度均难以保证。

（4）生球尺寸。即粒度，在很大程度上决定了造球机的生产率和生球的强度。生球的尺寸要求小，造球机的生产率就高。要生产尺寸较大的生球，需要较长的造球时间，因此使造球机的生产率就降低。

从生球强度来看，尺寸大的生球比尺寸小的生球落下强度差，因为不同粒度的生球，各颗粒间的结合力大致是相同的，而生球的尺寸愈大，重量也愈大，因此落下强度也就差些。而抗压强度恰恰相反，生球尺寸愈大，体积也就愈大，所能承受的压力也愈大，抗压强度愈高。生球的抗压强度与其直径的平方成正比。

（5）造球时间。滚动成球所需要的时间，视生球的粒度、物料成球性和颗粒的粗细而定。生球粒度要求大，则造球时间长；物料成球性差，造球的时间要求也长。较细颗粒的物料，要达到生球内颗粒排列紧密，也必须延长造球时间。

从试验可知，生球的抗压强度随造球时间的延长而提高，对于粒度愈细的物料，延长造球时间的效果愈显著。落下强度同样是随造球时间的延长而提高。

造球时间主要由球盘倾角和转速以及给料量来控制。

（6）物料的温度。造球通常是在室温下进行的。提高原料的温度，会使水的黏度降低，流动性变好，可以加速母球的长大。在另一方面，随着温度的升高，水的表面张力降低，使生球的结构脆弱化，机械强度降低。不过由于温度上升时，水的黏度降低会比表面张力减小大得多，所以总的来说，预热物料对造球是有利的，但物料温度最好不要超过50℃。其缺点是水分蒸发，使劳动条件恶化，必须从造球机将潮湿的热空气抽走。

（7）原料粒度和粒度组成。原料的粒度和粒度组成，直接影响着物料的成球性和生球强度。相反，可以通过调整原料的粒度和粒度组成来改善物料的成球性和生球强度。

1）原料的粒度。粗粒度的原料是不能成球或成球性能是很差的。因为生球的形成、长大和提高强度起主导作用的是毛细黏结力，当原料的粒度比较单一时，随着颗粒尺寸的增大，使毛细管的尺寸变大和接触点的数目减少，其黏结强度降低。因此，对造球来说，原料的粒度首先要求细，原料的粒度愈细，它的比表面积就愈大，所具有的表面能就愈多，亲水性也就愈强，成球性就愈好。此外，缩小原料粒度，可以增加颗粒的接触面积和减小毛细管直径，提高毛细作用力和分子黏结力，生球的强度也变好。

但若原料的粒度过细，则会由于毛细管直径变小而使阻力增加，导致成球过程中毛细水的上升速度减慢，影响了水分的迁移速度。使造球的时间长，降低了成球速度和造球机的产量。目前，对造球的原料粒度没有统一的要求，特别是润磨工艺的投入，使原料粒度适当放宽。

2）原料的粒度组成。原料的粒度组成与生球强度有很大关系，因为影响颗粒间的毛细力和分子结合力不仅同原料的粒度有关，而且同生球的孔隙度有关，而孔隙度的大小，主要同原料的粒度组成和排列有关。

生球内颗粒最紧密的堆积理论，就是大颗粒之间嵌入中颗粒，中颗粒之间嵌入小颗粒。在这种情况下颗粒的排列最紧密，生球强度最高。

因此，用于造球的原料应该由不同的粒度组成，用粒级较宽的颗粒造球其孔隙度小于粒级范围较窄的颗粒。因为适当的粗粒度在造球中起"球核"和"骨架"作用，能促进母球的生成和生球强度的提高，而小的微细颗粒，由于表面能大，属于黏结性颗粒，能显著提高生球强度。

综上所述，原料的粒度细一些，粒度组成适宜和控制一定的粒度上限，这样的原料不仅成球性好，而且制成的生球比较致密和强度好。对于合适的粒度和粒度组成，不同的原料有不同的值，应该根据试验来确定。

（8）圆盘造球机的直径大小。直径增大，造球的面积也跟着增大，这样加入造球盘的料量也就增多，使物料在球盘内的碰撞几率增加，物料成核率和母球的成长速度均得到提高，生球产量也就提高。由于造球盘直径增大，使母球或物料颗粒的碰撞和滚动次数增加，这样所产生的局部压力也提高，使生球较为紧密，气孔率降低，生球强度提高。

173. 炼钢炉尘（污泥）如何应用到造球过程中？

答：炼钢炉尘是从转炉（或平炉）顶吹烟气中经除尘器回收的含铁原料，是铁水在吹炼时部分金属铁被氧化成 Fe_2O_3 的吹出物，含铁量为 50% ~ 70%，并含有钢渣和石灰粉末，粒度小于 0.1mm。每炼 1t 钢炉尘量达 20 ~ 50kg。湿法除尘回收时呈泥浆或泥团状，含有大量水分，黏性较大，可增加造球效果。

炼钢炉尘多数采用湿法除尘回收，呈泥浆或泥团状，有的经过过滤机和烘干处理，有的直接用罐车将泥浆运往烧结，含水分 15% ~ 55% 之间，一般在球团生产中主要采用以下方法加入：

（1）泥浆在球盘滴水加入法。在造球室建造泥浆储存和搅拌池，搅拌的目的是防止沉淀，然后用泥浆泵打入球盘，作为滴水使用。由于泥浆中有小颗粒，容易堵塞滴水管。津西钢铁公司球团车间的经验是在原滴水位置，制作一个 200mm × 400mm 水槽，底部用筛网。泥浆用管道抽入水槽，通过筛网形成滴水。使用泥浆作为滴水后，成球速度和生球表面光亮度明显增加。

但是，由于混合料水分波动，在球盘加入泥浆量较少，并且经常开开停停，泥浆沉淀堵塞管道。

（2）泥浆或泥团与环保除尘灰混匀，配料加入法。每天竖炉环保除尘回收大量细度高的除尘灰，容易扬尘。如果同泥浆或泥团混合，现场用铲车和钩机进行混匀，达到适宜的水分，然后按一定配比，通过圆盘给料机配入混合料，能够降低膨润土的配比，同时增加造球效果。

（3）泥团进行脱水，直接配入。有条件的单位将污泥过滤、烘干，使水分达到 15% 左右，通过圆盘给料机直接配入。

济钢生产实践经验，污泥配比加到 5%，可降低 1% 膨润土配比。

174. 北方造球室冬季如何防止雾气影响造球操作？

答：造球用混合料经过烘干和润磨后温度能够达到 55℃ 以上、水分在 6.5% 左右。冬季在输送和造球过程中，由于外界气温比较低（特别是北方平均白天零下 6 ~ 10℃，夜间零下 20℃ 左右），致使混合料同外界温差很大，容易形成雾气，造成皮带廊和造球室能见度极低，恶化工作环境，既影响造球操作，又容易出现安全事故。下面是作者对承德建龙特钢冬季造球室防雾气的实践进行简单的介绍，供参考。

（1）造球室结构及存在问题。承德建龙特钢原 2002 年建成 $8m^2$ 竖炉一座，造球室有

$\phi6m$ 球盘 2 座，造球室为框架砖混建筑，建造了卷帘门 2 扇和玻璃窗 6 扇，采光好、通风好，但是一到冬季就暴露出了弊病，首先，室内温度大部分从门窗散失；其次，雾气没有出口；这样就造成室内雾气弥漫，能见度低，岗位工根本无法看清球盘内成球过程的变化，使调整滞后，影响生球产量和质量。严重的时候岗位工甚至蹲在操作台上，增加了劳动强度。

（2）历次的解决办法：

1）采用引风机、收气罩、排气管道的办法。投产初期，我们借鉴其他单位的经验，在球盘出球位置安装收气罩、引风机（轴流风机）和排气管道，希望将球盘产生的雾气被引出室外。但是通过使用，效果不明显，只有球盘底部产生的雾气中的一小部分被引出，其余雾气仍聚集在造球室，岗位工还是看不清球盘内成球过程的变化，影响操作。

2）采用轴流风机直吹成球区域。由于雾气始终聚集在球盘工作区域，给操作带来困难。为达到生产的目的，我们不得不采取强制措施，就是将轴流风机直吹成球区域，吹散成球区域产生的雾气，增加能见度。这种方法虽然解决了小面积雾气暂时消失，但造球室内充满雾气，遇到冷空气立即形成水滴，使设备、电器、地面积水或结冰。这既恶化了工作环境，又容易使设备、电器出现故障，因此，这不是根本的解决办法。

3）采取密封造球室、增加取暖设施、开设天窗的办法。通过以上方法，我们认识到要想消除雾气，就得从治理产生雾气的"根本"上做文章，也就是千方百计地提高混合料与造球室内的温差和保证排汽畅通。

首先，为达到保温的目的，冬季我们将造球盘所有窗户全部用塑料布封上。其次，将两座球盘上方的水泥浇筑平顶凿出两个 $2m \times 3m$ 的天窗，砌出高 $1m$ 的气流通道，然后盖上防雨篷；第三，在造球室墙壁上用 $\phi80mm$ 和 $\phi100mm$ 钢管焊接取暖设施，形成了名副其实的暖气墙，取暖热源来自竖炉汽包产生的蒸汽。

（3）使用效果和分析。冬季通过使用密封造球室、增加取暖设施、开设天窗的办法后，效果非常明显（见表5-3）。在北方冬季最寒冷的季节，造球室内温度仍能达到 +10℃以上，造球混合料产生的雾气聚集现象基本消除。主要原因是室内温度提高后，消除了混合料与室内的温差，使雾气无法产生。另外，热气流在消除雾气的同时，还形成上升的气流，将室内剩余的雾气顺畅地从天窗带走，彻底地消除了室内的雾气。

表5-3 冬季改造后造球室内外温度测量结果   （℃）

时间	21：00	22：00	23：00	24：00	1：00	2：00	3：00	4：00	5：00	6：00	7：00	8：00
室内	+13	+13	+13	+12	+11	+11	+10	+10	+11	+12	+11	+12
室外	-10	-10	-10	-12	-14	-14	-14	-14	-13	-13	-12	-9

（4）其他岗位雾气的处理。混合料容易产生雾气的岗位除造球室外主要还有混合料所经过的皮带廊和造球矿槽，首先，我厂皮带廊均为敞开式，要想密封和提高环境温度比较困难，所以我们采用皮带廊顶部凿天窗和用轴流风机外引的方法，虽然效果不太好，但能维持生产。

其次，在造球矿槽我们采用将矿槽除入料口外的其余部分全部封闭，然后加装 $\phi500mm$ 铁管直通房顶，使雾气自排出室外。

造球室产生雾气是北方球团企业普遍存在的问题，只有从根本上去解决，充分利用竖炉的自身资源,增加造球室的温度,合理设计排雾天窗,才能彻底消除雾气给生产带来的不便。生产组织者不但要认识到这一点,设计单位也要考虑到这一点。

175. 圆盘造球机热水造球和磁化造球有哪些好处?

答:(1)造球机加热水。多年来,圆盘造球机一直使用冷水造球,生球质量波动较大。为了减少生球质量的波动,采用热水造球,将竖炉导风墙水梁热水引到圆盘机上造球,水温达到60℃。

本钢竖炉生产经验证明,当热水温度为 70 ~ 80℃,$\phi 5.5m$ 球盘台时产量提高了 5 ~ 7 t/h,达到 30 ~ 35t/h;生球落下强度提高 2 ~ 3 次/球,达到 7 ~ 8 次/球;生球水分降低 0.25%。粒度组成由过去的 10 ~ 15mm 占80%提高到93%。

(2)利用磁体强化造球的方法。圆盘造球机制造生球时,用磁铁使铁矿粉和母球适度磁化,用母球和铁矿粉之间的磁性吸引力部分地替代黏结剂产生的黏结力,使原来单一的黏附变为吸附加黏附。母球和铁矿粉之间存在较强磁性吸引力,所以母球的生成与生球的长大变得极为容易。铁矿粉通过磁体产生的磁场后,几乎全部生成母球或被母球所吸附,造球盘面上的矿粉很少。这就能从根本上解决目前生产中实际存在的造球盘面上的矿粉量过大,总有一些矿粉难以成球的问题。所用磁体产生的磁场对盘面上的造球过程起到一定的抑制作用。通过磁场对滚动的生球的阻力作用,控制生球所受的撞击力,并适当增加造球圆盘的转速和倾角,增大生球所受的压实作用力,从而为增大生球的强度提供必要的条件。

1)磁化造球的实施方式。将各小块板状磁体用螺栓和螺母固定在钻有孔的钢板下面,钢板厚度为 5 ~ 10mm。各小块板状磁体间距约为 5mm,组合成大的磁极,与钢板共同形成大磁板。大磁板分板作 3 ~ 4 块,设置在造球圆盘对应上方的横梁上。磁板与盘面之间的距离能够调节,以使造球盘面上的生球和矿粉能被适度磁化。造球时,生球和矿粉从磁板和盘面之间的空间通过,成球区域的磁场适当加强。

2)使用效果。造球时,磁体能将避球盘上的矿粉和母球适度磁化,使母球的生成与生球的长大变得可行且极为容易。成球过程中,母球和铁矿粉之间的磁性吸引力所起的作用大大超过膨润土所起的作用。铁矿粉通过磁场后,或生成母球,或被母球所吸附。造球盘面上几乎全部是大小不一的生球,几乎没有矿粉,所以黏盘子问题能得到根本解决。

利用磁体制造生球的方法在实际生产中是可行的。现有的问题通过采取相应的技术措施完全能够解决。磁化造球能有效地提高造球机的造球能力,减少膨润土用量,降低生产成本投资少,经济效益显著,而且简单易行,便于实施,是磁铁矿石球团矿生产的一个新思路。

176. 圆盘造球工安全操作要点有哪些?

答:圆盘造球工安全操作要点有:
(1)上岗前必须将劳保用品穿戴齐全。
(2)开机前认真检查安全防护装置是否齐全、有效,设备周围是否有人或障碍物,确认无误后,方可开机。

（3）开机前必须先发信号响警铃 0.5min 或回信号后，方可开机。

（4）禁止用湿手操作、用湿布擦拭、用水冲刷电器，以防触电。不准将装水容器放置在电气操作盘或操作箱上。

（5）做好行走确认工作，上下扶梯应防止滑跌或碰伤头部。

（6）严禁横跨、乘坐运转中的皮带，严禁用皮带运送其他物品或在停转的皮带上休息。

（7）清除球盘内大块时，要清净脚下杂物，站稳身体，靠住护栏倾斜不要过大。

（8）设备运转时，禁止在转动部位清扫、擦拭和加油。巡视设备时要精力集中，严禁靠近运转中的设备。清扫积料时，作业人员必须距离机架 0.5m 以上，使用长柄工具。

（9）设备检修时应可靠的切断电源，挂上"禁止合闸"牌，确认无误后方可进行检修。

177. 造球工设备维护规程有哪些？

答： 造球工设备维护规程有：

（1）每小时检查稀油润滑站供油情况，发现断油及时处理。

（2）每小时检查电机、减速机的温度、振动是否正常，温度不得大于 65℃。

（3）每小时检查所有紧固件是否松动，发现问题及时处理。

（4）每小时检查皮带接口有无撕裂，拖辊有无损坏，刮料器对皮带有无障碍。

（5）每班对干油润滑点注油一次，定期对小齿轮、大齿圈加干油。

（6）皮带机头、尾轮轴承处定期加油，皮带跑偏时，及时调整。

（7）严禁带负荷启车，启车前必须把盘中余料清净。

（8）维修球盘后要清净铁器的边角、废料及焊条头，以防卡坏瓷辊。

（9）每月清洗油箱一次，三个月换油一次。

178. 圆盘造球机事故及预防措施有哪些？

答： 圆盘造球机是一种运转比较可靠的设备，一般不易发生事故。根据生产实践，造球机会发生的故障主要是立轴轴承损坏。立轴也称中轴，是圆盘造球机受力最大的部件。立轴轴承有上、下之分，一般，下轴承较上轴承容易损坏。

（1）损坏原因：立轴轴承润滑不良及造球机频繁启动而引起。

（2）事故征兆：造球机运转时，圆盘晃动厉害及有严重杂音。

（3）事故处理：不论是上轴承或下轴承损坏，都应及时更换。更换下轴承较上轴承麻烦，时间较长，需要一周；而单独更换上轴承只需 3 天左右。

（4）预防措施：应加强轴承润滑，设立干油润滑装置；应尽量避免造球机的频繁启动（因圆盘造球机是带负荷启动）。

圆盘造球机其他常见故障及处理方法见表5-4。

表5-4　圆盘造球机其他常见故障及处理方法

常见故障	原　因	处理措施
圆盘跳动或运转不平稳	（1）圆盘盘底与大齿轮之间的连接螺栓松动； （2）圆盘盘底与主轴系统连接盘之间的螺栓松动； （3）圆盘面上的耐磨衬板松动或翘起擦刀； （4）主传动装置大小齿轮啮合差，或齿轮严重磨损	（1）检查、紧固连接螺栓； （2）检查、紧固连接螺栓； （3）处理衬板，调节刮刀架； （4）检查齿轮啮合及磨损情况，必要时更换齿轮

常见故障	原　因	处理措施
减速机内有异响及噪声	(1) 轴承损坏; (2) 减速机内缺润滑油; (3) 齿轮损坏	(1) 更换轴承; (2) 适量加注润滑油; (3) 更换齿轮
机壳发热	(1) 润滑油变质或润滑油牌号不符合要求; (2) 减速机透气孔不通	(1) 更换润滑油; (2) 畅通透气孔

179. 生球辊筛工安全操作规程有哪些?

答:生球辊筛工安全操作规程包括:

(1) 上班前必须将劳保用品穿戴齐全。

(2) 开机前认真检查安全防护装置是否齐全、有效,设备周围是否有人或障碍物,确认无误后,方可开机。

(3) 禁止用湿手操作、用湿布擦拭、用水冲刷电器,以防触电。

(4) 启动生筛前必须检查瓷辊之间有无卡堵,清理瓷辊间积料只能用木棍。

(5) 给生筛齿轮加油后必须及时将齿轮防护罩安装好。

(6) 设备运转时,禁止在转动部位清扫、擦拭和加油,清扫、巡视设备时要精力集中,严禁靠近运转中的设备。

(7) 严禁横跨、乘坐运转中的皮带,严禁运送其他物品或在停转的皮带上休息。

(8) 检修时,要切断电源,并挂上"有人检修,禁止合闸"的警示牌。

180. 生球辊筛工设备操作规程有哪些?

答:生球辊筛工设备操作规程包括:

(1) 开机前确认设备处于良好状态,周围有无其他人员及障碍物,筛辊缝隙无石子、铁块等硬物,确保设备安全启动。

(2) 及时清理溜槽、瓷辊和筛下物溜斗的粘料。

(3) 定期检查电机、减速机的温度、振动是否超出规定值,螺栓有无松动。

(4) 每周检查减速机油位一次,缺油及时补足。

(5) 检测筛辊间距,大于 8mm 时通知有关人员更换。

(6) 辊筛上有石子、铁球等杂物要及时用木棍清除。

(7) 紧急停炉时,立即将生球返回混合料矿槽。

5.5　生球检验标准和方法

181. 竖炉生产对生球的质量有哪些要求?

答:生球的质量在很大程度上决定着竖炉焙烧过程顺利进行与否,及成品球团矿的质量和产量。对于生球质量我国至今还没有统一的标准,但是从生球的干燥、预热、焙烧作业角度出发,我们要求生球的质量指标,主要有粒度组成、落下强度、抗压强度、热稳定性和水分等五个方面。

（1）生球粒度组成。生球的粒度组成是衡量生球质量的一项重要指标，合适的生球粒度会提高竖炉的生产能力和降低单位热耗。

国内生球的适宜粒度一般为8～16mm，最佳粒度在10～12mm；国外一般控制在9.5～12.7mm的范围内。生球粒度大，干燥时间长，影响生产率；粒度过小时，在竖炉烘干床上布料，容易堵塞炉箅缝隙或漏料，影响正常操作。

鉴于球团厂现有的机械设备、操作条件，不可能得到统一的生球粒度，一般应按照下列原则选择和确定生球粒度：

16mm以上的粒级含量最高不超过5%；

10～16mm的粒级含量最低不少于85%；

6.3mm以下的粒级含量最高不超过5%；

在10～16mm的粒级含量中，10～12mm粒级含量应占45%以上。球团粒度的平均直径不应超过12.5mm。

（2）生球落下强度。生球的落下强度是指生球由造球系统运输到焙烧系统过程中所能经受的强度。一般要求的生球落下强度，湿球不小于3～5次/球，不大于10次/球；干球不小于1～2次/球。

（3）生球抗压强度。生球抗压强度是指生球在焙烧设备上，所能经受料层负荷作用的强度。一般竖炉焙烧料层较高，湿球抗压强度要求大于9.8N/球，干球抗压强度要求大于49.0N/球。

（4）生球的热稳定性。生球的热稳定性也叫"生球爆裂温度"，是指生球在焙烧设备上干燥受热时，抵抗因所含水分（物理水与结晶水）急剧蒸发排出而造成破裂和粉碎的能力，或称热冲击强度。

对生球的爆裂温度，无统一要求标准，一般要求越高越好。不同焙烧设备对生球爆裂温度的要求见表5-5。

表5-5 不同焙烧设备对生球爆裂温度的要求

焙烧设备	竖 炉	带式焙烧机	链箅机-回转窑
爆裂温度($v=1.6$m/s)/℃	>550	>400	>350

（5）生球水分。生球水分主要对干燥和焙烧产生影响。生球水分过大，往往表面形成过湿层，容易引起生球之间的黏结，降低料柱的透气性，延缓生球的干燥和焙烧时间；过湿的生球在运输过程中还会黏结在胶带上。以上情况对于黏性较大的生球更为严重。

如果生球的水分偏低，会降低生球的强度，特别是落下强度，所以应有适宜的生球水分。适宜的生球水分与矿石的种类和造球料的特性有关，对于磁铁矿球团的生球水分，一般在8%～10%为宜。

综上所述，一般生产中对生球性能指标的要求，见表5-6。

表5-6 生球主要性能指标

项 目	生球水分/%	生球粒度组成(8～16mm)/%	生球抗压强度/(N/球)	落下强度/(次/0.5m)
指 标	8～12	≥95	≥10	≥4

182. 生球落下强度如何测定和计算?

答:(1)测定用仪器和工具。用一块 10mm 厚,300mm×300mm 钢板作底座,垂直竖立高度 500mm 标尺一个,可以自制;盛料盘 2~3 个。

(2)取样方法。根据测定目的可从以下两个地点取样:

1)测定出球盘生球的落下强度时,要在球盘下溜板处接取生球。

2)测定筛分后生球的落下强度时,要在圆辊筛后溜板处接取合格生球。

(3)选样。从接取的生球中选取尺寸相近似的生球 10 个,生球直径为 10~16mm(通常直径为 12.5mm)。

(4)测定。用手轻轻拿起一个生球,从标尺顶端 500mm 高度让其自由落下至钢板上。如此重复操作跌落至生球破裂为止,此时的落下次数即为每个球的破裂次数,做好记录。10 个生球全部作完后,取 10 个生球的算术平均值作为生球落下强度。要求落下强度最少应为 3 次以上,这要根据生球运输过程中翻转次数而定。

测定干球强度时也按上述方法进行。

183. 生球的抗压强度如何测定和计算?

答:(1)测定仪器。量程 5kg 的带有指示盘的弹簧台秤一台,6mm×6mm 小钢板一个。

(2)取样方法。根据测定目的可从以下两个地点取样:

1)测定出球盘生球的抗压强度时,可在球盘下溜板处接取生球。

2)测定入炉生球的抗压强度时,可在圆辊筛后溜板处接取合格生球。

(3)选样。从接取的生球中选取尺寸相近似的生球 10 个,生球直径为 10~16mm(通常直径为 12.5mm)。

(4)检测方法。把生球逐个放在台秤上,用手拿小钢板垂直压住生球后,压下速度不大 10mm/min,直到感觉出生球破裂时,台秤指针的指示值即为每个球的抗压强度。最后取 10 个球的算术平均值作为生球的抗压强度。

如果台秤的指针读数为公斤力时,应换算为牛顿,计算时取 1kgf=9.8N 即可。

(5)生球抗压强度的要求与焙烧设备有关。一般带式焙烧机和链算机-回转窑,焙烧时料层较薄(料层高小于 0.5m),湿球抗压强度不小于 8.82N/球,干球抗压强不小于 35.28N/球。竖炉焙烧料层较高,湿球抗压强度要求大于 9.8N/球,干球抗压强度应大于 49.0N/球。

184. 生球的粒度组成如何测定和计算?

答:(1)测量用仪器和工具。台秤一台,量程 50kg;取样盘和筛子若干个。筛子规格为 6.3mm、10mm、16mm、25mm 四个必备筛。

(2)取样:

1)测定造球机的生球粒度组成时,要在被测球盘下接取生球,每 5min 接取一次,每次接取 2kg,接取 5 次,共接取 10kg 以上。

2)测定入炉生球粒度组成时,在圆辊筛下或进入布料车前的皮带机头轮处接取,每次接取 2kg，接取 5 次，共接取 10kg 以上。

（3）测定方法。先在台秤上量取 10kg 生球，然后通过筛孔为 25mm、16mm、10mm 和 6.3mm 筛子进行筛分，然后再称量各粒级生球的质量，计算出百分数，即为生球的粒度组成。

用筛分法筛出如下各级别的粒度组成：> 16mm；16～8mm；< 8mm。竖炉生产可控制在 8～16mm，国外控制在 9.5～12.7mm。

185. 生球的水分如何测定和计算？

答：（1）测定用仪器和工具主要有天平、试样盘、试样勺、玻璃棒、干燥箱、密封试样筒。

（2）取样。在每个球盘下溜板处接取生球，每个球盘下每 5min 接取一次，每次接取 5 次，共接取 2～3kg 试样，接取后立即放入密封的试样筒内，防止水分蒸发。

（3）测定方法。在密封试样筒内用玻璃棒把生球捣碎混均匀，然后称取 100g 作试样，并将其放入干燥箱内烘烤。在认为已干燥时把试样取出放在天平上称量，称完后再放入干燥箱内烘烤 3～5min，然后再取出试样称量，如与前一次重量一样，即恒重时，则可进行计算。若与前一次质量不一样，则要再放在烘干箱内烘烤，直至与前一次称量质量一样，即恒重时为止，然后进行计算。

186. 如何测定生球爆裂温度？

答：生球爆裂温度的测定方法，国内主要使用静态法和动态法两种。

（1）静态法。静态法是在反应器中不通热风，只改变温度测得的，所以得到的结果与生产实际相差较大，目前一般已不用，但由于静态法设备比较简单容易得到，试验方法也易操作，因此对没有动态法试验装置的单位，采用静态法做试验，仍有一定的实际意义。

静态法使用主要设备有水平管式电炉或马弗炉一台，磁盘若干个。试验的取样、选择与测定生球抗压程度法相同。测定次数一般在生产过程中可每周测定一次，在所用原料品种或配比有较大变化时应提前进行测定。

1）在水平管式炉中的测定方法。先将管式炉升到一定温度（200～300℃），炉温稳定后将盛有 4～5 个生球的磁盘放到炉内的高温区并保持 5min 后取出，然后依次将炉子的温度升高 20℃进行同样的试验，直到生球开始破裂为止，生球开始破裂时的温度即为生球的破裂温度。

2）在马弗炉内进行测定的方法。先将炉子升高到一定温度（700～800℃），炉温稳定后迅速打开炉门，将装有 10 个生球的磁盘放入炉内。然后依次将炉子温度降低 20℃进行同样的试验，直至生球不破裂为止。生球不破裂时上一次的试验温度，即为生球的破裂温度。

试验中检查磁盘中有一个生球破裂即为破裂。

（2）动态法。动态法测定生球爆裂温度，是在反应管中通入不同温度的热风，所以在反应管中不仅有温度变化，而且有一定的气流通过。目前通过的气流速度有 1.2m/s、

1. 6m/s、1. 8m/s 和 2. 0m/s 等几种（试验时应固定某一种流速）。

动态介质法测定生球破裂温度的测定具体方法是将生球（大约 20 个）装反应管中，然后以一定的速度（工业条件时的气流速度）向容器内球团层吹热风 5min。试验一般从 250℃ 开始做起，根据试验中生球的情况，可以用增高或降低介质温度（±25℃）的方法进行试验。干燥气体温度可用热气体中掺进冷空气的方法进行调节。爆裂温度用所试验球团有 10% 出现裂纹时的温度来表示。此种方法要求对每个温度条件都必须重复做几次，然后确定出爆裂温度值。一般认为，具有良好焙烧性能的球团的爆裂温度不低于 375℃。

6 竖炉工操作技能

到目前为止我国有资料可查的$8m^2$及以上矩形竖炉401座和$8m^2$及以上TCS圆环型竖炉17座，在建和没有统计到的竖炉约有几十座。但因产能、质量和环保等问题，小于$8m^2$的矩形竖炉在不久的将来会被淘汰，$10\sim12m^2$（含以上）矩形竖炉在一定时期内还会存在和发展。现在一些企业逐渐发展$14m^2$、$16m^2$竖炉，甚至已经建成$19m^2$竖炉。

6.1 竖炉设备

187. 竖炉面积指什么？如何划分大、中、小型竖炉？

答：竖炉面积是指竖炉焙烧带的截面积。根据截面积的形状，可以划分为圆形竖炉、矩形竖炉和TCS圆环型竖炉三种。由于大直径圆形竖炉存在着不易解决的生球布料困难，以及竖炉断面温度和气流分布不均匀，中心不易吹透等问题，现在生产的竖炉绝大部分为矩形竖炉，其规模分类可参见表6-1。

表6-1 竖炉分类

竖炉规模	小型竖炉	中型竖炉	大型竖炉
焙烧面积	$S<8m^2$	$8m^2 \leqslant S<16m^2$	$S \geqslant 16m^2$

188. 国内外早期竖炉存在什么共同问题？都采取了什么措施？

答：国外竖炉发展较早（1950年），我国的工业竖炉于1968年投入生产。当时的炉型同国外竖炉相差无几，炉口也采用"面布料"形式（见图6-1）。

（1）国内外竖炉存在的主要问题：

1）冷却风在通过焙烧带时，对燃烧室喷入炉身的高温热气流产生干扰，喷火口阻力增加，穿透能力降低，导致燃烧室压力升高，温度和气流分布极不均匀。

2）高温区上移，炉口温度高达$800\sim900℃$，生球爆裂严重。

3）因冷却风要穿透整个料柱，阻力增加，必须采用高压冷却风机。

4）边缘效应严重，成品球冷却和生球干燥效果差。

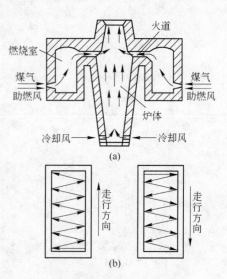

图6-1 我国早期竖炉炉型及布料线路图

（a）我国早期竖炉炉型；（b）面布料线路图

5）导致炉底鼓入的冷却风量小于冷却成品球团所需要的风量。

（2）国外竖炉采取的措施：国外竖炉为了解决上述问题，曾将一部分喷火口以下的炉底风量引进燃烧室作为助燃风，但因在炉底风中含有大量的粉尘使烧嘴和喷火口堵塞，未推广。另一个办法就是采用外部带有冷却器和热交换器的矮炉身竖炉（见图6-2），这种冷却器和热交换器可以尽可能多的回收球团矿冷却后余热，而且避免了将粉尘带进燃烧室。后来又进一步发展，便出现了外部带冷却器的中等炉身竖炉（见图6-3）。

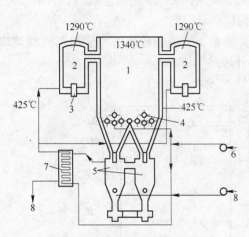

图6-2　国外矮炉身竖炉示意图
1—炉身；2—燃烧室；3—燃气烧嘴；4—齿辊；
5—双冷器；6——次冷却
助燃风；8—二次冷却风

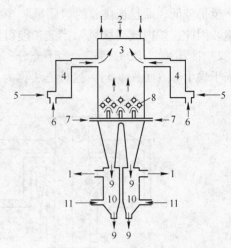

图6-3　国外中等炉身竖炉示意图
1—废气；2—生球；3—炉身；4—燃烧室；5—燃气
烧嘴；6—助燃风；7——次冷却风；8—齿辊；
9—成品球团矿；10—双冷器；11—二次冷却风

（3）我国竖炉采取的措施：由于我国生产球团所用的精矿粉粒度粗、水分大，生球质量差，助燃风和冷却风机压力低（1600～2800Pa）。因此，我国早期的竖炉产量低，成品球质量差，排矿温度高。有的球团厂的竖炉还经常出现中心湿球堆积（俗称死料柱）、低温状态、水分过剩、球团相互黏结、炉身结块，难以维持正常生产的问题。为了改变这种状况，结合我国的具体情况，立足现有的鼓风设备，必须减小竖炉内气流阻力，改善料柱透气性，使气流能达到穿透料层的目的，先后采取了以下几个措施：

1）炉内放"腰风"。将竖炉下部鼓入的一部分冷却风，在喷火口以下均热带的上部放出炉外（见图6-4），并把冷却风的进风位置从齿辊的下部移到齿辊上部。

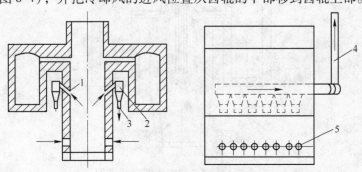

图6-4　竖炉"放腰风"示意图
1—竖炉"腰风"出口；2—降尘室；3—放灰口；4—放风管；5—冷却风进口

这样冷却风量略有增加，冷却风量从 10000m³/h 增加到 12000～15000m³/h，改善了成品球团矿的冷却效果，使冷却风有了新的出路，减轻了冷却风对焙烧带的干扰，焙烧带的温度分布趋向均匀；炉口生球干燥的气流不会因冷却风量的增加而增加，气流速度降低，生球爆裂和结块事故减少，球团矿质量有所提高，竖炉能维持正常生产。

缺点：冷却风原有的边缘效应更趋严重，球团矿的冷却不十分均匀；原可以用于炉口生球干燥所必需的热风被白白放掉，热利用降低，炉口生球的干燥速度无法提高，所以竖炉产量仍较低；而且被排放的"腰风"中含有大量灰尘，必须经过除尘处理，否则会污染环境。因此，炉内放"腰风"措施未能得到全面推广。

2）冷却风"炉外短路"。为了充分利用竖炉热量，将竖炉放出的"腰风"送到炉口，用来干燥生球（见图 6-5），这种方法称为"炉外短路"。

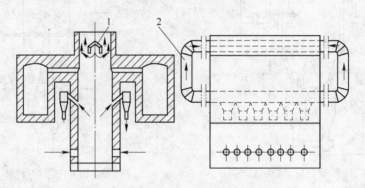

图 6-5 竖炉"炉外短路"示意图
1—风帽；2—热风导管

这一措施从理论上讲是比较合理的，它与后来的"炉内短路"原理是相同的，可是"炉外短路"存在着管道积灰和边缘效应等问题，只是在竖炉上试验，没有推广。

3）冷却风"炉内短路"，即导风墙和烘干床。"炉内短路"措施实际上就是将"炉外短路"的导风管放入炉内，改成上、下直通的耐火砌砖体，俗称导风墙。接着又将导风墙上口的风帽扩大成算条式烘干床（见图 6-6）。这样就创造了具有我国特点的，在

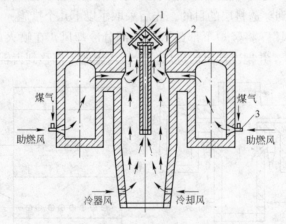

图 6-6 竖炉"炉内短路"示意图
1—烘干床；2—导风墙；3—烧嘴

竖炉内设置导风墙和烘干床的新型竖炉炉型。

这一措施在竖炉上使用后,收到良好效果:它将冷却风导向炉子中心,既增加了冷却风量,改善了球团矿的冷却,又消除了竖炉上部的死料柱和炉内的结块现象,还减少边缘效应的影响;不仅降低了炉口温度,减少了生球的爆裂,还由于废气量的增加而加快了生球的干燥速度;竖炉的产量提高60%以上。

189. 我国新型竖炉主要构造有哪些?

答:由于在竖炉内设置了导风墙和烘干床,形成了具有中国特色的、新型的"中国式球团竖炉"。我国早期新型竖炉的构造和主要技术参数,如图6-7和表6-2所示。

我国新型竖炉本体的主要构造有烟罩、炉体钢结构、炉体砌砖、导风墙和烘干床、汽化冷却系统、卸料排矿系统、供风和煤气管路等。

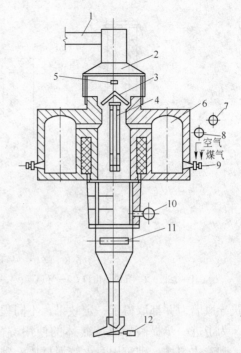

图6-7 我国"导风墙和烘干床"竖炉示意图
1—烟气除尘罩;2—烟罩;3—烘干床;4—导风墙;
5—布料机;6—燃烧室;7—煤气管;8—助燃风管;
9—烧嘴;10—冷却风管;11—齿辊;12—排矿电振

表6-2 我国早期部分竖炉体的主要技术参数

厂名	焙烧面积/m²	烘床面积/m²	导风墙通风面积/m²	喷火口总断面积/m²	烘床下沿至喷火口上沿距离/m	喷火口上沿至导风墙水梁入口距离/m	导风墙水梁入口至冷风口上沿距离/m	冷风口至排矿口距离/m	宽度方向最上端炉墙之间的距离/m	焙烧带宽度(含导风墙)距离/m	每个燃烧室容积/m³
济南钢铁厂	8	12.00	0.68	1.50	1.70	2.30	3.60	5.1	3.98	2.32	26.50
杭州钢铁厂	8	12.25	0.96	1.62	1.66	2.69	3.93	8.27	3.36	2.30	23.07
凌源钢铁厂	8	13.00	1.10	1.70	1.70	2.47	2.19	7.05	—	—	13.70
承德钢铁厂	8	10.60	0.37	1.22	1.50	2.20	2.24	3.15	3.16	2.56	26.00

190. 导风墙的结构有哪些?

答:导风墙由砖墙和托梁两部分构成(见图6-8)。

(1)导风墙的砖墙。导风墙的砖墙一般都是用高铝砖和耐火泥浆砌筑而成。最初阶段各厂均采用普通高铝砖与用切砖机切割出的异形砖块组合砌筑成空心方孔的导风墙砖墙。通风孔面积可根据所用冷却风流量和导风墙内气体流速来确定。因导风墙内通过的高温气流中带有大量的尘埃,造成对砖墙的冲刷和磨损,寿命较短,一般只能使用6~8个月。有的导风墙砌砖被磨漏形成空洞,气流短路,严重时砌砖体坍塌。

为了提高导风墙的使用寿命,一些球团厂和设计部门设计了异形导风墙砖,专门用于

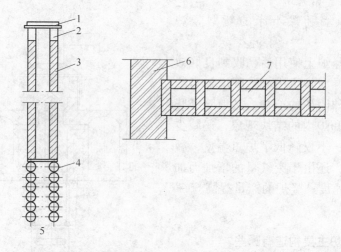

图 6-8　竖炉"导风墙和大水梁"示意图

1—盖板；2—导风墙出口；3—导风墙；4—大水梁；5—导风进口；6—炉体砌砖；7—风道

砌筑导风墙，并都取得了一定效果，不同程度地提高了导风墙的使用寿命。

　　为了进一步提高导风墙砖体的使用寿命，很多单位采取了措施，从耐火砖材质、砖形、砌砖体结构、砌筑用耐火胶泥材质、砌筑工艺方法等多方面进行了改进，如唐山盈心耐火材料厂研制开发的球团竖炉用导风墙大砖，采用特殊工艺，在铝硅系材料的基础上，加入含锆添加剂，使其在高温下形成稳定的锆莫来石相，从而起到耐磨抗剥落作用。其特点是：砖型设计合理，砌砖整体性能好，结构严谨，使用寿命长，最长的已达 3 年之久。

　　(2) 导风墙的托梁。托梁的用途是支撑导风墙上部砖墙。最初的托梁是水冷矩形钢梁，故又叫水箱梁，现在统称叫大水梁 (图 6-9)。最初采用循环水冷却，后来又改为汽化冷却。

　　最初托梁是用大型工字钢和钢板焊接而成，由于焊缝易出现裂纹产生漏水现象。后来改为两

图 6-9　大水梁实物图片

排由 6~8 根的厚壁无缝钢管组成，这种水梁出现的问题是水梁中部下弯和被磨损，从而导致漏水和导风墙砖墙坍塌。为了解决这个问题，很多厂采用了增加钢管数量、直径和壁厚的办法，取得一定的效果。

　　(3) 无大水梁用耐火材料砌筑的拱形导风墙技术。河南省巩义市建业耐材有限公司和唐山盈心耐火材料厂先后研发了无大水梁用耐火材料砌筑的拱形导风墙技术并申请专利。但是此项技术没能在竖炉上推广。而 TCS 圆环形竖炉的导风墙由于其特殊结构的优势，一直没有使用大水梁，完全是耐火材料砌筑的，其寿命大于 8 年。

191. 烘干床的结构有哪些?

　　答：竖炉内增设导风墙后，将导风墙上口风帽扩大成为装有炉算条式的烘床称为烘干床或干燥床，如图 6-10 所示。烘干床的结构由"人"字形盖板、"人"字形支架、炉算条

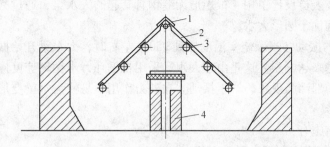

图6-10 炉口单层干燥床构造示意图
1—烘床盖板；2—烘床算条；3—水冷小水梁；4—导风墙

和水冷钢管横梁组成。

使用磁铁矿生产球团时，竖炉的干燥床一般为单层。有的企业在使用褐铁矿和赤铁矿生产球团矿时，曾设计过三层干燥烘床，烘床面积大为增加，这可以降低生球干燥温度和干燥介质的风速，对防止生球爆裂是有利的。但是三层干燥床结构比较复杂，在安装、维护上也增加了困难，因而未获得推广使用。

（1）小水梁构造。干燥床水梁俗称炉算水梁，也叫小水梁，一般由5或7根组成，用于支撑干燥算条，因此要求在高温下具有足够的强度。早期干燥床水梁是用角钢焊接的矩形结构，焊缝容易开裂。现已改为厚壁无缝钢管，延长了使用寿命。干燥床水梁在较高的温度和多尘的条件下工作，磨损弯曲比较严重，只能使用一年左右。也曾有探索使用无水冷结构，如耐火混凝土，耐热铸铁及含铬铸铁等，均未获得良好的效果。

（2）小水梁的冷却。小水梁一般采用强制水冷，冷却效果的好坏直接影响到使用寿命。所以安装冷却水管时千万要注意水压，并且进出水管必须采取低进高出焊接。但是由于水的硬度不同，容易出现小水梁管内壁结垢，垢皮有时脱落堵塞出水口，因此最好将小水梁进出口采取法兰式安装，可以利用检修机会进行清理。

现在一些竖炉小水梁也采用汽化冷却，有的单独增设小型汽包，有的与大水梁共用一个汽包。

（3）炉算条构造。干燥床普遍采用算条式和百叶窗式算条，安装角度为38°~45°。算条拆卸更换方便，但算子的缝隙容易堵塞，需经常清理和更换。百叶窗式的特点虽不易堵塞，但实际通风面积比算条式的小。算条材质目前有高硅耐热铸铁和高铬铸铁（含铬32%~36%）两种。

192. 大水梁的结构有哪些？什么是大水梁的振动和蓝脆？

答：（1）大水梁的结构。大水梁是对导风墙托梁的俗称。最初的大水梁是用大型槽钢对接和钢板焊接而成，用水冷，后改为汽化冷却。由于焊缝易出现裂纹产生漏水现象，后来改为由6~8根（每侧3~4根）的无缝钢管组成，这种水梁经常出现中部下弯（俗称"塌腰"）和被磨损的问题，从而导致漏水和导风墙砖墙坍塌。为了提高大水梁的刚性和强度，采用增加钢管数量、直径和壁厚的办法。目前大水梁钢管12根（每侧6根），钢管直径219mm，壁厚20mm，并且喷涂耐磨材料和耐火材料。

近年来，科技人员设计了用 4 根矩形无缝钢管套起的大水梁，通过力学计算，矩形大水梁的力学性质远优于圆形大水梁。

（2）大水梁的振动。当燃烧室温度提到 950℃ 左右时，大水梁开始振动，而且随着温度的增加，振动越来越剧烈。这是由于大水梁采用自循环，水循环速度慢，水汽混合物分离不及时，出现局部沸腾现象，产生振动。在外力作用下易使大水梁变形和开裂，甚至使导风墙歪斜、掉砖。

采取的主要措施有：

1）增加大汽包容积和压力至 0.5MPa；

2）将汽包标高增加；

3）更换大直径上升管 $\phi218mm$；

4）采用水位自动监控和自动上水及事故报警装置。

也有的企业选用一台热水泵（ISR100-80-16）作为外力，加快其循环速度，实行强制循环，以达到减少振动和降温的目的。

（3）大水梁的蓝脆。钢材在温度超过 350℃ 环境和一定应力的情况下，即使冷却良好，也会随时间的变化而产生塑性变形，这被称为蠕变现象。

在实际生产中，水梁在一定时间内会产生中间塌腰现象，就是钢材蠕变的原因。根据蠕变规律，整个蠕变过程分为三个阶段：

第一阶段，蠕变速度逐渐减小；

第二阶段，蠕变速度稳定；

第三阶段，蠕变速度不断加快，直至断裂。

所以，在使用周期内进行有计划地更换十分重要。国内使用较好的导风墙水梁寿命在 1～1.5 年左右。

钢材在 250～350℃ 之间抗拉强度最高，而塑性最低，钢材变得很脆，这种现象称为蓝脆。在实际生产中，开停炉次数频繁，会增加水梁发生蓝脆的机会，缩短水梁的寿命。

193. 济钢在竖炉 SP 技术发展上作过哪些贡献？

答：中国竖炉初期借鉴国外竖炉生产经验，而国外不论美国、瑞典及日本等典型炉型均为高压焙烧工艺，存在电耗高，温度场、压力场、气流分布不均匀，并存在中心死料柱等不可逾越的问题。1972 年济钢竖炉针对生球干燥速度慢，产生过湿层和生球塑性变形问题，导致炉内温度场、压力场的不均，研制开发出"导风墙-烘干床"低压焙烧新工艺并与鞍山矿山院、杭钢一起完善提高，形成与之配套的第一代竖炉炉型，解决了国外高压焙烧的痼疾。生产能力大幅度提高，当时 1 号炉日产量由 200～300t 提高到 600t。1987 年该项专利技术成功输往美国并推广应用，形成独特的中国竖炉低压焙烧工艺，简称 SP 技术。目前，国内所有矩形球团竖炉均采用该技术。

（1）大水梁结构及冷却技术的改进。SP 技术发明之初采用普通无缝钢管作为大水梁，通水冷却。由于大水梁材质耐冲刷磨损性不好、强度低和水冷效果不好等缺点，大水梁冲刷磨损、变形严重，寿命较短且能耗高。1982 年采用汽化冷却技术将大水梁由水冷改为汽化冷却，后来又将大水梁由普通材质改为耐冲刷磨损、强度较高的 16MnV 材质，规格改为由 4 排 ϕ133mm×18mm 的无缝钢管组合合件。进入 90 年代末，由于产量提升较大，热负荷增加，需要更高的冷却强度，规格又扩大为 ϕ159mm×20mm，同时改一进一出方式为单进单出方式。但是，2002 年后多次出现管道喘振现象，又采取了更换大直径上升管（由 ϕ168mm 改为 ϕ218mm）、更换汽包增大压力（运行压力由 0.3MPa 提高到 0.6MPa）和把汽包标高增加 3m 的措施，同时实现了水位自动监控和自动上水及故障应急报警系统，使用效果较好。

（2）改进导风墙材质与结构，提高寿命，扩大导风墙通风面积。SP 技术应用初期，导风墙砌筑使用的是黏土质 T-3 耐火砖，砖型小，砌体稳定性差，易产生侧倾变形甚至倒塌，使用寿命只有 1~2 个月。后来采用砖体相对较大的 G-2 黏土砖，但是仍不能有效解决侧移、变形、冲刷等问题，每 2~3 个月就要重新砌筑一次。直到 90 年代初，开始设计使用高铝-锆质、"工—回"咬合结构的异型砖，有效地解决了上述问题，导风墙寿命提高到 1 年左右。但是由于这种砖尺寸大、重量大、形状复杂等原因，给现场施工带来了很大不便，且易断裂，为此于 1999 年设计使用材质为堇青石-莫来石-锆，由 7 种能够相互咬啮嵌合的异型砖砌筑导风墙，耐冲刷、抗震性、稳定性较好，寿命较长，一般可达 2~3 年。

为提高冷却风量，减少下行风，改善炉体上部的烘干效果，济钢先后多次扩大导风墙宽度和内通道面积。以 1 号竖炉为例，由表 6-3 可见，导风墙的通风面积扩大速度较快，目前的面积是 1999 年的 2.5 倍，显著提高了上行冷却风量，并极大地提高了竖炉上部的干燥能力。

表 6-3 济钢 1 号 8m^2 竖炉导风墙宽度和面积的变化情况

时 间	70 年代	80 年代	1999 年	2003 年	2007 年
导风墙宽度/mm	460	550	614	820	1035
内通道面积/m^2	—	—	1.01	1.83	2.59

194. 导风墙和烘干床在竖炉生产工艺上有哪些作用？

答：我国独创的竖炉导风墙和烘干床，在竖炉中获得广泛使用，通过生实践证明有以下六个作用：

（1）提高成品球团矿的冷却效果。竖炉增设导风墙后，从下部鼓入的一次冷却风，首先经过冷却带的一段料柱，然后绝大部分换热风（70%~80%）不经过均热带、焙烧带、预热带，而直接由导风墙引出，被送到干燥床下。直接穿透干燥床的生球层，起到了干燥脱水的作用。同时大大地减小了换热风的阻力，使入炉的一次冷却风量大为增加，提高了冷却效果，降低了排矿温度。

（2）改善生球的干燥条件。竖炉炉口增设导风墙和烘干床后，为生球创造了大风量、薄料层的干燥条件，生球爆裂的现象减少；同时又扩大了生球干燥面积，加快了生球的干燥速度，消除了湿球相互黏结而造成的结块现象；彻底消除了死料柱，保证了竖炉的正常作业；有效地利用了炉内热能，降低了球团的焙烧热耗。大大提高了竖炉的球团矿产量。

（3）竖炉有了明显的均热带和合理的焙烧制度。竖炉设导风墙后，导风墙外只走少量的冷却风，从而使焙烧带到导风墙下沿出现一个高氧、高温的恒温区（1160～1230℃），也就是使竖炉有了明显的均热带，有利于 Fe_2O_3 再结晶充分，成品球团矿的强度进一步提高。

烘干床的出现，使竖炉内有一个合理的干燥带，而在烘干床下与竖炉导风墙以下，又自然分别形成预热带和冷却带，这样就使竖炉球团焙烧过程的干燥、预热、焙烧、均热、冷却等各带分明、稳定，便于操作控制，有利于球团矿产量和质量的提高。

（4）产生"低压焙烧"竖炉。竖炉内设置了导风墙和烘干床，改善了料柱的透气性，炉内料层对气流的阻力减小，废气量穿透能力增加，燃烧室压力降低，风机风压在 30kPa 以下就能满足生产要求（国外 50～60kPa），产生了具有中国特色的"低压焙烧"球团竖炉，可比国外同类竖炉降低电耗 50% 以上。

（5）竖炉能用低热值煤气焙烧球团。由于消除冷却风对焙烧带的干扰，使焙烧带的温度分布均匀，竖炉内水平断面的温度差小于 20℃。当用磁铁矿为原料时，由于 Fe_3O_4 的氧化放热，焙烧带的温度比燃烧室温度高 150～200℃。实践证明，我国竖炉能用低热值的高炉煤气生产出强度高、质量好的球团矿。

（6）简化了布料设备和布料操作。由于炉口烘干床措施的实现，使竖炉由"平面布料"简化为"直线布料"。使原由大车和小车组成的可纵横双向往复移动的梭式布料机，简化成只做直线往复移动的小车式梭式布料机，不仅简化了布料设备，而且简化了布料操作。

195. 我国球团竖炉燃烧室的形状有几种？

答：我国球团竖炉燃烧室设置在炉身长度方向的两侧。燃烧室外壳一般用 6～8mm 或 10～12mm 钢板制成。我国竖炉燃烧室有矩形和圆形两种。

（1）矩形燃烧室。我国早期建设的球团竖炉燃烧室都是矩形燃烧室。矩形燃烧室的顶部一般都砌成 60° 拱，如图 6-11 所示。

矩形燃烧室由于受到拱顶水平推力、气体的侧压力，耐火砌体的热胀冷缩以及砌砖质量等因素的影响，各墙结合处变形较大，胀裂后跑风冒火严重；每侧极易烧穿，严重时烧坏外壳钢板。每侧燃烧室有 7 个烧嘴，烧嘴较多操作不方便。

（2）圆形燃烧室。由于矩形燃烧室存在极易烧穿、漏气冒火的问题，国内一些球团竖炉把矩形燃烧室改成圆形燃烧室。

圆形燃烧室不仅受力均匀，又不存在拱脚的水平推力，而且易密封，寿命长。经过使用，效果很好，并得到推广应用。

现在圆形燃烧室有立式和卧式两种，如图 6-12 所示。

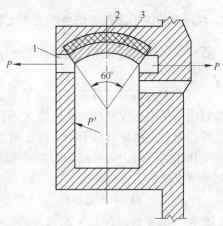

图 6-11　矩形燃烧室剖面图
1—拱脚砖（T-52）；2—硅藻土砖；
3—楔形砖（T-38）

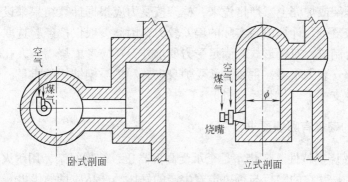

图 6-12　圆形燃烧室示意图

196. 环缝涡流式烧嘴的构造和工作原理有哪些?

答: 目前,我国竖炉大部分采用高炉煤气作燃料,一般采用 5~7 个环缝涡流式烧嘴
(见图 6-13)。环缝涡流式烧嘴中混合气体的喷出速度一般要求不超过 40m/s(实际已超过该值);为了避免回火,最小的喷出速度应不小于 10m/s。

(1)环缝涡流式烧嘴的构造:主要由煤气室、煤气环缝、空气室(或称空气蜗形壳)、空气环缝、套管、喷嘴、窥视孔和底座等所组成。

(2)环缝涡流式烧嘴的特点和要求:

1)煤气与空气的混合较均匀,燃烧速度较快、也比较完全;

2)燃烧时生成的火焰较短,所以燃烧温度比较集中;

3)对煤气要求干净,否则易堵塞环缝。

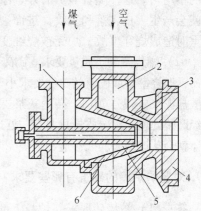

图 6-13　环缝涡流式烧嘴示意图
1—煤气室;2—空气室;3—空气环缝;4—烧嘴
出口异型砖;5—煤气环缝;6—喷嘴

(3)环缝涡流式烧嘴的工作原理。煤气进入烧嘴,由于受圆柱形分流套管的作用,形成管状气流,空气由蜗形空气室通过环缝旋转喷出,与煤气混合进行燃烧。

197. 对竖炉烟罩和钢结构的安装有哪些要求?

答:(1)烟罩的安装要求。烟罩安装在竖炉的顶部,一般由 6~8mm 厚钢板焊接而成,它与除尘下降管连接,炉顶烟气(炉底冷却风、煤气和助燃风燃烧后的废气,上升穿过干燥带完成各自的工艺任务后,经炉口排出的高湿含尘气体)经烟罩,通过除尘器而引入风机,然后从烟囱排放。烟罩还是竖炉炉口的密封装置,内呈负压,可以防止烟气和烟尘四处外溢。

(2)炉体钢结构安装要求。炉体钢结构主要有炉壳及其框架。炉壳可分为燃烧室和炉身两部分,一般采用 8~12mm 厚钢板制成,以防止受高温变形。为保证其密封性,必须内外连续焊接。炉壳钢板外面有许多钢结构框架(俗称拉筋)与炉壳焊在一起,用来支撑和保护炉体,承受炉体的重力和抵御因炉体受热膨胀的推力;另外煤气烧嘴、人孔和热电

偶孔都固定在框架或炉壳上。严格说来，框架按受力应根据计算结果来设计，但由于炉壳的受力情况比较复杂，计算值与实际的偏差较大，因此一般仅按经验选取。框架多采用工字钢或槽钢组合制成，布置形式除满足受力要求外，还应考虑烧嘴、人孔和热电偶孔的配置。炉壳的下部安装大水梁，主要是承受炉身砌砖和炉身钢结构的重量。炉体的全部重量都支撑在下部的支柱上（燃烧室除外）。

198. 对燃烧室的砌筑有哪些要求？

答：（1）燃烧室特性。燃烧室是个承受高温高压，结构复杂，用耐火材料砌筑而成的关键工艺设施之一，它的顺行与否决定着生产的好坏，产品质量的优劣。

竖炉的停停开开，对燃烧室的损坏很大。竖炉在生产时，燃烧室处于高温状态，耐火砖膨胀，到了一定尺寸就会停止，处于相对稳定。但是竖炉常常受到外界条件和设备因素的影响（如无煤气、结块排料），被迫停炉，燃烧室温度就会降下来（如果停炉时间长，燃烧室还会降到常温），砌体自然收缩。此外，燃烧室的升温速度快慢，会造成膨胀和收缩的不均匀。这样随着竖炉的开、停，燃烧室的砌体也就跟着膨胀、收缩，反复几次，砌体就会产生表皮剥落和裂纹，进而裂缝。特别是拱脚和拱顶应力集中的地方会出现松动，严重时造成烧穿事故，炉壳被烧红变形。

（2）燃烧室砌筑质量要求。砌砖质量也是影响燃烧室气密性的原因之一，关系到燃烧室寿命，燃烧室炉墙砌筑的砖缝要求小于2mm，拱顶和其他部位（炉底除外），均采用高强度磷酸盐泥浆（代号701），砖缝灰浆要求饱满。但由于燃烧室工作面大，砌砖数量多，耐火砖未经磨砖处理，砌砖质量只要有一处达不到要求（如砌缝大、灰浆不饱满等），赤热的高压气体就会从这些薄弱处穿透，在炉壳内窜动，引起金属炉壳变形，从不严密处漏出。

199. 对竖炉炉墙的砌筑有哪些要求？

答：（1）炉墙砖要求。炉身上部砌砖为黏土砖，下部为高铝砖，中部喷火口部位采用异形黏土砖。

炉身上部的炉口砖墙，常因受急冷急热作用，而出现长边炉墙向炉内凸出的情况（俗称鼓肚皮），可在炉口浇注600～800mm高的硅酸盐耐火混凝土。

炉身下部的冷风口附近（上下1mm左右）。应用大砖（345mm×150mm×75mm）或其他耐磨的特种耐火砖砌筑（如碳化硅或电熔莫来石砖），抵抗冷却风和球团的冲刷磨损，延长使用寿命。

炉身中部（炉膛）。喷火口周围的高温区域，必须使用701泥浆，其余为普通耐火泥浆。

炉身砖墙厚度均为两砖（464mm），内层1.5砖为耐火砖，外层1/2砖为硅藻土保温砖，砖缝均要求不大于2mm，砖墙与炉壳间的间隙填硅酸铝纤维毡，以防耐火砖松动和漏气。

目前我国的竖炉炉体砌砖，以T-3标准砖为主（230mm×150mm×75mm），炉体又呈矩形，砖墙的稳定性差，极易引起炉墙松动漏气，应及时处理。我国的竖炉工作者在生产实践中摸索出一种较好的处理方法——压力灌浆法。这种方法是在炉体拐角、燃烧室、混气室等漏风处的炉壳上焊一钢管，用泵或压缩空气（压力0.4～0.6MPa），将耐火泥浆

（生料：熟料＝7：3或用70泥浆）压注入炉壳与砌体之间。灌满后去掉钢管，焊好炉皮，就可解决漏风问题。

但是，这个方法的弊端是砌体与钢壳间的间隙没有了，砌体与钢壳之间热胀缓冲也没有了，造成炉内耐火砖墙向内凸出。

（2）砌筑要求。砌砖的基本要求是错缝砌筑、泥浆饱满、横平竖直、成分一致。对砖缝控制要根据不同炉型、部位的设计要求进行。错缝砌筑是为了保证砌体坚固，砖块排列的方式应遵循内外搭接，上下错缝的原则，而且最少应错开1/4砖长。砖块的排列，应使墙面和内缝中不出现连续的垂直通缝，否则将影响砌体的强度和稳定性。泥浆饱满是要求泥浆饱满均匀，没有空隙，无"花脸"现象，使砖块紧密连接成为一个整体，并保证受力均匀。砌筑时，泥浆的饱满度不应低于90%。干砌时，砖缝应用粉料填实。横平竖直能保证各部位的线尺寸准确。所谓横平，就是每层砖的结合面必须水平，否则在此能产生一种应力，竖直就是砌体的表面必须垂直，否则砌体在垂直荷载的作用下，容易失去稳定而倒塌。成分一致是要求耐火砖的化学成分与耐火泥浆的化学成分一致，不得任意使用。如黏土耐火砖必须使用黏土质泥浆，若两者的化学成分不同，在高温作用下，相互间就会发生化学作用，加速炉衬的损坏。

在竖炉炉体设计中要求对人孔、仪表测量孔均采用"带砖"砌筑的方式，即根据开孔的大小、工作部位用耐火黏土砖、高铝砖直接紧贴金属结构砌砖。砌砖宽度根据实际情况确定，一般情况下"带砖"宽度为两个标准砖。这在竖炉生产过程中十分重要，往往炉皮"串风跑火"是从这些部位开始的。

（3）耐磨耐火材料。耐磨耐火材料分为：耐磨耐火砖、耐磨耐火浇注料、耐磨耐火可塑料及耐磨耐火泥浆等产品。

产品代号中，AR是耐磨（abrasion resistant）的英文首字母缩写；B、C、P、M分别是砖（brick）、浇注料（castable）、可塑料（plastic）、泥浆（mortar）的英文首字母；代号中的数字为产品的系列号。

如耐磨耐火砖按理化指标分为 ARB-1、ARB-2、ARB-3、ARB-4、ARB-5、ARB-6、ARB-7 七个牌号，见表6-4。

表6-4　耐磨耐火砖的理化指标

项　　目		硅酸铝质			碳化硅质			锆铬刚玉质
		ARB-1	ARB-2	ARB-3	ARB-4	ARB-5	ARB-6	ARB-7
$w(Al_2O_3)/\%$	≥	55	65	80	—	—	—	80
$w(SiC)/\%$	≥	—	—	—	40	80	85	$5(Cr_2O_2)$ $4(ZrO_2)$
显气孔率/%	≤	21	20	19	19	18	17	17
体积密度/(g/cm³)	≥	2.40	2.70	2.85	2.40	2.50	2.60	2.90
常温抗压强度/MPa	≥	60	70	90	90	110	120	130
常温抗折强度/MPa	≥	10	12	15	15	16	16	18
抗热震性(1000℃,水冷)	≥	20	20	20	25	30	30	25
常温耐磨性/cm³	≤	9.0	8.0	6.0	6.0	5.0	4.0	6.0
导热系数(1000℃时参考值)/[W/(m·K)]		1.4~1.9			4~8	8~10	10~14	2~3

200. 什么是"面布料"和"线布料"?

答: "面布料"的布料机存在着结构复杂、操作困难、布料不匀等三大缺点。

"面布料"通常由两条垂直相交的移动胶带运输机组成,其中装在小车上的一条皮带机沿炉口横向往复运动,由于小车是装在大车上的,故小车上皮带机在做横向运动的同时,又同大车一起沿炉口纵向做往复运动。在大车上的一条皮带机把来自造球盘的生球给入小车上的皮带机上。这样,布入竖炉内的生球轨迹便呈"之"字形,这种布料称"面布料"(见图6-14)。面布料的特点是皮带机速度和运送的生球量固定不变,只靠调节布料车的速度来控制进入炉内各点的生球量。

国外和我国早期竖炉都采用"面布料",由于存在结构复杂、操作困难、布料不均等三大缺点,后来我国创了"烘干床"和"导风墙"炉型,布料方式也进行了改革。

1972年由于炉口烘床的出现和推广,布料

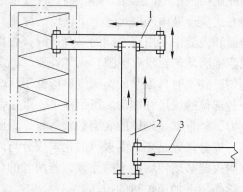

图6-14　"面布料"示意图
1—布料机小车;2—布料机大车;3—生球上料皮带

也由"面布料"简化为"直线布料"。直线布料简称"线布料"或"梭式布料"(见图6-15)。优点是布料机行走路线与布料路线平行,可大大简化布料设备,缩短布料时间,提高设备的作业率。这种布料机,实际上就是一台位于炉口纵向中心线上方,可做往复移动的胶带运输机(亦称梭式布料机)。

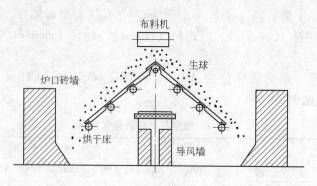

图6-15　"线布料"示意图

缺点是工作环境较差,布料不均匀,胶带易烧损。

201. 梭式布料机的构造有哪些?

答: 目前,我国竖炉所用的布料机,实际上是一台设在小车上的皮带运输机,为使生球自头轮卸下时不致跌碎,皮带速度须限制在 0.5~0.6m/s 以内。小车的行走速度一般在 0.2~0.3m/s,根据小车的传动形式,可以分为钢绳传动和齿轮传动两种。

(1) 钢绳传动布料机(见图6-16)。钢绳传动的布料机其传动装置位于地上,由电动机经减速机(或液压油缸)驱动卷筒缠绕钢丝绳,拖动在轨道上的小车往复运行。

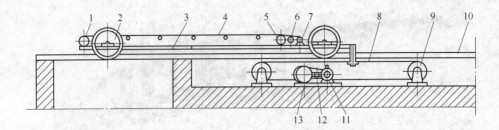

图 6-16　简支式钢绳传动布料机示意图

1—头轮；2—行走轮；3—车架；4—胶带；5—传动轮；6—减速机；7—布料胶带传动电机；
8—钢绳；9—绳轮；10—轻轨；11—行走电机；12—减速器；13—钢绳卷筒

这种装置有两根轻型道轨通入炉内，小车尾端固定在钢绳上，由于钢绳在驱动卷筒上缠绕，电机反正转，卷筒也反正转从而带动小车往复运行。

钢绳传动布料机的优点是：

1）车体走行部分的重量轻，惯性小；

2）传动为全封闭式；

3）所有的车轮都是从动轮，车轮与轨道不存在打滑问题；

4）传动电机装于地面，无需活动电缆。

缺点是钢绳寿命较低，3~4 周需更换一次，作业率较低。

2）齿轮传动布料机（见图 6-17）。

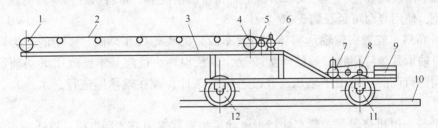

图 6-17　悬臂式齿轮传动布料机示意图

1—头轮；2—胶带；3—车架；4—传动轮；5—减速机；6—布料胶带传动电机；
7—行走电机；8—减速器；9—配重；10—轻轨；11—主动轮；12—从动轮

齿轮传动的布料机其传动装置安在小车上，由电动机经减速机、开式齿轮驱动小车主动轮轴，电机反正转，带动小车在地面轨道上往返运行。

齿轮传动的布料机，具有运转平稳可靠，寿命长，作业率较高等优点。但应注意：主动轮轴要有足够的轮压，以避免布料机在起动和制动时产生打滑。

根据布料机小车体的结构形式，齿轮传动布料机又可分为简支式和悬臂式（图 6-18）两种。

简支式车体是两组轮轴分布在两端，支撑车体，前部轮轴必须经常在环境极端恶劣的炉口烟罩内运行，结构复杂，前部轮轴寿命短。

悬臂式车体的两组行轮轴全部在炉外，仅将金属结构的车体悬臂伸入炉内，不仅改善了轮轴的工作环境，而且减少了设于烟罩内的两根轨道及其支撑水梁。其缺点是车体较

图 6-18 悬臂式布料车实物图片

长，因此，采用悬臂式车体的走行传动装置最好放在车上，这样便可省去一部分悬臂的平衡配重。

202. 布料车易发生的故障及改进措施有哪些?

答：布料车在竖炉炉口上往复不间断地运动，工作环境又十分恶劣，故极易发生故障，主要故障和改进措施如下：

（1）皮带烧毁。由于竖炉炉口的温度较高，往往超过运输胶带的许用温度，有时还直接与火焰接触，以致引起橡胶的龟裂、起泡、甚至烧毁。为解决胶带烧毁问题，有的竖炉曾成功地使用过钢丝网带。但是从竖炉炉顶除尘实施以后，布料机作业环境大有改善，在除尘风机不出故障和竖炉生产及布料机运行正常的情况下，布料机胶带烧毁的现象基本上可以避免，使用寿命可延长到 3 ~ 6 个月。

（2）布料车胶带头轮轴承损坏。布料车胶带的头轮处在高温、多尘的恶劣环境下工作，常因轴承受热后膨胀，致使间隙咬死，以致损坏。目前基本已改用滑动轴承（即轴瓦）或间隙可调的圆锥滚子轴承，并改善润滑条件，或在轴承座进行通水冷却，效果都较好。

（3）行走电机烧毁。布料车的行走电动系统通常选用 JRZ 型电机，以适应正、反向频繁启动的工作条件。但是实际上布料车的工作条件差（多尘、温度高）；行程短（正、反向启动太频繁），即使是 JZR 型电机也难以胜任，常温升过高，甚至烧毁。

由于布料机走行阻力不大，走行电机的负荷甚小。因此，采用电抗器降压启动、降压运行，以减少其启动电流，效果甚好，得到了广泛应用。把 JZR 型电机改换成 JZ 型电机（冶金起重用三相异步电动机），也可以延长布料机行走电机的寿命。

在操作上应力求减少启动次数，用长行程布料，尽量避免或减少短距离往返行车，以保护电机免于过热。

此外，由于制动器失灵，接触器不良，电机炭刷磨损，轮轴损坏等机械、电气上的原因，引起行走电机烧毁的现象也都时有发生。应予注意。

（4）钢绳拉断。在正常工作情况下，布料车传动的钢丝绳承受的载荷，还不到其破断拉力的十分之一，然而往往由于启动和制动时，发生绳圈串动，被挤到卷筒边缘上，使钢绳卡紧咬死，以致断绳。所以这就要求布料岗位操作工，经常注意钢绳在卷筒上的位置，当发现偏于一侧时，应及时调整，避免拉断。

（5）制动器线圈烧毁。布料机行走传动部分的制动器电磁铁线圈，经常容易引起烧毁。烧毁的主要原因是起动频繁和电流过大所引起的。电流过大可能由于衔铁吸合不严或吸合冲程过大所致，所以应注意调整制动器的退距。对于200mm制动器，退距应保持在0.5~0.8mm。

目前，布料机行走传动部分的制动器，有的采用液压推杆制动器，可大大延长其用寿命。当布料机行走采用齿轮传动时，也可以不用制动器。

布料机除了易发生以上故障外，当采用简支式车体结构时，还容易发生前部车轮轴承损坏，其原因与胶带头轮轴承损坏相同，亦可以用同样方法处理。此外，布料机胶带伸进竖炉内的上、下托辊，也极易咬住，当前还没有好的方法，只能及时更换。

203. 辊式卸料器的传动形式有哪些?

答：辊式卸料器亦称齿辊，是竖炉的重要设备。我国早期的竖炉一般都装设有8根齿辊。近年来通过实践，逐渐减少齿辊的数量，多数采用7辊，以增大齿辊间隙，使下料更加通畅。

国外竖炉，一般都设有两层齿辊，上层相邻两齿辊的齿间距为350mm，下层为150mm，齿辊摆动45°角，由压缩空气或液压装置传动。

我国竖炉的齿辊（见图6-19），一般由单层排列，相邻两辊的齿间距为80~120mm，采用液压传动，摆动45°角。但是由于齿辊只在45°角范围内摆动，致使齿辊只能上部磨损，上部和下部受热和磨损不均，容易造成齿辊弯曲，不能摆动，甚至断裂。因此现在竖炉大部分改为棘爪拨齿传动方式，使齿辊进行360°角旋转，延长使用寿命。

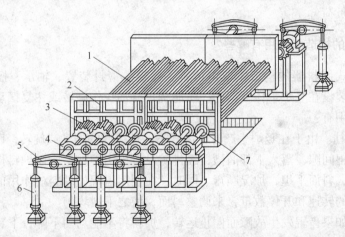

图6-19 我国竖炉辊式卸料器构造示意图

1—齿辊；2—挡板；3—开式齿轮；4—轴承；5—摇臂；6—油缸；7—轴颈密封装置

（1）齿辊的传动形式。我国竖炉齿辊除少数为机械传动外，大多数均为液压传动，做往复摆动，摆动角度为45°角。除液压系统提供动力、齿辊作摆动旋转外，根据齿辊的传动形式又可分为三种：

1）双缸双臂开式齿轮传动。这是我国竖炉早期齿辊的传动方式，它是以每两根齿辊为一组，用两个油缸推动两侧摇臂，驱动一根齿辊（称主动辊），然后通过这根齿辊上的开式齿轮带动另一根齿轮（称被动辊），向相反方向转动。实践证明，开式齿轮传动时，因中心距受到限制，而且齿轮转矩甚大，致使开式齿轮接触齿面的应力过高。另外开式齿轮为铸齿，此处密封不好，灰尘很大，润滑条件差，齿轮磨损严重。

2）双缸双臂传动。双缸双臂传动是以每根齿辊为一组，把从动辊改为主动辊，用双油缸和双摇臂驱动齿辊作摆动旋转。克服了开式齿轮传动的缺点，具有受力均匀，轴瓦磨损小等优点，是目前齿辊传动的一种较好形式。

3）单缸单臂传动。我国有些竖炉的齿辊采用单缸单臂传动，为使齿辊实现同步旋转，还采用了拉杆连接。在单缸单臂传动中，虽然能节省一只油缸，但轴承却承受了与油缸推力相等的附加径向力，加速了齿辊轴瓦的磨损。因此，在有条件情况下，还是采用双缸传动为宜。

（2）动辊和静辊。早期竖炉齿辊全部能作摆动旋转，后来发现相邻两根齿辊若有一根不动，对竖炉下料并无多大影响。因此，为简化传动机构，有的竖炉改成动静相间的布置形式。但应注意，静辊的高度比动辊的低，以免使结块悬架在静辊上影响下料。这样的齿辊必须保证运转不出故障，否则一旦有一根动辊停转，在相邻间就有三根齿辊不转，严重影响炉况。所以，这种形式没有使用。也有的竖炉将7根齿辊的中间3根辊改为静辊。

（3）齿辊的摆动角度。齿辊在旋转时的摆动角度不宜过大或过小。过大，则引起油缸活塞杆轴线与摇臂垂线的夹角增大，推动摇臂的有效力减小，引起换向时工作压力上升。过小，则油缸行程缩短，换向频繁，对换向阀工作不利。所以，齿辊一般的摆动角度以30°~40°为宜。当齿辊上结块甚多，阻力增大时，应调整行程开关，减小齿辊摆动角度，减轻液压系统的负荷。

204. 辊式卸料器的构造和作用有哪些？

答：我国辊式卸料器的构造主要由齿辊、挡板、密封装置、轴承、摇臂、油缸等组成。齿辊实际是装设在竖炉炉体下部的一组能绕自身轴线作旋转或往复摆动旋转的活动炉底。它的主要作用有：

（1）松动料柱。由于在竖炉生产时，齿辊不停地缓慢的摆动或旋转，已焙烧完的成品球团矿，通过齿辊间隙，落入下部溜槽，经排矿设备排出炉外，所以炉料得以较为均匀地下降，料柱松动，料面平坦，炉况顺行。同时，在利用齿辊松动料柱作用的过程中，还可以通过控制齿辊的转速和开停数量，来调整料面，使之下料均匀。

实践证明，如果齿辊发生故障而停止运转，炉料将不能均匀下降，下料速度快慢相差悬殊，并产生"悬料"等现象，致使竖炉不能正常生产。

（2）破碎大块。球团在竖炉内，因故黏结形成的大块，在齿辊的剪切、挤压、磨剥作用下被破碎，使之顺利排出炉外，生产正常得以维持。

（3）承受料柱重量。因齿辊相当于一个活动的炉底，所以具有承受竖炉内料柱重量的作用。

205. 齿辊的结构由哪些部件组成？

答：齿辊是辊式卸料器中的重要部件，它在整个炉料重力的作用下，须承受很大的弯矩和扭矩,而且齿辊所处的工作环境温度较高(400~700℃),所以需要较好的结构和材质。

我国竖炉的齿辊体大多用 45 号普通碳素钢铸造,中心采用通水冷却。根据目前使用的齿辊体结构,概括起来有以下三种:

(1)整体铸造式(见图 6-20)。齿辊为中空整个铸造的铸钢件,具有辊身强度大的优点,但铸造工艺比较复杂,容易出废品,成品率低,中心通水孔的清砂也比较困难,使用中也容易炸裂,漏水。

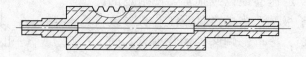

图 6-20 整体铸造式齿辊

(2)分段铸造式(见图 6-21)。为了解决整体铸造式齿辊在铸造工艺上的困难将齿辊分为三段铸造,即短轴颈、齿套、长轴颈,然后焊接成一个整体。这样虽然铸造较容易、成品率也高,但铸造后需进行机械加工→整体焊接→机械加工的过程,从而使加工复杂、成本增加。

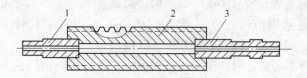

图 6-21 分段铸造式齿辊
1—短轴颈;2—齿套;3—长轴颈

(3)中空方轴齿套式(见图 6-22)。这种结构的齿辊是在一根中空方轴(或六角轴)上,外面套以若干齿套,以便当齿套磨损后,可以进行更换。这种结构的想法是比较好,但在实际生产中,由于齿辊工作一段时间后,中空方轴和齿套均要发生变形,所以实际上难以实现顺利拆卸和更换,还易在生产中发生齿套断裂和脱落事故。此外,中空方轴由于受到结构尺寸上的限制,断面积不足,难以承受大的扭矩,容易发生断轴和扭曲变形,寿命短。

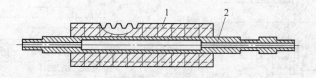

图 6-22 中空方轴齿套式齿辊
1—齿套;2—中空方轴

目前,我国竖炉齿辊存在最大问题是辊齿部分的磨损和弯曲变形严重,所以对比上述三种齿辊的采用说法不一,各有优缺点。但是这三种齿辊只要在铸造工艺和材质上加以改进,是能够制造出合格的和强度高的齿辊,能满足竖炉的要求的。

　　至于齿辊的尺寸，以齿辊外径 $\phi500 \sim 600mm$，齿高 100mm 较为适宜。外径过大则齿辊转矩太大，过小则辊体强度不足，而且中心通水铸孔清砂也会发生困难。

206. 现在使用的齿辊密封形式哪种比较好？

　　答：齿辊的密封装置是指齿辊轴颈与挡板间的密封，由于该处炉内温度较高（400 ~ 700℃），压力较大（10kPa），炉尘多，一旦齿辊轴颈与挡板的密封装置稍有间隙，伴有粉尘的大量热气流，将沿着不停转动的齿辊轴颈吹出，冲刷密封填料，迅速磨损以致损坏，使附近的各种设备、部件处于极端恶劣的条件下工作，导致磨损加剧，寿命缩短，严重影响竖炉的作业率；同时造成环境污染，危及操作人员的安全和健康。尤其是大量的冷却风从该处跑掉，破坏了炉内气流的合理分布，影响竖炉的正常作业。

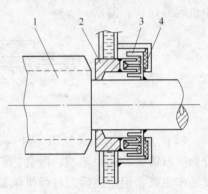

图 6-23　迷宫式密封装置示意图
1—齿辊；2—挡板圈；3—钢板焊接的
迷宫密封装置；4—石墨盘根

　　所以，多年来进行过多种结构的密封装置试验，用得较多的有迷宫式密封、曲折油脂密封和填料油脂密封。当前用得比较成功的是填料油脂密封装置。

　　(1) 迷宫式密封装置（见图6-23）。采用迷宫式密封装置的目的，是希望借助迷宫装置的阻力，阻止炉气外泄。但是，迷宫装置的强度不够，很快被挤压变形，无法克服迷宫装置内所落入粉尘的阻力，所以未能达到预期效果。

　　(2) 曲折油脂密封装置（见图6-24）。该装置是在曲折的间隙中填加钠基润滑脂，以保证密封效果。但因润滑脂会逐渐熔融挥发，必须加以补充。一般采用手动或自动干油站，定时从密封盖注入。此装置因有部分润滑脂会进入炉内，因此耗油量较大，每日达10kg 左右。

　　(3) 填料油脂密封装置（见图6-25）。该装置之所以能成功，是由于高温润滑脂充填

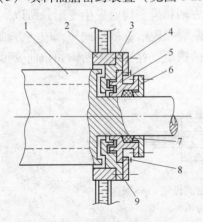

图 6-24　曲折油脂密封装置示意图
1—齿辊；2—挡板圈；3—曲折密封座；4—压板；
5—曲折密封盖；6—压盖；7—石墨盘根；
8—带钢球顶丝；9—油脂毡圈

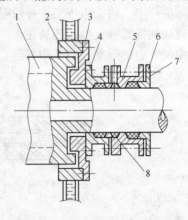

图 6-25　填料油脂密封装置示意图
1—齿辊；2—挡板圈；3—密封底盘；
4—密封套1；5—密封套2；6—压盖；
7—石墨盘根；8—油脂毡圈

了齿辊轴颈与密封圈之间的空隙，不仅阻止了气流外逸，并能起润滑作用，使填料能在较长的时间内不被磨损，而且它的润滑脂消耗量较低（1~2kg/d）。

但是，保持这种密封装置效果的先决条件，是必须保证齿辊颈不做径向跳动。因此，要求齿辊两个轴承的轴应有良好润滑条件，不允许有严重的磨损。

如果轴瓦被磨损，就会产生间隙，当齿辊受到径向力作用时，油颈将被抬起和落下，产生径向跳动，导致密封填料被压缩，密封间隙扩大，这样当油脂不能继续储存在间隙之中时，密封即遭到破坏而失效。

207. 齿辊液压系统是怎样构成的，供油方式有几类？

答：辊式卸料器的齿辊是靠液压传动的。竖炉均设有液压站，由液压站的油泵向齿辊的油缸提供压力油，驱动齿辊转动。

（1）液压系统的构成。国内竖炉液压系统，虽由于设计单位的不同，所采用的油泵及阀门的规格型号、数量有一定的差异，但基本设备、阀门的性能还是一致的。液压系统一般由油泵单向阀、溢流阀、流量控制阀、换向阀、滤油器、压力计、温度计、油箱及其管路组成。所用的液压油，夏季为30号汽轮机油（透平油），冬季为20号汽轮机油。工作油的温度，应保持在30~55℃之间，过高或过低时，应采取冷却或加热措施，维持油温在指定范围内。

（2）齿辊液压系统的供油方式。带动齿辊旋转的油缸，是由齿辊的液压系统供油而产生动作的。按齿辊传动的差异液压站的供油方式有集中供油和分散供油两种类型。

1）集中供油。集中供油一般有两台油泵，一台供油，一台备用。用一台油泵向较多的齿辊的油缸供油，使各油缸之间得到机械同步。

集中供油的优点是系统简单，所需液压件少。缺点是灵活性差，在系统中一个油缸或一个阀门失灵，所有油缸都不能工作，往往造成竖炉停产。

2）分散供油。分散供油是一台油泵只向两个油缸供油，构成独立的系统。分散供油的优点是各齿辊自成独立系统，停、开随意，灵活性强，一组液压件发生故障，不致造成炉子停产。缺点是所有辊均需装液压传动，两组油站系统，分别向两组相间安装的齿辊油缸供油，并采用拉杆实现机械同步较为合适。这种方式等于有一套系统备用。因为一组齿辊或油压系统因故障检修时，仅相当于全部齿辊呈现动静相间布置，竖炉仍可以继续生产。

208. 对竖炉排矿、冷却设备有哪些要求？

答：生球由布料机布入竖炉，经过干燥、焙烧和冷却等主要过程，最终成品球团矿由排矿设备排出炉外。因此排矿速度的快慢和均匀程度及排矿设备的可靠性，直接关系着竖炉的顺行，产量和质量。

（1）对排矿设备的基本要求：

1）能够保证均匀、连续排矿。竖炉的排矿设备，应能够保证将炉内的成品球团均匀、连续地排出炉外，使排矿量与布料量基本保持一致。这样，可使竖炉内的料柱经常处在松散和活动状态，以利竖炉内料柱均匀下降，气流和温度均匀地分布，达到焙烧均匀，确保炉况顺行和避免结块，生产出品质均匀合格的球团矿。

2）保证竖炉下部密封。这是对排矿设备的又一要求，排矿设备要能起到料柱密封作用，严防竖炉内大量的冷却风从排矿口逸出而漏风，确保竖炉内的气流和温度合理分布。

目前，我国竖炉主要采用电磁振动给料机排矿的形式。此法是在细长溜嘴下，各安装 DZ_5 或 DZ_6 型电磁振动给料机一台。因电磁振动给料机可以随时调节排矿量，所以竖炉可以实现连续、均匀排矿。采用电磁振动给料机排矿，如发生成品球团矿"跑溜"（俗称自动下料），可在振动槽口悬挂链条。

（2）与电磁振动给料机相配合的排矿形式：

1）电磁振动给料机—中间矿槽—卷扬机排矿。这种排矿形式的优点是可以实现均匀、连续排矿、调节灵活、设备可靠、密封性能好。缺点是结构复杂、设备笨重、使用后期设备事故多、竖炉高度要相应增加。

2）电磁振动给料机—链板机排矿。这种排矿形式的优点是结构紧凑，能力大，易操作。缺点是不能持久连续地排料，密封困难。

早期，瑞典竖炉使用密封的圆盘给料机和密封闸门排矿，日本川崎千叶竖炉采用圆辊给矿机排矿，我国使用四道密封闸门排矿。

（3）炉外冷却设备：球团矿在炉内虽然得到了冷却，但是不充分，受竖炉工艺条件限制，球团矿单位冷却风量仅为 $600 \sim 1000 \mathrm{m}^3/\mathrm{t}$，此时球团矿温度尚有 $400 \sim 600 \mathrm{℃}$，必须增加炉外冷却。目前，各厂使用的炉外冷却设备大致有以下几种：

1）用链板机或小车卷扬机拉出后，卸在地上，让其自然冷却；

2）用链板机拉出后，接钢网带运输机，在运输过程中自然冷却；

3）用竖式冷却器冷却；

4）用轻型鼓风带式冷却机冷却。

上述几种冷却方式，各厂可因地制宜地采用。

209. 竖炉炉体设备需要冷却的部位有哪几个？

答：竖炉炉体设备需要冷却的部位有以下 4 处：

（1）烘干床托架水梁（又称小水梁），国内绝大部分采用汽化冷却。

（2）导风墙托架水梁（又称大水梁或水箱梁），目前国内均采用汽化冷却。

（3）辊式卸料器的齿辊中空部位，目前国内均采用净循环水冷却。

（4）齿辊部位挡板，挡板是齿辊之间的护墙，用于防止竖炉内高温气体和粉尘外逸的一种防护装置，又在冷却带起到炉墙的作用，目前国内均采用净循环水冷却。

210. 什么是汽化冷却？

答：所谓汽化，就是水受热后转变成蒸汽。汽化是一个吸热过程，使被冷却的设备的温度降低，从而达到冷却的目的。

汽化冷却的循环方式可分为自然循环和强制循环两种。

（1）自然循环。自然循环是利用高位汽包中水的位能进入冷却器后，水被加热至沸腾状态所产生的汽水混合物再沿上升管返回汽包，由于下降管中的水较上升管中的汽水混合物密度大，从而形成了一个循环压头，这一压头能克服整个系统的阻力，而产生连续循环，称之为自然循环。自然循环可以不受停电影响，比较安全可靠，动力消耗少，但设备结构和安装要符合要求，操作要求严格。

（2）强制循环。强制循环是依靠下降管上安装的水泵所产生的动力，推动下降管内的水和上升管内的汽水混合物作循环运行。

211. 竖炉汽化冷却系统由哪些部分组成?

答：竖炉汽化冷却系统由汽包、给水管、上升管、下降管、排污管、排气管等组成。上升管和下降管连通需要冷却的设备，其工作原理类似于锅炉。

汽包一般采用自动供水装置，根据汽包水位自动启动和停止水泵。为了能够监视和控制汽化运行情况，还安装循环水的流量、压力、温度、水位等计量仪表，并接至操作室内。

软化水供应可设单独软化水站供应或由锅炉房软水站统一供应。

汽包（亦称锅筒）是自然循环锅炉中最重要的受压元件，汽包的作用主要有：

1）是加热、蒸发、过热三过程的连接枢纽，保证锅炉正常的水循环。

2）内部有汽水分离装置和连续排污装置，保证锅炉蒸汽品质。

3）有一定水量，具有一定蓄热能力，缓和气压的变化速度。

4）汽包上有压力表、水位计、事故放水阀、安全阀等设备，保证锅炉安全运行。

212. 美国伊利竖炉本体及其设备有哪些特点?

答：1947 年，美国伊利矿业竖炉球团厂投入生产（单炉面积 $7.81m^2$），后来发展到 27 座竖炉（其中 $3 \times 8.1m^2$、$2 \times 10m^2$、$6 \times 11.3m^2$、$16 \times 12m^2$），年产球团矿 1100 万吨，成为世界上最大的竖炉厂。

美国伊利球团厂 27 座竖炉建在一个大厂房内，远处看去好似一个机械加工厂。它的自动化水平较高，通过计算机和电视在集中控制室指挥操作，有时开动电瓶小车到各竖炉巡视一番，现场直接操作人员少，检修维护人员多，竖炉检修以计划检修为主，易损件定期更换。对临时检修时间要求严格，除了紧张工作之外，注意检修工具设备的研制。比如更换布料小车皮带用的专用检修车上，备有新皮带、皮带拉紧装置及电动扳手等，4 个工人开车到现场很快更换完一条皮带。该厂竖炉属高压焙烧竖炉，风压在 50 ~ 70kPa（5000 ~ 7000mmH$_2$O）。由于在炉体结构上下工夫，所以竖炉很少有跑风漏气的现象，竖炉下部也是采用料封的办法，把冷却风在下部排矿口处的漏风率控制在 5% 左右。

美国伊利竖炉球团厂竖炉属标准型竖炉，炉体中上部采用耐高温耐火砖，下部冷却带采用耐磨性能好的耐火砖，竖炉炉体及设备特点如下：

（1）竖炉炉体钢结构比较牢固，多用大型工字钢竖向布置在炉体上。炉皮用 10mm 钢板连续焊接，确保了高压炉体的严密性。因此竖炉炉体无漏风和烧坏的现象。

（2）炉体砌筑要求非常严格，耐火砖质量好。

（3）炉体两侧各有一个 $\phi2.0m \times 6m$ 圆形燃烧室，竖直吊挂在炉体上。每一个燃烧室的容积为 $37.7m^3$。

（4）每一个燃烧室下面装有一个大型套管式烧嘴。燃料为天然气（也可以烧油）。烧嘴前备有电打火装置，点火操作方便。竖炉开、停无需手工操作，全部实现自动控制。

（5）竖炉膛每侧有 $\phi50.8mm$ 的喷火口 15 个（有的竖炉窄边炉膛每侧尚有 4 个喷火

口）。燃烧室废气是通过高 533mm，宽 305mm，长与炉膛相等的稳压、分配通道送入各个喷火口。

（6）喷火口以上的长边炉墙向上收缩，并砌成向外凸起的弧形，据说是为防止竖炉生产过程中炉墙受热向炉内凸起（中国竖炉采用 SP 技术之前也曾出现过类似现象）。

（7）喷火口以下炉墙向下收缩，长边炉墙收缩率为 4%，窄边炉墙收缩率为 2%。

（8）竖炉装有 7 根卸料齿辊（也称破碎辊），上层 3 根（辊齿间距 350mm），下层 4 根。下层 4 根辊之间装有 3 个百叶窗式冷却风帽，它既是竖炉冷却风的入口，又是固定下层齿辊下料间隙（辊齿至风帽 125mm）的装置。7 根齿辊均为液压传动，采用卧式油缸，齿辊摆动角度为 45°。油路系统密封很好，无漏油现象。但齿辊轴头密封不理想，也经常出现漏灰现象。

（9）竖炉冷却风从下层齿辊间的风帽鼓入。也有的竖炉在两层齿辊之间的长边炉墙上开设冷却风入口，两者同时往炉内送冷却风。

（10）竖炉下部排矿系采用气泵推动活塞棒式的排料装置。球团矿下至溜槽下端托板（形似电振器）处，球团矿以自然堆积角堆在下料口处，待活塞棒插入该处物料时，破坏堆积角后向前移动，从下料口流出，落至皮带运输机。生产中设定活塞棒的推料次数调剂排矿量，排料量灵活可调，并与竖炉布料机联锁，自动控制排料量。

推料的活塞棒靠气泵驱动，现场参观时只能听到气泵工作的声音，从外表见不到活塞棒在前后往复运动。因此，曾有人参观后误认为是靠高压空气的吹动，引起下料口球团堆积角变化来实现排矿的。

（11）与上述排矿装置相匹配的是算条式溜槽。算条式溜槽有泄压的作用。它能将炉内窜至下部的冷却风从算条隙中跑掉，不至于吹动、破坏下料口的物料堆积角，就是说不能出现下料口斜"跑料"现象。

后来，伊利竖炉也引进了我国导风墙烘干床技术。

2001 年美国关闭了伊利矿业竖炉厂，从此国外已基本没有竖炉。美国关闭竖炉厂的基本原因是竖炉球团矿的品质无法与链算机—回转窑、带式焙烧机的产品相竞争。

213. 我国球团竖炉的基本特点有哪些?

答：（1）我国球团竖炉的特点。我国球团竖炉总体上有以下特点：

1）正压操作，要求炉子各部气密性好；

2）多用冶金厂提供的低质高炉煤气为燃料，能源利用合理；

3）采用"干燥床-导风墙"技术，气流分布合理，风机压力低于国外同类型竖炉的一半以上。

（2）燃烧室。燃烧室是用来燃烧燃料（煤气、天然气、重油等）产生焙烧介质（燃烧产物—废气）的装置。焙烧介质要求有一定的温度，流量（热量），压力和充足的氧含量来满足球团焙烧物理化学反应所需要的条件。燃烧室工作的好坏是以能否提供良好的焙烧介质来衡量的。它是竖炉的核心组成部分之一。

燃烧室的设计要满足热工要求，也要满足结构力学的要求。在配置上，实践证明最经济、最合理的形式是燃烧室紧贴在炉膛两侧，其形状最好采用圆形。

（3）干燥带。干燥作业是竖炉焙烧的关键之一。"干球入炉"是竖炉操作的一条成功的重要原则,是保证竖炉顺行、不结块、高产优质的前提。竖炉的干燥在干燥床上进行。影响干燥过程的因素主要有气流温度及气流速度(热工学的供热强度)。目前,多数竖炉炉顶干燥温度偏低,气流速度偏小,影响了竖炉能力的发挥;在保证焙烧时间前提下,缩短预热焙烧带的高度有利于提高干燥气流温度,适当加大冷却风流量有利于提高干燥气流速度。在新设计竖炉时,可以适当加大干燥床面积,降低干燥床料层厚度,也有利于加快干燥过程。干燥床总面积与焙烧带截面积之比为 1.8 ~ 2.0。生球在干燥床上停留时间 10 ~ 12min。

干燥床倾角不宜太大,一般在 41° ~ 42°。在操作中可以根据具体生产情况随时调整干燥床倾角。干燥床水梁一般选用无缝钢管,冷却方式可以是水冷,也可以是汽化冷却。由于汽化冷却管道占空间较大,会增加炉子上部高度,从国内生产实践来看,水冷较合适。

干燥算子有单排的,也有多排组合型的,材质均为铸钢。算子缝有直排的,也有横排的,以不堵塞算孔为宜。为了提高算子的抗氧化能力,材质最好选用低合金铸钢。

(4)预热焙烧带。从干燥床下沿水梁中心线到火道口出口中心线之间的距离称预热焙烧带,这是竖炉生产的核心地带。其高度应满足球团在该带最基本的焙烧时间(烧透,氧化,Fe_2O_3 晶格发育)的要求,一般停留时间 50 ~ 60min。焙烧带的最窄处直线段的截面积等于该竖炉的公称面积的 1/2。我国 8 ~ 16m² 竖炉焙烧带单侧宽度为 1.5 ~ 2.1m。

(5)火道口形状。从燃烧室火道口喷出的热废气在炉膛内的流向是呈向上抛物线形状,这样在火道出口处的同一水平面上,气流的温度及气氛是不均匀的,会影响焙烧质量。若喷火口向下倾斜一个角度(为防止球团堵塞火道,倾斜的水平夹角要大于 30°),气体流向抛物线也向下倾斜一个角度,同一水平面上气流的均匀性就大大改善。

喷火口呈格孔状,喷出速度在 10 ~ 15m/s。

(6)导风墙及均热带。导风墙是沿着竖炉长度方向中心线由大水梁托架在竖炉上部(中心)的一堵格状空心墙,其作用是分流由下部鼓入的冷却风。大部分(中温)冷却风是通过导风墙的空心格孔直接引导到炉口干燥床下,参与干燥,不对焙烧带产生干扰;另一小部分(中温)冷却风则在导风墙外侧继续穿过料柱上升(称墙外风),此处炉墙与导风墙之间的区域正是均热带,这部分墙外风由于数量较小(即墙外风的水当量低于此处球团的水当量),墙外风在均热带下部很快被高温球团继续加热到 1000℃以上,高温富氧的墙外风,具有很强的焙烧能力,使 FeO 充分氧化放热,球团快速升至最高温度(1200℃左右),在均热带中上部,大部分球团最终完成了焙烧固结。在靠近外炉墙的区域,高温墙外风还补充了燃烧室废气中氧量的不足,使该处的球团在均热带上部和焙烧带下部达到最高温度,而完成了焙烧固结。FeO 的氧化放热使竖炉用高炉煤气焙烧成为可能。

由于导风墙的存在,炉内的各工艺过程(干燥、预热焙烧、均热、冷却)更为明显、更趋于平衡,为竖炉的高产优质提供了条件。不同的原料(FeO 含量不同),不同的燃料(燃烧室废气中含氧量不同)要求有不同数量的墙外风通过均热带和焙烧带。对于高 FeO 原料,墙外风过大,则升温过慢,将使焙烧能力减弱,球团强度下降甚至出现大量生烧;墙外风过小,则供氧能力不足且不均匀,也会失去焙烧能力,生烧也多,甚至结块与生烧并存。对于低 FeO 原料,墙外风是没有焙烧能力的,此时希望墙外风越小越好,将完全依靠高热值燃料的高温高氧燃烧废气焙烧,同时焙烧带宽度要小。可见导风墙的参数(高度及宽度）决定了墙外风的比例，对于不同的生产条件是极其敏感的。

从火道口中心线至导风墙下沿之间的距离称均热带，其作用是使球团矿氧化更充分，质量更均匀。为防止卡大块物料，均热带靠炉膛一侧的炉墙应保持垂直。

（7）冷却带。从冷却风进口到导风墙水梁下沿的距离称为冷却带。从炉内各带的平衡角度考虑，鼓入炉内的冷风量是有限的，一般在 $800m^3/t$ 左右，排矿温度为 500℃ 左右，冷却带计算高度为 3～3.5m，停留时间 2～3h。冷风口也同样应向下倾斜一个角度避免灌球，两侧的冷风口最好错开布置。

214. 重油在球团竖炉上应用要注意哪些事项？

答：1995 年 8 月，密云铁矿 $8m^2$ 竖炉成功使用重油为燃料。

密云铁矿竖炉球团厂建有两座 $\phi17.7m×14m$ 重油库，每座贮油量 3000t。建 $\phi6.5m×7.4m$ 中间油库一座，贮油量 200t。一台 DZL 锅炉供饱和蒸汽，用于油路和油罐的保温，最大产汽量 4t/h，压力为 1.25MPa，温度为 194℃。一台 SZL 锅炉供过热蒸汽，用于雾化重油，最大产汽量 4t/h，压力 1.25MPa，温度为 300℃。

密云铁矿竖炉采用 200 号重油（渣油），热值 $40.61MJ/kg(9500～9900kcal/kg)$，黏度在 110℃ 时为 13～23°E，在 140℃ 时为 5～13°E。

竖炉燃烧室为圆形燃烧室，共配置 4 个 WQW180 型高压重油燃烧器。单嘴燃烧能力为 30～180kg/h；油压为 0.02～0.5MPa，使用黏度不大于 15°E。重油达到完全燃烧的空气过剩系数为 1.5，火焰直径和长度均为 1.5～2.0m。为满足竖炉燃烧室要求的温度，必须在废气混合室配加二次空气，以此准确地调整和控制所需的温度。

竖炉烧重油应注意以下几点事项：

（1）重油罐在加热过程中，若温度控制不当，油中的水变成蒸汽，带动油连续溢出，称为油罐"冒顶"，值得注意。

（2）重油烧嘴（喷枪）前的油压和助燃风压要控制适宜，确保雾化效果，严防结焦。

（3）重油管路油温控制在 110℃，油黏度 20°E。重油烧嘴前用过热蒸汽将油温控制在 140℃，油黏度 10°E，亦是保证雾化的基本条件。

（4）空气过剩系数要足够大，确保重油充分燃烧，温度高于燃烧室温度。必须配有混加二次空气装置，以准确控制到所需温度。

（5）采用重油为燃料，首先要解决好重油的来源和长久的供应渠道。

（6）重油的价格比高炉煤气高，竖炉采用重油为燃料时，球团矿成本相对增高。

6.2　球团焙烧机理

215. 球团焙烧过程中主要有哪些物理化学变化？

答：球团的焙烧过程表面上看是一个温度变化过程，实质上是一个物理化学变化过程，球团在焙烧过程中的变化极其复杂，随着原料成分的变化而不同，主要的物理化学变化如下：

（1）结晶水的脱除。所谓的干燥过程只能进行到脱除物理水及部分结晶水，至于结合较牢固的结晶水、层间水，特别是进入物质化学组成中的化学水往往需要在预热阶段方可脱除。常见的如褐铁矿类铁矿物：

$$m\mathrm{Fe_2O_3} \cdot n\mathrm{H_2O} \xrightarrow{\triangle} m\mathrm{Fe_2O_3} + n\mathrm{H_2O} \uparrow$$

膨润土中的层间水大部分也必须加热到 120~160℃时才释放，而膨润土结构中的羟基（OH）组分水，一般要在 500~800℃才分解。

（2）燃料的燃烧。球团生产采用的燃料有气体燃料（煤气、天然气）、液体燃料（重油）及固体燃料（煤粉、焦粉）。

（3）碳酸盐、含硫化合物分解及脱硫。球团组分中最常见的碳酸盐有 $\mathrm{CaCO_3}$（石灰石）、$\mathrm{MgCO_3} \cdot \mathrm{CaCO_3}$（白云石），加热时发生分解反应。

$$\mathrm{CaCO_3} =\!=\!= \mathrm{CaO} + \mathrm{CO_2} \uparrow$$

$$\mathrm{MgCO_3} \cdot \mathrm{CaCO_3} =\!=\!= \mathrm{MgO} + \mathrm{CaO} + 2\mathrm{CO_2} \uparrow$$

常见的硫化物为 $\mathrm{FeS_2}$（黄铁矿）、$\mathrm{CaSO_4}$（硫酸钙），它们在干燥带下部和焙烧时都发生分解反应，并将硫脱除。

$$\mathrm{FeS_2} =\!=\!= \mathrm{FeS} + \mathrm{S} \uparrow$$

$$\mathrm{CaSO_4} =\!=\!= \mathrm{CaO} + \mathrm{SO_3} \uparrow$$

$$\mathrm{FeS} + 2\mathrm{O_2} =\!=\!= \mathrm{FeO} + \mathrm{SO_3} \uparrow$$

（4）低价铁氧化物的氧化。在氧化性气氛中，低价铁要继续氧化，焙烧的目的也正是要发展这种氧化。

$$3\mathrm{FeO} + \frac{1}{2}\mathrm{O_2} =\!=\!= \mathrm{Fe_3O_4} + Q$$

$$2\mathrm{Fe_3O_4} + \frac{1}{2}\mathrm{O_2} =\!=\!= 3\mathrm{Fe_2O_3} + Q$$

（5）铁氧化物的结晶固结。铁氧化物结晶，被认为是球团焙烧固结的主要形式，是提高球团强度的主要原因。球团焙烧过程中铁氧化物出现的结晶形式主要有：

1）磁铁矿 $\xrightarrow{\text{氧化}}$ 赤铁矿，活性赤铁矿的再结晶；

2）在高温条件下，赤铁矿的再结晶；

3）在熔融相中磁铁矿，赤铁矿重结晶。

（6）固相间的反应。球团中各组分在一定的温度条件下可以互相反应，产生新的化合物。如：

$$\mathrm{CaO} + \mathrm{Fe_2O_3} =\!=\!= \mathrm{CaO} \cdot \mathrm{Fe_2O_3} \quad 铁酸钙$$

$$2\mathrm{CaO} + \mathrm{SiO_2} =\!=\!= 2\mathrm{CaO} \cdot \mathrm{SiO_2} \quad 硅酸钙$$

（7）易溶化合物的形成。当温度达到一定高度时，球团各组分则可能反应生成低温共熔化合物或共熔混合物。

216. 什么是球团焙烧固结机理？

答：所谓球团焙烧固结即生球在高温作用下，通过固体质点扩散，形成连接桥及少量液相把固体颗粒黏结起来，使之具有足够机械强度的过程。

　　球团矿固结机理与烧结矿不同，烧结矿的固结是在高温作用下产生大量液相，冷却过程中，从液相析出晶体或液相将部分未熔化的颗粒黏结起来。烧结矿的液相一般都在30%～40%，否则不足以维持一定的强度，因此烧结矿的固结又称液相固结。为了获得足够数量的液相，要求原料中含有一定数量的 SiO_2。

　　球团矿的固结主要靠固相黏结，通过固体质点扩散反应形成连接桥（或称连接颈），化合物或固溶体把颗粒连接起来。但因球团原料中不可避免地要带进少量 SiO_2，或由于球团矿质量要求球团中需添加某些添加物，在球团焙烧过程中形成部分液相，这部分液相对球团固结起着辅助作用。因此，球团矿的固结是属固-液型。不过它的液相量比例很少，一般为5%～7%，否则球团矿在焙烧过程中会相互粘连，影响料层透气性，导致球团矿质量降低。因此，从球团矿固结机理看，球团矿中含 SiO_2 越少越好，且对降低高炉渣量有利。

　　一般认为，生球焙烧时可发生引起球团矿的固结反应，如磁铁矿氧化成 Fe_2O_3，磁铁矿氧化所得的活性 Fe_2O_3 晶粒的再结晶；磁铁矿晶粒的再结晶；赤铁矿中 Fe_2O_3 的再结晶；黏结液相的形成及原子的扩散过程等。

　　高温焙烧是球团固结的重要阶段，在这个阶段中球团发生一系列的、复杂的物理化学变化，导致球团内部的牢固连结，使球团矿具有足够高的强度。球团最终强度也是在高温焙烧过程获得的。

　　根据分析和生产实践，球团生产中提出了"晶相为主体，液相为辅助，发展赤结晶，重视铁酸钙"的固结原则，要实现这一原则，在操作上总结了如下经验："九百五氧化，一千二长大，一千一不下，一千三不跨"。

　　所谓"九百五氧化"，就是把温度控制在950℃左右，并且配合氧化气氛（即大风量），使磁铁矿有充分的氧化条件变成赤铁矿。"一千二长大"，即当磁铁矿充分氧化成赤铁矿后，把温度提高到1200℃左右，以保证赤铁矿晶粒再结晶长大。"一千一不下"，即如果低于1100℃，赤铁矿晶粒再结晶长大发育不完善，所以不能低于1100℃。"一千三不跨"，即磁铁矿氧化成赤铁矿，如果温度在1300℃以上，就会重新发生分解，因此焙烧温度不超过1300℃。我国目前生产上采用的磁铁精矿多为高硅质，生球的熔点低，因此焙烧的适宜温度一般在1150～1200℃。

217. 什么是球团固相固结机理?

　　答：球团被加热到塔曼温度（指固相反应发生温度）时，矿粒晶格内的原子获得足够的能量，克服周围键力的束缚进行扩散，并随着温度升高，扩散加强，最后发展到在颗粒互相接触点或接触面上扩散，使颗粒之间产生黏结，形成连接桥，又称"颈"。这种通过表面层原子的扩散来完成物质迁移的过程称为表面扩散。在颗粒接触处，空位浓度增加，颗粒表面的原子与空位交换位置，原子不断向"颈"迁移，使"颈"长大。焙烧初期，由于温度比较低，球团内各颗粒黏结形成连接"颈"（见图 6-26a），球团矿体积并未收缩，强度有所提高。随着温度提高，空位由孔隙

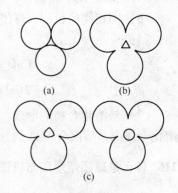

图 6-26　球形颗粒烧结时的
黏结模型

向颗粒表面扩散，球团体积发生收缩，颗粒接触面增加，粒子之间距离缩小（见图6-26b）。起初粒子之间的孔隙形状不一，相互连接，然后就变成圆形的通道（见图6-26c）。这些通道收缩，有的孔隙封闭，孔隙率减少，同时产生再结晶和再结晶长大，使球团结构致密，强度提高。

218. 什么是球团液相固结机理？

答：所谓球团矿中的液相固结，就是焙烧过程中产生的液相填充在颗粒之间，冷却时凝固把固体颗粒黏结起来。

铁精矿球团矿中，液相量虽然不多，但在球团矿的固结过程中起着重要的作用。第一，液相将固体颗粒表面润湿，并靠表面张力作用使颗粒靠近、拉紧，并重新排列，因而使球团焙烧过程中产生收缩，结构致密化。第二，使固体颗粒溶解和重结晶。由于一些细小的具有缺陷的晶体比具有完整结构的大晶体在液相中的溶解度大，因而对正常的大晶体是饱和溶液，对于细小的有缺陷的晶体就是未饱和的液相，这样小晶体不断地在液相中溶解，大晶体不断地长大，这种过程称为重结晶过程。重结晶析出的晶体，消除了晶格缺陷。第三，促使晶体长大。由于液相的存在，可以加快固体质点的扩散，使相邻质点间接触点扩散速度增加，因此促使晶体长大，加速球团的固相固结。

球团矿焙烧过程中液相的来源主要是固相扩散反应过程中形成的一些低熔点化合物和共熔物，其次是球团矿原料中加入的低熔点矿物，如膨润土的熔化温度也较低。

球团中液相量通常不超过5%~7%，熔剂性球团液相显然高于高品位非熔剂性球团矿。因此对熔剂性球团在焙烧过程中应特别注意严格控制焙烧温度和升温速度，防止温度波动太大，产生过多的液相。液相量太多，不仅阻碍固相颗粒直接接触，并且液相会沿晶界渗透，使已聚集成大晶体群的固体"粉碎化"，并且球团相互黏结，恶化球层透气性。

219. 各种铁精矿球团的焙烧特性有哪些？

答：（1）磁铁矿焙烧特性。磁铁精矿焙烧过程中，Fe_3O_4 氧化成 Fe_2O_3 伴随着每克分子放出 230kJ（55kcal）热量，使球团能够均匀导热并被加热，其焙烧固结过程可以分为三个阶段：

1）在 200~300℃时，在磁铁矿晶体的边缘与尖角处出现赤铁矿结晶，由于氧化而提高表面原子的迁移能力，小矿粒形成连结桥，所以磁铁矿随着焙烧温度的提高，其球团抗压强度能迅速增加。从900℃开始，当氧气不足时，会出现磁铁矿再结晶，同时小矿石颗粒连接起来。

2）在 1000~1200℃ 范围内，当氧气充分时，Fe_3O_4 完全氧化为 Fe_2O_3，并且晶体之间由于再结晶和结晶长大而固结。

3）从1200℃起，当有 SiO_2、FeO 存在时，出现渣相连结，经冷却使小颗矿粒固结。但是这种渣键固结的强度要比结晶作用而形成的矿粒固结强度弱些。

（2）赤铁矿焙烧特性。赤铁矿焙烧过程中，没有自身生成的热量，同时缺少磁铁矿晶粒氧化为赤铁矿时的较高表面原子迁移能力，不能使小矿粒形成连结桥，所以随着焙烧温度的提高，其球团抗压强度的提高十分缓慢。只有当焙烧温度达1000℃以上，通过 Fe_2O_3 再结晶过程，才能使球团矿强度迅速增加。

（3）菱铁矿焙烧特性。菱铁矿焙烧过程中，在 458～540℃ 范围内，受到碳酸盐热分解的影响。一般认为 $FeCO_3$ 的热分解按下列顺序进行：

$$FeCO_3 \longrightarrow FeO + CO_2 \longrightarrow Fe_3O_4 + CO \longrightarrow \gamma Fe_2O_3 \longrightarrow \alpha Fe_2O_3$$

其中 $Fe_3O_4 \rightarrow \alpha Fe_2O_3$ 的过程有益于球团矿强度的提高。碳酸盐的分解及其分解后留下的大量空隙，对焙烧球团强度的增加有极大的影响，只有当焙烧温度达 1100℃ 以上，通过 Fe_2O_3 的再结晶，出现部分液相与引起体积收缩时，才能使球团矿强度迅速增加。

综上所述，磁铁矿球团焙烧温度在 1230～1250℃ 之间，赤铁矿球团焙烧温度在 1260～1300℃ 之间。

220. 球团固结类型有哪几种？

答：烧结矿的固结是靠烧结料中组分的熔化或软化，同时生成一定数量的液相，将其互相黏结成块。要使烧结矿具有高强度，实践证明首先必须要有一定的液相量，烧结矿液相量一般在 25% 以上，否则便不足以维持它的强度。

而酸性球团矿其液相量很少，在显微镜下观察，通常在 5% 以下，很显然仅仅依靠它是不可能获得高强度球团矿的。那么球团矿又是凭什么来达到高强度的呢？其实球团矿的固结，主要靠固相反应。

通常，根据球团焙烧过程中有无液相产生，将球团固结形式分为三种类型：固相黏结；液相黏结；固相-液相黏结。

固相黏结当于同类物质颗粒的结合，当球团矿品位极高接近纯铁氧化物时，以固相黏结为主。

液相黏结则类似于烧结矿的结合，即生成的一部分液相，在冷却时形成新的玻璃相或结晶相。相反，当球团铁品位低，"渣相"成分很高时，则以液相黏结为主。

而实际上这两种固结形式单独存在的典型球团矿是很少的，以固-液相黏结则是很普通的。

球团矿就其各组分而言，是以固相黏结为主的有铁氧化物（$Fe_2O_3 \cdot Fe_3O_4$）再结晶黏结，固相反应生成的固溶体或化合物微粒间的固相扩散黏结，如：

$$CaO + Fe_2O_3 \longrightarrow CaO \cdot Fe_2O_3$$

$$SiO_2 + 2CaO \longrightarrow 2CaO \cdot SiO_2$$

$$SiO_2 + Fe_2O_3 \longrightarrow Fe_2O_3 \text{ 溶于 } SiO_2 \text{ 固溶体}$$

以液相黏结为主的主要发生在熔剂性球团矿中，如：$CaO-FeO$ 间的黏结；$CaO-Fe_2O_3$ 间的黏结；$CaO \cdot Fe_2O_3 - CaO \cdot 2Fe_2O_3$ 间的黏结；$CaO \cdot SiO_2 - 2CaO \cdot Fe_2O_3$ 间的黏结。

221. 液相来源和液相在球团矿固结过程的作用有哪些？

答：尽管球团矿的固结主要靠固相反应，但是在高温下焙烧，总不可避免或多或少产生液相。液相主要有两个来源：其一，是铁精矿中所含低熔点的脉石，在 1100℃ 左右便可熔化，如膨润土在 1000℃ 左右便开始熔化。其二，是焙烧过程中产生的低熔点化合物或共熔体，特别在生产自熔性球团矿时，可能产生的液相更多。

球团焙烧过程中，虽然液相不多，但对球团矿的固结起到很重要的作用：

（1）由于液相的存在，液相将固相颗粒表面润湿，并靠表面张力的作用使固相颗粒靠近、拉紧，并重新排列，同时液相也起了充填孔隙的作用，这就使球团矿孔隙率减少，提高球团矿致密化程度。

（2）促使固相溶解和重结晶。某些固相颗粒可以熔于生成的液相之中，特别是微细颗粒，表面晶格缺陷较多，更容易溶解。随着温度的变化，溶解度也变化，溶解度变化，已溶解的物质重新析出结晶，消除了晶格缺陷。

再结晶是指单个晶体长大和聚集，主要发生在固相黏结中。而重结晶是从液相（黏结）内的结晶现象，或者说重结晶是固体首先溶解在液相中，然后又从液相中结晶沉积在固体颗粒上的过程。

（3）促使晶粒长大（聚集再结晶），促使固相"黏结"的发展。由于液相可使颗晶重新排列，以及溶解某些可熔物质使其重新结晶，故有助于球团内部矿物晶粒长大。正是固相颗粒的移动、重排列和熔解、重结晶等的结果，改善了固相黏结反应的条件，从而促使固相"黏结"聚集再结晶的进行。

总之，液相有助于球团矿的固结，但是液相不宜过多，过多会产生大型圆气孔，并使球团矿的结构变脆，降低球团矿的强度和还原性。

222. 液相黏结的类型有几种？

答：液相对固相的黏结形式（见图6-27）视液相量的多少可以分为以下三种：

（1）点黏结。当液相量很少时，液相在固相颗粒间的黏结是间断的点接触式。这种黏结形式对以铁氧化物再结晶为主的晶键强度的发挥最为有利，但对还原强度不利。

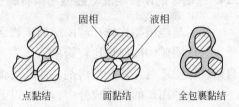

图6-27 液相黏结形式

（2）面黏结。此种黏结形式其液相量比点黏结时略多，液相能够部分覆盖在固相颗粒接触面上，它既可以保证铁氧化物再结晶得到足够的发展，又能使球团矿有一定的还原强度。

（3）全包裹黏结。当液相较多时，能把所有的固相颗粒表面包裹起来，严重时甚至使固相颗粒间的再结晶无法产生或使已经产生的再结晶颗粒被液相分隔开来，从而降低球团矿的强度和还原率。但球团矿的还原强度较高。

事实上，球团的液相黏结量是由球团矿的品位、脉石的含量及种类所决定的。当然与焙烧温度也有一定关系。然而由于球团矿的固结强度是来自固相黏结的，因此焙烧温度的设定首先应考虑的是必须使球团的固相黏结，尤其是铁氧化物的再结晶得到充分发展，而不是考虑到液相量的多少，也就是说球团液相量的多少归根到底决定因素还是脉石的种类及数量。

对一般酸性球团矿来说，液相量在 5% ~ 10%。

223. 提高球团固相黏结反应的措施有哪些？

答：（1）提高温度、延长时间。固相黏结是物质在固态下进行黏结反应，决定其反应速度的关键是质点扩散迁移速度，而决定扩散迁移速度的因素主要是温度，温度愈高扩散迁移速度愈快。

一般固相反应（黏结）开始发生温度皆在 1000℃以下，相当于预热温度范围。

（2）降低固体物料粒度。降低固体物料粒度加速固相黏结反应速度的原因是：一方面固体物料经细碎后，分散度增大，表面能增加；另一方面经细碎后的物料颗粒会使晶格缺陷增多，活化能增加，因此经细碎后物料就显示出强烈地降低能量向稳定发展的特征。研究表明，固相反应（黏结）速度与颗粒粒径的平方成反比，球团原料要求一定的比表面积也有这方面的原因。

（3）改善物料接触状态。欲使颗粒向质点扩散迁移得到实现，除了要有足够能量（温度）外，还必须使颗粒紧密接触。研究表明，如果两颗粒相距 0.01mm，即使提高温度也不能发生黏结反应。

（4）提高晶格活化能。提高晶格的活化能，即提高质点迁移（化学）反应能力。除了上面所提到的降低原料粒度增加晶格缺陷外，凡物料在焙烧过程中发生结晶水脱除、碳酸盐分解、磁铁矿氧化等能产生新的活性强的物质的反应都能增加质点迁移，即活化晶格能。

（5）生成少量的液相。固体颗粒间有少量液相存在时可以加快质点迁移。但必须是少量的液相方才是有效的。如果液相量太多甚至把固体颗粒整个包裹起来，那么就会适得其反。

224. 球团矿的矿物组成与显微结构有哪些？

答：与烧结矿比较，球团矿的矿物组成比较简单。因为球团矿的原料含铁品位高、杂质少。球团矿的配料也比较简单，几乎为单一的铁精矿粉，只配进极少添加剂。仅在生产自熔性球团矿时，才配加熔剂。此外焙烧工艺也较简单，一般为高温氧化过程。

酸性球团矿的矿物成分中，95% 以上为赤铁矿，在氧化气氛中石英与赤铁矿不进行反应，所以可见到独立的石英颗粒。赤铁矿经过再结晶和晶粒长大连成一片。少量添加剂（膨润土）已经熔融，黏附在赤铁矿晶粒表面，只有在放大显微倍率下，才能偶尔发现尚未全熔的大颗粒膨润土。由于球团矿的固结，以赤铁矿单一相固相反应为主，液相数量极少。它的气孔呈不规则形状，多连通气孔，全气孔率与开口气孔率的差别不大。这种结构的球团矿，具有相当高的抗压强度和良好的低温、中温还原性。目前世界上大多数球团矿属于这一类。

用磁铁矿精矿生产球团矿，如果氧化不充分，其显微结构将内外不一致，沿半径方向可分三个区域：

（1）表层氧化充分，和一般酸性球团矿一样。赤铁矿经过再结晶和晶粒长大，连接成片。少量未熔化的脉石，以及少量熔化了的硅酸盐矿物，夹在赤铁矿晶粒之间。

（2）中间过渡带的主要矿物仍为赤铁矿。赤铁矿连晶之间，被硅酸铁和玻璃质硅酸盐液相充填，在这个区域里仍有未被氧化的磁铁矿。

（3）中心磁铁矿带，未被氧化的磁铁矿在高温下重结晶，并被硅酸铁和玻璃质硅酸盐液相黏结，气孔多为圆形大气孔。

具有这样显微结构的球团矿，一般抗压强度低。因为中心液相较多，冷凝时体积缩小，形成同心裂纹，使球团矿具有双层结构，即以赤铁矿为主的多孔外壳，和以磁铁矿和硅酸盐液相为主的坚实核心，中间被裂缝隔开。因此用磁铁矿生产球团矿时，务必使它充分氧化。

225. 磁铁矿球团焙烧特性有哪些?

答: 由于磁铁矿含低价铁氧化物（Fe_3O_4），在氧化焙烧条件下低价铁要发生氧化并放热。从而决定了磁铁矿球团氧化焙烧时具有赤铁矿球团所没有的一系列特性:

(1) 磁铁矿氧化焙烧时发生氧化并放热;

(2) 球团矿焙烧时表层与核心存在着温度差;

(3) 磁铁矿球团氧化层呈层状向核心发展;

(4) 磁铁矿球团开始再结晶和形成液相的温度低;

(5) 磁铁矿球团经预氧化后高温焙烧其强度大大提高;

(6) 磁铁矿焙烧时其体积收缩率较赤铁矿小;

(7) 磁铁矿球团固结发展方向不同。

226. 赤铁矿球团的固结特征有哪些?

答: 赤铁矿球团矿的固结机理与磁铁矿的有很大不同。在氧化气氛下焙烧固结，赤铁矿不会再氧化，而且没有晶形的转变，因此固结较困难，要求更高的温度，比焙烧磁铁矿球团矿的能耗几乎高出一倍，焙烧温度也在1350℃以上。赤铁矿球团焙烧固结特征如下:

(1) 赤铁矿球团焙烧时没有氧化放热，全部热量靠外部供给。这也是赤铁矿球团焙烧耗热高的主要原因。

(2) 赤铁矿球团焙烧时再结晶温度高，最佳焙烧温度也高，实践证明赤铁矿球团中原生赤铁矿再结晶开始温度高达1100℃（而磁铁矿球团新生的活性赤铁矿再结晶开始温度为900℃），赤铁矿最佳焙烧温度为1320℃±10℃（而磁铁矿球团为1250℃±10℃）。这也是竖炉焙烧赤铁矿球团和褐铁矿球团操作困难的主要原因。

(3) 赤铁矿球团焙烧时体积收缩大，致密程度提高较显著，最终强度高，这是由于赤铁矿具有多孔性的缘故。

(4) 赤铁矿球团焙烧时不产生层状结构。这是由于没有像磁铁矿那样的氧化放热，全部热量由外部供给，固结始终从外向内发展的缘故。

227. 什么是球团矿的还原膨胀? 如何解决?

答: 球团矿的还原膨胀是在高温还原条件下，当 Fe_2O_3 还原成 Fe_3O_4 时，由于晶格转变引起的体积膨胀，体积增大20%；另外，在浮氏体还原成金属铁时，出现"铁晶须长大"而引起的体积异常膨胀，膨胀率甚至达到100%以上。

球团矿的还原膨胀程度用还原膨胀指数表示，即球团矿在等温还原过程中自由膨胀，还原前后体积增长的相对值。还原膨胀指数在20%～25%之内属于正常，对高炉冶炼过程影响不大；膨胀值为25%～40%称为异常膨胀。通常球团矿的还原膨胀指数小于20%，优质球团矿小于12%～14%。

由于球团破裂产生粉化，大大降低了球团矿的热强度，给高炉操作带来极为不利的影响。目前解决这一问题的措施有以下几项:

（1）加入添加物，改变脉石成分。一般说来 MgO 可以减少球团矿的膨胀。球团内存在足够数量的 MgO，在焙烧过程中就会形成稳定的铁酸镁（$MgO \cdot Fe_2O_3$，熔点1713℃），在还原时不会发生 Fe_2O_3 转变成 Fe_3O_4 的反应，而生成的是 FeO 和 MgO 的固溶体。另外，由于 Mg^{2+} 离子半径（0.6×10^{-10} m）小于 Fe^{2+} 离子的离子半径（0.74×10^{-10} m）和 Ca^{2+} 离子半径（0.99×10^{-10} m），因此，Mg^{2+} 能均匀分布在浮氏体内，不致引起局部化学还原反应。

CaO 的影响较为一致，CaO 添加使球团矿生成铁酸钙和铁酸亚钙。铁酸盐较赤铁矿颗粒难于受侵蚀，另外 $CaO \cdot Fe_2O_3$-$CaO \cdot 2Fe_2O_3$ 是低温共熔物（1216℃），在焙烧过程中容易形成液相，而把铁氧化物颗粒牢固黏结在一起。

因此为了抑制球团矿还原体积膨胀，有些球团厂在球团混合料中配加白云石等矿物。

（2）调整球团矿碱度及脉石含量。含 SiO_2 较多的球团矿有利于形成较多的渣相，一定程度上可以抑制球团矿的膨胀和铁晶须的成长。例如含 SiO_2 分别为 4% 和 8%～9% 的两种球团矿，在 600℃ 还原时，前者强度由 260kg/球下降到 62kg/球，而后者仍保持 260kg/球。

试验表明，用含 SiO_2 为 0～10% 的矿石生产碱度为 0～1.5 的球团矿时，碱度 0.3～0.4 时膨胀最大，碱度提高到大于 0.8 时，膨胀率大大降低。各种不同成分的球团矿，都有一个膨胀最大的碱度范围，必须经试验确定热强度最好的适宜碱度。

（3）提高球团矿的焙烧温度。将焙烧温度略高于适宜的焙烧温度，虽然球团矿的常温强度有所降低，但是可增加球团矿中的液相黏结，球团结构更趋均匀，矿物结晶趋向完善并长大，避免多重晶生成和出现共生状态，相对减少铁氧化物再结晶连接，从而增加抵抗体积膨胀的应力，减少还原球团矿的体积膨胀。

（4）使成品球团保留 0.5%～2% 的 FeO，可以有效地减少还原球团矿的体积膨胀和粉化。

（5）采用保护性气氛焙烧。采用保护性气氛，即在非氧化性气氛，如氮气、水蒸气或在 4%～6% CO +94%～96% CO_2 气氛内焙烧，使球团矿的固结类型为磁铁矿再结晶和部分相连接，避免了由于 $Fe_2O_3 \rightarrow Fe_3O_4$ 时的晶型转变而产生的膨胀。

（6）向球团混合料中添加一定数量的细磨返矿，减少铁精矿粉粒度，将已焙烧过的球团矿再加热处理，都可使还原膨胀指数减小，降低膨胀粉化。

（7）卤化法处理。将球团浸泡到卤水中，使 $MgCl_2 \cdot 6H_2O$ 或 $CaCl_2$ 填充到球团矿孔隙中并覆盖在赤铁矿颗粒表面，在还原过程中阻碍还原气与赤铁矿的接触，减慢了赤铁矿晶体转变速度，使膨胀减轻。由于 Cl 元素进入高炉对耐材和焦炭热性能有严重的破坏作用，故此法不再应用。

228. 白云石或含 MgO 添加物对球团矿有哪些好处？

答：球团添加物的主要任务有二：一是扩大球团焙烧温度区间，改善普通酸性球团矿的冶金性能，特别是软熔性能；二是作为新型黏结剂代替膨润土，提高球团矿质量，特别是含铁品位、生球爆裂温度和干球的强度。能满足第一个任务的添加物是白云石或含 MgO 的添加物；能满足第二个任务的添加物是合成有机黏结剂。

从理论上来说，在球团矿中加入少量 MgO，可以形成高熔点相：镁橄榄石（$2MgO \cdot SiO_2$）和偏硅酸镁（$MgO \cdot SiO_2$），熔化温度分别为 1890℃ 和 1557℃；$MgO \cdot SiO_2$ 与 SiO_2

的混合物最低共熔点为1543℃。对于含 SiO₂ 高的褐铁精矿 SiO₂（8%～12%），可以扩宽其酸性球团的焙烧温度区间（可以到200℃），从而能满足竖炉球团焙烧对原料的要求。

在球团中添加 MgO 的实验表明，每用1% MgO 代替 CaO 时，球团相互黏结的温度提高 20～25℃。

在焙烧温度较低时（1150℃），MgO 含量增加，抗压强度下降；这是由于用 MgO 代替 CaO 时，铁酸钙数量减少，在此温度下形成铁酸镁比形成铁酸钙困难些。

在焙烧温度为 1200～1250℃ 时，MgO 含量增加，抗压强度实际上不会下降，不过，它强化了铁酸盐的形成过程，特别是铁酸镁。继续提高温度时，由于铁酸钙的熔化和铁酸镁被它们所吸收而出现部分熔体，使熔体量增多，因而强化了矿石颗粒的烧结和促进球团矿的紧密，所以在更高的焙烧温度（1300～1350℃）下，MgO 含量为 2%～4% 时，球团矿结构紧密，具有较高的抗压强度。

（1）加 MgO 是改善球团矿冶金性能的需要。从改善球团矿本身性能考虑，添加 MgO 更重要的目的是改善球团矿的冶金性能，因为在高温还原状态下，MgO 能形成高熔点相，与酸性球团矿比较，还原度可提高 60%～120%；软熔温度可提高 80～160℃，并使软熔区间变窄；高炉中还原受抑制减少，因而提高了高炉内间接还原率，使炉况顺行、稳定高产、焦比降低。

（2）加 MgO 是高炉操作的需要。在普通酸性球团矿中加入 MgO，不仅是球团焙烧及改善球团矿冶金性能的需要，而且也是高炉操作的需要。

6.3 焙烧过程变化及参数确定

影响球团焙烧过程的因素较多，主要有焙烧温度、加热速度（即供热强度）、高温的焙烧时间、气氛特征、孔隙率、燃料燃烧、精矿中含硫量、冷却方法、生球的尺寸等，这些因素都会对球团焙烧过程产生显著影响。

229. 球团竖炉的焙烧过程有哪几个阶段？

答：球团竖炉是一种属于逆流热交换的竖式焙烧设备，它是利用对流传热的原理，球团自上而下运动，气流自下而上运动。所以竖炉的焙烧过程，实际上是一个气体与固体热交换的过程。

生球通过布料机连续不断地、均匀地布入炉内，经过干燥、预热、焙烧、均热、冷却等五个阶段，最后从炉底连续均匀地排出炉外，要求排矿量与布料量基本（相）平衡，所以竖炉生产是一个连续作业的过程。竖炉焙烧过程（五带）示意图见图 6-28。

布入竖炉内的生球，以一定速度下降，燃烧室内的高温气体从火口喷入炉内，自下而上进行热交换。生球首先在竖炉上部经过干燥脱水、预热并开始氧化（指磁铁矿球团，一般都控制焙烧介质达到氧化气氛，且氧势足够高）；然后进入焙

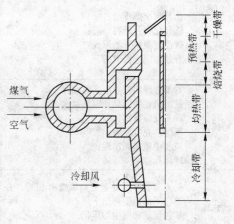

图 6-28 竖炉焙烧过程五带

烧带，在高温下发生固结；经过均热带，完成全部固结过程；固结好的球团与下部鼓入炉内后上升的冷却风进行热交换而得到冷却；冷却后的成品球团从炉底排出。换热后的大部分冷却风（热风）通过导风墙，与燃烧室的废气（热交换后）在炉箅下汇合—干燥生球，然后从炉口引出，经过除尘，进入烟囱排放。在外部设有冷却设备的竖炉，球团矿连续排到冷却设备内，完成最终的全部冷却。

综上所述，球团的整个焙烧过程，基本上全部是在竖炉内完成的。只有二次冷却过程是在炉外完成的。

230. 球团在竖炉焙烧过程中发生哪些物理化学变化？

答：球团焙烧是按一定的工艺热工制度进行的，随着原料条件、生球状况、设备特征等的不同而不同，但就整个生产过程而言，大致可分为五个阶段：即干燥段、预热段、焙烧段、均热段和冷却段。各段温度变化见图 6-29 和表 6-5。

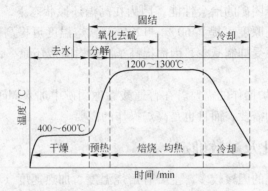

图 6-29 球团焙烧过程各阶段温度变化

表 6-5 球团焙烧过程主要物理化学变化

阶段	主要物理变化	主要化学变化	温度范围
干燥段	生球被加热，物理水和部分结晶水蒸发；抗压强度提高，落下强度下降	磁铁矿开始氧化；碳酸盐开始分解	200~650℃
预热段	结晶水全部排出；铁氧化物开始再结晶；微晶键黏结开始形成；开始出现连接"颈"	水化物分解；磁铁矿氧化；碳酸盐分解；硫化物（氯化物）分解氧化；开始固相反应	800~1000℃（在同一水平面，内外两侧温度具有明显差异，并随焙烧制度变化而变化）
焙烧段	有部分球团升至最高温度；铁的氧化物结晶和再结晶；固相反应继续；再结晶充分发展；液相中重结晶出现；球团孔隙兼并，体积收缩	低熔点化合物生成；FeO 快速氧化；硫化物（氯化物）继续快速分解氧化	800~1000℃~最高焙烧温度（在同一水平面，内外两侧温度具有明显差异，并随焙烧制度变化而变化）
均热段	绝大部分球团升至最高温度并保持，在均热段下部温度开始下降；矿物组成和强度均质化；球团矿最终完成致密化	继续焙烧段未完的反应；FeO 继续快速氧化；硫化物（氯化物）继续快速分解氧化	1000℃~最高焙烧温度~1150℃（在同一水平面，内外两侧温度具有明显差异，并随焙烧制度变化而变化）

阶段	主要物理变化	主要化学变化	温度范围
冷却段	球团温度下降； 稳定成矿作用； 达到最高强度	剩余的低价铁氧化物继续氧化； 剩余硫化物（氯化物）分解氧化	1150~300℃ （在同一水平面，内外两侧温度具有明显差异，并随焙烧制度变化而变化）

球团在焙烧过程中除了温度的升、降变化外，最重要的是随着温度、气氛的变化要发生一系列的物理化学变化。

231. 我国竖炉内的气流分布有哪些特征？

答：焙烧过程中炉内合理的气流分布，是竖炉获得高产、优质、低耗、稳定顺行的关键。它与竖炉热工制度、操作参数以及竖炉型炉结构有关。

20 世纪 80 年代初，我国竖炉球团工作者曾先后在济钢、杭钢、凌钢等厂多次进行现场测定。通过在竖炉内的温度、压力、气氛测定和竖炉模型试验，得出竖炉内气流分布的特征如下：

（1）冷却风大部分从导风墙通过，基本消除了对燃烧废气的干扰。

（2）燃烧废气从火道口喷出，具有先向下，后折向上的功能，使燃烧废气的吹入深度增加，分布的面积增大，焙烧均匀。

（3）只有 20%~30% 的冷却风从均热带通过，均热带有一个"压力稳定区"和"温度稳定区"这对提高球团矿的固结强度有利。

（4）冷却风和燃烧废气基本形成两股互不干扰的气流，使竖炉内同一横断面上的气流分布比较均匀，温度分布也比较均匀，从而使球团矿的质量也趋向均匀。

（5）从导风墙通过的冷却风，在烘干床下方与经过预热带后的燃烧废气（含没有完全混合的小量冷却风）混合，增加了烘干床的气体流量和热量供应，混合后的气体温度还可通过操作参数控制到最佳状态，对生球干燥极为有利。高产量下，从导风墙出来的冷却风温，高于从预热带出来的燃烧废气（含小量冷却风）的温度，此时竖炉的产量、质量、能耗、运行稳定性往往更好。

（6）设置了导风墙和烘干床的竖炉，在干燥、预热、焙烧、均热、冷却各带的气流分布较为合理，为竖炉优质、高产、低耗、顺行创造了有利条件。

232. 炉型结构对竖炉内气流分布有哪些影响？

答：（1）导风墙结构的影响：

1）导风墙宽度的影响。导风墙加宽（即通风面积增大），在导风墙进、出口位置和操作条件等不变的情况下（试验结果证实进入导风墙内的冷却风量增加），通过导风墙外的冷却风量减少；燃烧废气向斜下方向运动，吹入的深度增加，燃烧废气在焙烧带和均热带占有的面积增大，分布较均匀；冷却带的气流运动无多大变化。

导风墙加宽后，还可以消除导风墙内料球产生沸腾的现象（即流态现象）；防止料球冲到导风墙上部，将导风墙出口堵死而失去作用，减轻料球对导风墙内的严重冲刷，延长其使用寿命。

此外，应注意由于导风墙宽度增加，竖炉内的"压力稳定区"和"温度稳定区"下移而发生燃烧废气向导风墙内倒灌的现象。

2）导风墙高度的影响。导风墙的高度，这里是指从火道下沿到导风墙进风口（即导风墙水梁下缘）的这段距离。在其他条件不变的情况下，导风墙高度缩短，冷却带相应加长。

试验表明，导风墙高度缩短后，导风墙墙外进风口以上的料柱（即均热焙烧带料柱）缩短，气体通过该料柱的阻力损失的降低比导风墙内阻力损失的降低要大得多，因此进入导风墙内的冷却风量减少；通过导风墙外的冷却风量增加；使燃烧废气的吹入深度和焙烧带中的分布面积减少，焙烧不均匀性增加；在冷却带，除中部气流略有增加外，其他气流的运动状况无甚变化，所以下部的漏风量基本保持不变。导风墙高度增加时的情况，则正好相反。

（2）炉体结构的影响：

1）焙烧带宽度的影响。为了提高竖炉的单炉产量，途径之一是扩大焙烧面积。竖炉的焙烧面积由焙烧带的宽度和长度组成。而焙烧带的宽度扩大后，是否会带来焙烧的不均匀性的影响，模型进行了变窄焙烧带的研究。

竖炉模型在其他结构不变，仅把焙烧带改窄后，燃烧废气吹入的深度与焙烧带的宽度之比，及燃烧废气在焙烧带所占面积的比，均同宽焙烧带时基本相似。由此可见，焙烧带的不均匀性不是由炉体加宽而引起的。

但焙烧带改窄后，进入导风墙内的风量和漏风量略为增加；通过导风墙外的风量略为减少。

2）喷火口大小的影响。高炉工作者都深知，缩小风口直径，可以增大鼓风动能，有利于吹透中心料柱。但在竖炉喷火口前，这种由水平和竖直交叉的两股叠加气流，喷火口缩小后，燃烧废气的吹入深度能否增加，试验的结果是：在将水平喷火口的断面积缩小一半，燃烧废气速度增加一倍，鼓风动能为原来四倍的情况下，燃烧废气的吹入深度和在焙烧带的分布及进入导风墙内的风量均无明显变化，对解决焙烧带的不均匀性无明显效果。

3）斜喷火口的影响。将水平的喷口上部改成向下倾斜30°角（见图6-30），喷火口由水平成为向下倾斜，使燃烧废气喷出后具有向下的功能，这样吹入的深度有所增加；燃烧废气在焙烧带的分布面积加大，焙烧的不均匀性减轻。因此，使用向下倾斜的喷火口，是解决竖炉焙烧带不均匀的一项可行措施，若将喷火口的下部亦改成向下倾斜，估计效果将会更加明显。

4）冷却风口通道大小的影响。在其他条件不变的情况下，扩大冷却风口的面积，冷却风吹入的深度减少，上行的冷却风集中区与炉墙距离缩短，中心气流减小，而冷却带中部区以上的气流运动基本无变化；进入导风墙内的风量略为减少漏风量略为增加。

5）冷却风口前加"风帽"的影响。竖炉模型进行了

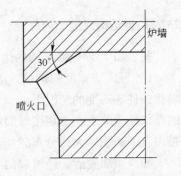

图6-30　斜喷火口结构示意图

在冷却风口前加"风帽"，对气流分布情况影响的试验研究。"风帽"的结构见图6-31。

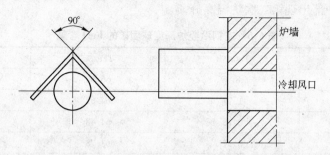

图6-31　冷却风口前加"风帽"示意图

试验结果表明：冷却风口前加"风帽"后，冷却风进风口前（竖炉内）的气流和上行冷却风的集中区向中心移动，中心风量增加，进入导风墙内的风量增加和漏风量减少；通过导风墙外的风量减少。在冷却风口前加"风帽"，相当于增加了冷却风口的长度，有利于达到吹透中心的效果。另外，"风帽"使风口前形成了空腔，消除了由于侧压力的作用，成品球涌进冷却风口的现象，使冷却风口前的局部阻力损失降低，可降低冷却风机的压力，也是竖炉节能的一项措施。

233. 我国竖炉内温度分布有哪些特征?

答：我国球团竖炉的特点是在炉内设有导风墙，炉顶设有烘干床，并用高炉煤气作燃料。由图6-32～图6-34中温度变化规律和表6-6和表6-7中数据可见，三个厂家中只有凌钢竖炉内形成了明显

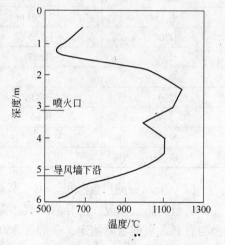

图6-32　本钢竖炉沿深度的
温度变化（0m 指炉口）

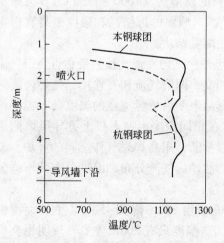

图6-33　杭钢竖炉沿深度的
温度变化（0m 指炉口）

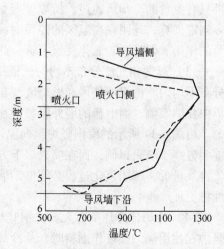

图6-34　凌钢竖炉沿深度的
温度变化（0m 指炉口）

的预热、焙烧和均热带，本钢和杭钢的竖炉内球团在焙烧带和均热带中都有相当程度的氧化，造成均热带中部出现第二次炉温高峰。

表 6-6　凌钢沿竖炉深度球团矿的 FeO 含量

深度/mm	FeO/%	TFe/%	取样时间
1450	18.47	66.88	1986.10.1
2045	1.73	64.62	1986.10.3
2665	0.18	64.48	1986.10.3
3295	0.27	63.78	1986.10.3
3905	0.27	63.94	1986.10.3

表 6-7　杭钢竖炉内球团矿的成分

深度/mm	FeO/%	TFe/%	取样时间
生　球	24.70	55.00	1984.04.19
1300	19.36	57.03	1984.04.19　13 时
1500	17.27	55.52	1984.04.19　14 时
2400	7.33	56.25	1984.04.20　08 时
2900	3.43	55.57	1984.04.20　10 时
3400	6.63	55.10	1984.04.20　16 时
4200	4.68	56.14	1984.04.20　20 时
成品球	1.20	54.70	1984.04.20

（1）干燥带的温度较低。由于竖炉中的冷却风大部分从导风墙通过，增加了烘干床的气体流量和热量供应，混合后的气体温度还可通过操作参数控制到最佳状态，对生球干燥极为有利。根据实际测定，一般在 350~650℃，使生球获得低温大风的干燥条件，避免了生球直接接触高温（800~900℃）爆裂的状况。

（2）高温区较长。由于竖炉中的冷却风大部分通过导风墙，而在竖炉的均热带和焙烧带只有少量的冷却风通过，所以使竖炉内保留了较长的高温区（1000~1250℃）。根据实际测定推算，球团在高温区的停留时间达到 2h 以上，对球团的再结晶和强度提高有很重要的作用。但是，若氧化气氛不够，此区太长会发生熔黏结块。

（3）温度和气流分布不均匀。模拟试验和凌钢竖炉测试均发现，预热带和焙烧带气流分布不均匀。由于墙外风和燃烧废气在料层中垂直相交，两股气流相互作用，使燃烧废气集中在炉墙侧，而上行的墙外风集中在导风墙侧，其结果使沿炉膛宽度的温度分布极不均匀。由图 6-34 所示的凌钢竖炉纵向温度曲线可见，在相同深度，喷火口上方导风墙侧温度明显高于喷火口侧，而在喷火口下方则相反。可以推断，用高炉煤气作燃料的竖炉，废气含氧量低，球团氧化过程必须借助墙外风的作用，故炉内气流分布和温度分布的不均匀性将更加严重。

（4）冷却带冷却负荷大。杭钢竖炉球团通过冷却带由 800℃ 降到 450℃ 左右，而凌钢竖炉在使用焦炉煤气作燃料时，从冷却带排出的球团矿温度只有 200℃ 左右。说明用高炉煤气作燃料时，氧化带下移，氧化热造成高温区下移，降到冷却带的球团温度高，冷却带冷却负荷大，炉内气流分布不均，温度也不均匀，且热利用不好。

234. 温度对球团焙烧过程有什么影响?

答: 球团的焙烧制度应保证在焙烧装置的最大生产率和最适宜的气 (液) 体燃料消耗的前提下达到尽可能高的氧化、固结和脱硫。对于高炉生产而言,要求的球团矿应该是无层状结构、断面均一、充分氧化、具有最好还原性的优质产品。

焙烧温度对球团焙烧过程影响重大。若温度偏低则各种物理化学反应不能进行,进行不完全或进行缓慢,以致难以达到焙烧固结效果。随温度逐渐升高,焙烧固结的效果亦逐渐显著。

一般说来,随着焙烧温度的升高,磁铁矿氧化程度增大。在焙烧之初氧化进行得较快,而后逐步减慢。但当温度高于 1050℃ 时,氧化速度开始下降。

在球团焙烧过程中,强度的变化更能反映出温度的重要性,也更能反映出本质的变化。磁铁矿球团在氧化过程中抗压强度持续增大,但最大抗压强度低。

在球团焙烧过程中,选择适宜的焙烧温度通常应从以下几点考虑:

(1) 从提高质量、产量的角度出发,应尽可能选择较高温度。因为,在较高温度下能够提高球团矿的强度,缩短焙烧时间,增加设备的生产能力。但若超过最适宜值,则会使球团抗压强度迅速下降,严重时可能造成球团熔融黏结。

(2) 从设备条件、设备使用寿命、燃料与电力消耗角度出发,应尽可能选择较低的焙烧温度。因为高温焙烧设备的投资与能耗巨大,所以尽可能降低焙烧温度,以提高设备使用年限和降低燃料、电力消耗是十分重要的。但是,焙烧的最低温度应足以在生球的各颗粒之间形成牢固的连接为限制。

实际上,选择焙烧温度,通常应兼顾上述两个方面。

235. 我国竖炉内的压力分布有哪些特征?

答: 从竖炉内的压力分布情况,可以判断和研究竖炉内的气流分布规律。根据实际测定和模型试验,竖炉内气体压力的分布有以下特征:

(1) 竖炉内的静压力随着深度增加而升高。在生产时,整个竖炉内始终充满着料球,料柱阻力随高度而发生变化,冷却风和从火道喷出的热气流又自下而上运动,这样随着竖炉内深度的增加,气体的静压力升高。实际测定和模型试验中所得到的结果都是一致的,详见图 6-35 模型试验结果。

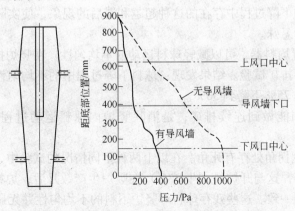

图 6-35 竖炉内气体静压力变化情况 (模型实验)

（2）设置导风墙的竖炉内静压力较低。当有导风墙时，下部气流大部分从导风墙通过，所以总压差显著降低，并把上部中心部位的等压线大大压低。下部等压线的中心出现突起，这是由于中心气流发展，两股气流迎面相撞，使部分动压转变为静压所致。

（3）均热带存在着压力稳定区。竖炉设置导风墙后，大量冷却风从导风墙通过，而只有适量的冷却风通过均热带，因此在均热带产生了一个"压力稳定区"。

236. 竖炉内的球料运动有哪些特征？

答：球料在竖炉中的运动规律，是每个竖炉工作者十分关心的。因为生球从炉口布入后，要历经干燥、预热、焙烧、均热、冷却等五带。在各带中球团所停留的时间，直接影响着成品球团矿的质量，所以对竖炉内球料运动规律的研究很有必要。

当前，对竖炉内球料运动规律的研究，还只能在模型中进行试验，结果如下：

（1）竖炉内的球料在下降过程中存在着不均匀性。当前，我国的工业生产竖炉，从微观上分析，大部分采用间断排料法。经模拟试验后证实，球料在竖炉内的下降过程，相似于漏斗状下料。在竖炉上部还是比较均匀的，从中部开始（火道口附近）就产生了不均匀性，越往竖炉下部，不均匀性的程度越严重；正对排料口中心下料快，而两侧相应慢些；当球料排至出料口时，球料形成一个长长的"丫"型（图6-36），其长度约占整个炉型高度的75%左右。这种现象的存在，对成品球团矿质量的不均匀性，有着一定的影响。

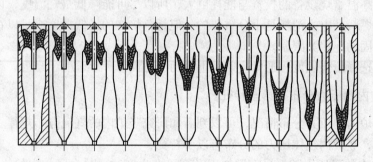

图6-36　间断十次排料竖炉内球料的运动轨迹（模型试验）

在竖炉的长度方向断面上，也同样存在着球料下降的不均匀性。但可以用调节卸料齿辊的摆动速度，来基本消除或减轻这种现象。

球料在竖炉内的下降过程中存在的这种超越和滞后的现象，使实际生产的成品球团矿强度高、低相差较为悬殊。

（2）排矿口设置均料器，可以减轻球料运动的不均匀性。在竖炉排料口的上方，安装一个均料器，再进行排矿试验。结果发现：球料下降过程中的不均匀性大大减轻；沿高度方向上的不均匀性由75%下降到50%。

所以竖炉下部如能做到连续排矿；是消除竖炉内球料运动过程不均匀性的有效方法。

（3）排料口两侧拐角处存有死角。在以上两种不同情况的试验中，均发现在排料口两侧拐角处有残存球料，这与开炉料（生矿石）在竖炉生产数月后，炉料排空时，还能见到有矿石存在的情况相一致。这些残存球料对竖炉下料的不均匀性并无影响，相反还保护了下部炉体不受冲刷。

237. 竖炉焙烧带热量有哪些来源？

答：生球经过干燥预热后下降到竖炉焙烧带，焙烧带获得的热量包括下列各项：

(1) 燃烧室内燃气燃烧所生成的热量，通过火道口鼓入竖炉内（主要热源）。

(2) 助燃空气带入的热量。

(3) 生球带入的物理热量。

(4) 磁铁矿氧化放出的热量，这项热量依矿石中 FeO 含量多少而异，一般占总需要热量的 30% ~40%，是主要热源之一。

(5) 从冷却带回收的高温球团矿显热，这项热量随着冷却风流到竖炉上段，与从燃烧室出来的热气体混合，传递给干燥预热段的低温球团矿。

(6) 硫氧化放出的热量。

国外竖炉球团最佳焙烧温度保持在 1300~1350℃。我国竖炉球团焙烧温度较低，一般燃烧室温度为 1100℃左右。其原因是：

1) 我国磁铁矿精矿品位较低，含 SiO_2 较高，温度过高会产生黏结，破坏炉况顺行。

2) 我国竖炉均采用低热值的高炉煤气为燃料。

3) 与我国竖炉导风墙和干燥床的特有结构有关。

238. 竖炉操作热工参数是如何界定的？

答：竖炉是干燥、预热、焙烧、均热和冷却五个单元的集成，因此可以从各个单元操作来界定操作参数，其中将预热、焙烧和均热统一进行考虑，具体参见表 6-8。

表 6-8 竖炉操作参数的界定

竖炉工作带	作 用	直接操作参数	间接操作参数
干燥带	脱水升温使经干燥的球团能承受预热段的温差应力	干燥风流量 干燥风温度	生球水分控制
预热、焙烧和均热带	球团升温并发生固相固结，发生氧化焙烧反应	焙烧带内焙烧温度 焙烧带内焙烧浓度（氧浓度）	煤气加压站和助燃风机流量、压力
冷却带	对焙烧完毕的球团进行冷却并回收热量	冷却风流量	冷却风机流量、压力

几点说明：

(1) 干燥风是完成焙烧的焙烧风与完成冷却的冷却风的混合气体，其温度和流量完全取决于焙烧风和冷却风的情况。在竖炉传统的生产和设计理念中，焙烧风与冷却风的情况主要是从球团焙烧和冷却来考虑的，其次从干燥上考虑，一般在保证球团不爆裂的前提下，尽可能提高干燥气体的温度。球团的爆裂温度主要依球团的矿物组成而定。如某球团厂，其主要成分为磁铁矿，其爆裂温度大约为 700℃。若矿石中含有化学水，热冲击敏感的化合物，低温分解的化合物，以及生球水分过高，爆裂温度就可能较低。

(2) 将焙烧带内焙烧风与球团的气固综合温度称为焙烧温度，将焙烧风的氧浓度称为焙烧浓度，焙烧温度与焙烧浓度是影响球团焙烧最直接的因素。焙烧温度取决于鼓入炉内的焙烧风流量与温度，而鼓入炉内的焙烧风流量和温度主要取决于燃烧室压力和末端温度，而燃烧室压力和温度又取决于煤气加压站和助燃风机的流量和压力；焙烧带内的焙烧浓度主要取决于气流分布（图6-37）。

$$\text{直接因素}\begin{cases}\text{焙烧温度}\leftarrow\begin{matrix}\text{焙烧风流量}\\\text{焙烧风温度}\end{matrix}\begin{cases}\text{燃烧室压力}\begin{cases}\text{煤气加压站流量和压力}\\\text{助燃风机的流量和压力}\end{cases}\\\text{燃烧室温度}\end{cases}\\\text{焙烧浓度}\leftarrow\text{气流分布}\end{cases}$$

层面1　　　　　层面2　　　　　　　层面3

图 6-37　焙烧带气流分布图

（3）冷却带内冷却风的流量是影响球团冷却效果最直接的因素，它主要取决于冷却风机的流量和压力。

综上所述，影响竖炉热工操作参数可以从三个因素来考虑：

（1）焙烧温度、焙烧浓度。

（2）焙烧风流量和温度、冷却风流量及气流分布。

（3）煤气加压站的流量和压力、助燃风机及冷却风机的流量和压力。

人们可以通过控制因素（3）来控制因素（2），进而控制因素（1），从而实现控制竖炉焙烧过程的目的。

在注重热工参数的同时，不要忽视生球质量（水分、粒度）和排矿制度的影响。

239. 热工操作参数中焙烧风温度是如何确定的？

答： 焙烧风温度主要取决于球团的焙烧工艺，而不同成分的球团其焙烧工艺不同，因此，其焙烧风的温度主要取决于球团的成分。如以磁铁矿为主要成分时，其焙烧风温度一般为1130~1150℃；对于碱度在0.3~0.4的磁铁矿球团，再通过各种热工参数的配合调整，焙烧风温度最低可压低到880℃。当以赤铁矿为主要成分时，其焙烧温度要高50~70℃。能直接体现焙烧风温度的是燃烧室末端温度，所以确定焙烧风温度也就是确定燃烧室末端温度。

具体的燃烧室末端温度一般由燃料热值、燃料量和助燃空气量的比值来确定，并受到竖炉燃烧室炉温系数的影响。表6-9是当炉温系数取0.80时，不同热值的燃料所需要的剩余空气系数及燃烧室末端温度等指标。

表 6-9　不同热值燃料的空气配比及燃烧室末端温度

序　号	燃料热值/(kJ/m³)	空气剩余系数	燃烧室末端温度/℃
1	3550	1.01	1118
2	3970	1.12	1142
3	4180	1.19	1143
4	4600	1.31	1142
5	4810	1.36	1143
6	5020	1.40	1146
7	5430	1.47	1153
8	5860	1.56	1145
9	6280	1.62	1146

从表6-9中可以看出，球团焙烧时对燃料的热值有一定的要求，不同矿物组成的球团对燃料的热值要求不同，且受燃烧室炉温系数的影响：

（1）当球团以磁铁矿为主要原料时对燃料的热值要求较低，而以赤铁矿为主要原料时，对燃料的热值要高一些。

（2）原料条件相同的情况下，燃烧室炉温系数越低，燃料的热值要求越高。

目前，国内大部分竖炉所采用的燃料是高炉煤气，其热值一般在 $3000 \sim 3500 kJ/m^3$，当以磁铁矿为主要成分时要求炉温系数在 0.82 以上，以赤铁矿为主要成分时要求炉温系数在 0.86 以上。但不可否认，国内竖炉的燃烧室炉温系数大都在 $0.80 \sim 0.84$ 之间，当焙烧磁铁矿时，目前的高炉煤气刚能维持。所以，提高煤气的热值、优化燃烧室结构是目前国内竖炉保证焙烧温度的必要条件，如采用高炉转炉混合煤气等。

240. 球团通过焙烧带，强度急剧提高的主要原因有哪些？

答：（1）铁的氧化物结晶和再结晶。球团在竖炉焙烧带，产生两种铁的氧化物结晶和再结晶。

1）Fe_2O_3 结晶和再结晶。由磁铁矿氧化新生成的 Fe_2O_3 晶体细小，且晶格缺陷较多，具有较高的活性，在竖炉的氧化气氛中，被加热到1100℃以上时，在固态颗粒间的接触点和接触面上，其原子最活泼，具有高度的迁移能力，就产生了 Fe_2O_3 的微晶，并持续长大，形成颗粒间的连接桥，其结果使晶格的缺陷逐渐得到了校正，微小的晶体聚集成较大的晶体颗粒，最终相互紧密连成一片，变成较为稳定的晶体，这个过程被称为再结晶，再结晶的发育程度高是球团矿赖以固结和强度提高的关键。

赤铁矿中的原生 Fe_2O_3 晶体颗粒，由于其活性较低，在氧化气氛的条件下，加热温度到1300℃时，才开始再结晶，而且再结晶过程进行得非常缓慢，在 $1300 \sim 1400℃$ 时结晶才迅速长大，再结晶的发育程度才比较充分，所以生产赤铁矿球团的焙烧温度比磁铁矿球团的焙烧温度要高。

2）Fe_3O_4 的再结晶。如果磁铁矿在竖炉预热带未能氧化完全，在生球的核心部位往往残留着磁铁矿，加温超过 $1000 \sim 1100℃$ 的情况下，由于球团外层（已被氧化成 Fe_2O_3）产生剧烈收缩，孔隙减小，甚至低熔点渣相的产生，使核心部位的磁铁矿未能再进行氧化，而产生 Fe_3O_4 晶粒长大和连接键，这就是磁铁矿的再结晶。

（2）固相黏结反应。固相黏结反应是指固态颗粒间的接触点和接触面上，固态物质间的扩散和黏结，其晶格中的质点（原子、分子、离子）扩散速度随着温度的升高而增加，在900℃以上，特别是1300℃左右的高温下，有助于质点的迁移能力，呈现出强烈的位移作用，并生成新的物质（复杂化合物），这些新物质也充当了颗粒之间的连接桥，焙烧带的固相黏结反应是球团矿强度增加的原因之一。

（3）低熔点化合物的生成。球团在竖炉焙烧带，虽以固相固结为主，但由于处在高温状态下，会生成一些低熔点化合物，如果生成的低熔点化合物的数量比较少（5%～7%），这些液相会渗透到颗粒之间的缝隙中形成网络状结构，较均匀的填充于球团的孔隙中，起着胶结的作用，有利于球团强度的提高，但如果生成低熔点化合物的数量太多（>40%），产生过多的液相，会降低球团矿的软熔温度，使球团发生黏结，影响焙烧带的正常作业，对竖炉生产极不利。

（4）球团的收缩和致密。由于球团在竖炉焙烧带，产生固相黏结和生成低熔点化合物的液相，使其体积发生收缩和致密，球团强度增加。

这样，球团经过竖炉焙烧带，体积缩小。磁铁矿球团在焙烧带的体积收缩率一般约为6%～8%。

241. 竖炉均热带对球团强度和质量发生哪些变化？

答：球团从竖炉焙烧带再往下运动就进入了均热带，均热带的作用是使球团固结充分，从而使球团矿强度进一步提高和质量内外均匀。

球团中铁的氧化物再结晶和固相黏结反应的完成情况与温度及持续时间有密切关系，它不是一个固定的温度，而是从某一温度开始，随着温度的升高，在高温下持续一定的时间，而逐步完成。因此，球团需要在焙烧温度下保持有足够的均热时间，使铁的氧化物结晶并产生一定数量的液相，所以球团在均热带的变化，实际上是在焙烧带变化的延续。甚至在很多竖炉中，相当比例的部分球团（靠近导风墙相当距离的球团，其数量随焙烧参数变化而变化）在焙烧带主要完成了预热，在均热带完成了主要的焙烧过程。

（1）晶体的进一步长大。球团在均热带晶体进一步长大的原因是：均热带对球团的加热仍在继续进行（均热带的温度等于或高于焙烧带温度），一些低熔点化合物会形成一定的液相，由于液相的存在，铁的氧化物结晶体颗粒移动，重新排列、熔解和重结晶，使晶体进一步得到长大。

（2）球团进一步收缩和致密。球团在竖炉均热带继续进行烧结反应，并使液相烧结得到发展，继续发生小孔隙和大孔隙的兼并，密度继续增加，球团体积进一步收缩、致密。磁铁矿球团在均热带的收缩率一般为1%～2%。

（3）球团矿质量的均匀化。竖炉均热带使球团质量均匀化，可以弥补竖炉本身的不足。因为在竖炉焙烧带，由于受气流和温度分布不均匀的影响，球团所受到加热的程度不一样，产生焙烧的不均匀性，同时使球团质量也不均匀。但在竖炉均热带，因高温冷却风流速较低，温度得到了相对的稳定，在高温下可以使部分在焙烧带未得到充分固结的球团，完善固结过程。例如，促使 Fe_2O_3 晶体长大及铁氧化物再结晶发育完全，促进固相固结和液相固结完善，从而可以获得均一的球团矿。

所以说，竖炉均热带对球团矿的质量提高至关重要。

242. 竖炉球团在冷却带发生哪些变化？

答：球团经过均热带后就进入了冷却带，冷却带是竖炉整个焙烧过程的最后一个阶段，球团到了冷却带由于受到鼓入炉内冷空气的对流热交换，温度逐渐下降。按照理想状态，球团通过竖炉冷却带应该冷却到室温，但在实际生产中，我国竖炉的排矿温度一般在500～700℃，个别冷却较好的竖炉排矿温度能降到200～300℃。

球团在冷却带主要发生以下变化：

（1）有稳定球团矿物结构的作用。在竖炉冷却带随着球团温度的降低，可以使它在焙烧带和均热带所形成的矿物组成和结构固定下来。

1）在焙烧带和均热带所形成的铁氧化物（Fe_2O_3 和 Fe_3O_4）结晶和再结晶，在冷却带基本上已不再发生变化（只有少量的残留 Fe_3O_4 发生再氧化）。

2) 在焙烧带和均热带产生少量液相的球团，在冷却带由于温度降低，已不再发生移动而凝固。在凝固时，液相与周围的颗粒固结在一起，使球团的矿物结构得到稳定。

3) 在焙烧带和均热带由固相固结和液相固结所引起球团孔隙的缩小、弥合和兼并，在冷却带其孔隙的形状和大小逐渐稳定下来，也就是说在冷却带球团气孔率基本不发生变化。

（2）发生再氧化反应。球团在焙烧过程中，当残留部分磁铁矿（Fe_3O_4）时，在竖炉冷却带因有大量的氧存在（20%左右），球团会通过孔隙和裂纹发生再氧化，生成 γ-Fe_2O_3，其氧化度可以增加 10%~30%。

（3）提高球团矿的强度。因为在竖炉生产中，球团冷却相当于高温淬火，所以球团通过冷却带冷却后强度提高。

243. 冷却对球团焙烧过程有什么影响？

答： 冷却焙烧球团是高炉的要求，也是球团矿运输贮存的需要。

研究表明，球团矿的冷却速度与其直径的 1.4 次方成反比。因此，直径愈小冷却愈快，冷却时间愈短。

冷却制度是决定球团矿强度的重要因素。快速冷却会增加破坏球团矿的温度应力，降低球团矿的强度，冷却速度过快会引起球团黏结键的破坏。实验研究表明，当冷却速度为 70~80℃/min 时球团矿强度最高，对生产而言，冷却速度则应以 100℃ 左右为宜，冷却到尽可能低的温度，进一步的冷却应该在自然条件下进行，严禁用水或蒸汽冷却。

竖炉内冷却风是热和氧的携带者，直接参与焙烧全过程，十分重要。

244. 竖炉球团配加巴西精矿对焙烧制度有哪些要求？

答： 目前我国的球团矿进口精矿矿种主要有巴西矿、印度矿、秘鲁矿等，从进口铁精矿质量（表6-10）来看，这些进口铁精矿都具有高品位、粒度细的特点。

表 6-10　部分进口精矿主要成分、粒度　　　　　　（%）

名　称	TFe	CaO	MgO	Al_2O_3	SiO_2	<0.074mm 比例
巴西 A 矿	66.4	0.07	0.007	1.30	1.34	90.8
巴西 B 矿	68.2	0.45	0.015	0.23	0.99	89.4
巴西 C 矿	66.8	0.26	0.080	0.80	1.79	92.9
印度矿	67.1	1.18	2.470	0.49	4.86	93.4
秘鲁矿	69.6	0.35	—	0.29	1.69	83.2

一般情况下，铁精矿粉粒度细化且含有部分微细颗粒对于生球质量的改善是非常有利的。粒度细化，矿粉的比表面积增大，表面之间的分子作用力加大，有利于矿粉颗粒之间的相互作用；在含有部分微细颗粒的条件下，细粒填充在粗粒间隙，颗粒之间的排列非常紧密，毛细管作用得到加强，对于稳定造球和生球质量的改善是非常重要的。

（1）配加部分巴西精矿对造球性能的影响。巴西 A 精矿，为红色的赤铁矿，随着配比的增加，生球的抗压强度、落下强度均得到改善，膨润土用量有所降低，配加巴西精矿对于改善造球性能十分有利。

　　巴西 B 精矿, 为深灰色的镜铁矿, 随着配加量的增加, 生球的抗压强度、落下强度均有所降低。在 B 精矿配加量为 40% 的情况下, 生球的落下强度低于 5 次/球, 未达到生球规范的要求, 因此配加量不宜高。

　　巴西 C 精矿, 为黑色的赤铁矿, 随着配加量的增加, 生球抗压强度得到改善, 但生球落下强度有所降低。

　　造球实验结果表明, 粒度并不是影响生球质量的唯一因素。不同的矿种、不同的理化性质对造球效果有不同的影响。需要配加进口球团精矿的情况下, 要对进口球团精矿进行优选, 确定适宜的种类和配加比例。

　　(2) 配加部分巴西精矿对球团矿焙烧的影响。巴西精矿与国内磁铁矿球团矿在焙烧条件上有明显的不同, 其缺乏磁铁矿的氧化放热, 需要更多的热量来完成球团中铁矿物的再结晶, 焙烧制度必须要加以考虑 (见表 6-11)。

表 6-11　配加巴西精矿的焙烧制度

巴西精矿配比/%	焙烧时间/min	焙烧温度/℃
0	15	1150
15	20	1200
30	25	1250
40	25	1300

　　采用国内精矿未配加巴西精矿情况下, 在较低的焙烧温度 (1150℃) 和较短的焙烧时间 (15min) 条件下, 球团矿可以完成良好的固结, 获得大于 2000N/球的抗压强度。对于巴西 A、B、C 精矿来讲, 提高焙烧温度、增加焙烧时间可以作为配加巴西球团精矿改善球团矿抗压强度的有效手段。从实验结果来看, 巴西球团精矿的配比增加, 要保证球团的固结, 获得足够的强度必须要提高焙烧温度、延长焙烧时间, 巴西球团精矿配加比例越高, 所需要的温度越高、时间越长。

　　从巴西球团精矿的种类来看, A 精矿的配比增加, 在相应的焙烧条件下, 球团矿强度有所改善; B 精矿配比增加, 强度改善不大; C 精矿随着配比增加, 辅助相应的焙烧制度, 抗压强度有所改善; 总体来看, 相同的配比、相同的焙烧制度, 精矿种类不同, 其焙烧特性不同, 成品球抗压强度有所差别。

　　对于目前国内竖炉来讲, 使用单一的高炉煤气作为竖炉焙烧燃料, 要达到 1300℃ 的焙烧温度将受到较大的限制, 而较低的焙烧温度、延长焙烧时间带来的后果会牺牲竖炉产量。因此就目前竖炉球团矿来讲, 配加巴西球团精矿的比例我们认为在 15% ~30% 为宜。

6.4　生球的干燥

　　生球的干燥通常是指生球与热气流 (干燥介质) 直接接触, 热气流将热量传递给生球, 使生球加热, 水分汽化, 并将产生的蒸汽随气流排除, 使生球得到干燥。

　　生球干燥是在预热、焙烧阶段之前进行的一道中间作业, 是高温氧化固结球团的一个重要环节。其目的是在生球能够承受的条件 (温度、流速、压力等) 下, 尽可能快地脱水干燥, 以便使生球尽快地、顺利地进入后步预热、焙烧工序, 提高整个焙烧过程的效率。

245. 为什么生球焙烧前必须进行干燥？

答：（1）生球含有较高水分（一般在 7.5% ~ 10% 之间），常常具有较大塑性，产生塑性变形。生球若不干燥，带着大量水分直接焙烧，在预热和焙烧时，由于加热过急，球内水分激烈蒸发，将发生爆裂现象，使一部分球团粉碎，恶化透气性，使焙烧时间延长，球团质量下降，废品率增加。

（2）未经过充分干燥的生球，直接进入高温区焙烧即使不发生爆裂，但由于球内含水高，水分蒸发要大量吸收热，球团矿不能很快地上升到指定的焙烧温度，势必延长焙烧时间，降低生产率，并使燃料消耗上升。

（3）用磁铁矿或含硫高的矿粉生产球团矿更应该进行充分干燥。因为，未经充分干燥的生球，带着大量水分进入高温焙烧区，水分蒸发，影响 Fe_3O_4 的氧化和 S 的氧化。低价的氧化铁，在高温下与脉石作用，形成低熔点的熔体，阻止 Fe^{2+} 进一步氧化成 Fe^{3+}，妨碍脱硫，使球团矿中 FeO 含量升高，脱硫率降低，甚至产生过多的熔融液相，结成大块。

246. 什么叫生球的爆裂温度？这种现象是怎样产生的？

答：所谓"生球爆裂温度"是指在升温过程中生球的结构遭到破坏时的温度，一般在 500℃ 左右。这种现象是怎样产生的呢？

生球在干燥过程中随着水分的蒸发体积收缩。因干燥过程是从表面向内部扩展的，所以内外体积收缩的程度不同，表面层的体积收缩大于内部，于是表面受拉力和与拉力成 45° 角的方向上又受剪应力作用，内部则因水汽化生成的蒸汽积聚产生很大压力作用。当生球表面所受拉力和剪应力超过其抗拉强度和抗剪强度极限时，生球就要破裂。这种生球的破裂现象根据物料特性和升温速度的不同在不同的温度下发生。

247. 生球破裂程度可分为哪几类？

答：根据生球的结构，遭到破坏的程度又可分为两类：

（1）产生裂纹。指干燥初期的低温表面裂纹，一般指生球在比较低的温度下干燥时，生球表面产生裂纹，但球团外形仍然保持不变。

（2）产生爆裂。指干燥末期的高温爆裂。当生球在高于某温度下干燥时，球团产生爆裂破碎称"爆裂"。此时球团外形已不完整，生球结构遭到严重破坏。很明显，干燥时如果产生生球"爆裂"将会使透气性严重恶化，给进一步干燥、预热、焙烧等整个过程都会带来不利，导致炉子不顺行，生产率降低、成品质量下降、返矿率升高、成本上升。所以说选择合适的干燥制度，对整个球团生产过程是很重要的。

248. 生球在干燥过程中主要排出哪些水？

答：生球是具有毛细作用的多孔物体，生球内的水分主要是以毛细水和吸附形态存在的吸附水，这两部分水一般在 105 ~ 130℃ 就可排出；生球中第三部分为结晶水等（又称化学水，膨润土中的结晶水和吸附水均较多），这部分水有些在温度达到 200℃ 以上开始逸出，在 500℃ 以上逸出较快，甚至高岭土中的部分结晶水达到 900℃ 以上才能逸出，这一般要在预热段才能进行。所以说干燥阶段所要排出的水是绝大部分的毛细水和吸附水，而结晶水只能排出一部分。

249. 生球的干燥过程是如何进行的？

答：生球的干燥皆属对流干燥。干燥是一个缓慢的汽化脱水过程，即在一定的升温条件下，水分自生球内部向外扩散并从表面汽化脱去的过程。显然，生球的干燥初期由两个环节组成：生球表面水分的汽化和生球内部水分向外扩散。当生球表面水分的蒸汽压力大于周围干燥介质中的蒸汽分压时，生球表面水分开始汽化。显然，蒸发面积大、干燥介质的温度高、气流速度快则表面汽化速度加快。

生球内部的水分迁移服从导湿定律，包括导湿和热导湿现象。

导湿现象是由于生球表面的汽化作用使内部与表面之间产生湿度差，水分由较湿的内部向较干的表面迁移而引起的。

热导湿现象是导湿现象的逆过程，是由于生球导热性不良，使内部和表面之间产生温度差，促使热端（表面）水分向冷端（内部）迁移而引起的。显然，热导湿现象的存在减缓了生球的干燥过程。经过一段时间的加热后，生球内外温度趋于平衡，此时生球的干燥主要受导湿现象的支配，内部水分不断向表面迁移，表面水分不断汽化，直到表面蒸汽压力与介质中的水气分压相等为止。这种现象的出现，是干燥过程的平衡停止，而不是过程的结束。如过湿层的出现就是代表。

生产中，由于干燥介质的温度高于球团，而又高速流动，带走球表面的蒸汽，使球内的导湿不断进行，使球团得以干燥。气流温度过高，球表里温差太大，导致水在球内汽化，就会爆裂；若干燥气流温度低且流速低不足以把球表面的水汽带走，水汽积聚而凝结，则形成过湿带（层）。爆裂和过湿都是应该避免的。

250. 生球干燥过程的机理是什么？

答：物料与一定温度和湿度的气体介质相接触时，将排除水分或吸收水分，达到一定数值时，即与介质的湿度相同，若此时气体介质的温度和湿度保持不变，则该物料的水分亦保持不变，此时的湿度即称为平衡湿度。当生球的水分超过平衡湿度，与干燥介质（热气体）接触时，因生球表面的水蒸气压大于干燥介质中的水蒸气分压，水分便从球的表面蒸发，水蒸气通过生球表面的边界层，转移到干燥介质主体。由于球表面的水分汽化而形成球团内部与表面间的湿度差，于是球内部的水分借扩散作用向其表层迁移，又在表面汽化，干燥介质连续不断地将水蒸气带走，使生球达到干燥的目的。

因此，干燥过程是由表面汽化和内部扩散两个过程组成的。这两个过程虽同时进行，但速度往往不尽一致，机理也不尽相同，而且原料性质和生球的物理结构不同，干燥过程亦有差别。有些物料的水分表面汽化速度大于内部扩散速度，有些物料则正好相反。就同一物料而言，在不同的干燥阶段，也有所变化，在某一时期，内部扩散速度大于表面汽化速度，而另一时期，则内部扩散速度小于表面汽化速度。显然，速度较慢的控制着干燥过程。前一种情况称为表面汽化控制，后一种情况为内部扩散控制。

（1）表面汽化控制。所谓表面汽化控制，是指在干燥过程中物体表面水分蒸发的同时，内部的水分能迅速地扩散到表面，使表面保持潮湿。因此，水分的除去，决定于物体表面上水分的汽化速度。在这种情况下，蒸发表面水分所需的热能，由干燥介质透过物体表面上的气体边界层而达到物体表面，被蒸发的水分亦将透过此边界层扩散而到达干燥介质的主体，只要物体的表面保持足够的潮湿，物体表面的温度就可取为热气体的温度。因此，干燥介质与物体表面间的温度差为一定值，其蒸发速度可按一般水面汽化计算。故此类干燥作用的进行，完全由干燥介质的状态决定。物料的性质不影响此阶段的蒸发速度，但决定了转换为下一阶段的早晚。

（2）内部扩散控制。内部扩散控制是指干燥时物体内部扩散速度较表面汽化速度小。当表面水分蒸发后，因受扩散速度的限制，水分不能及时扩散到表面。因此，表面出现干壳，蒸发面向内部移动，干燥的过程较表面汽化控制时更为复杂，欲改进干燥的状况，须改进影响内部扩散的因素。此时，干燥介质已不是干燥过程的决定因素。当生球的干燥过程为内部扩散控制时，必须设法增加内部的扩散速度，或降低表面的汽化速度。否则，将导致生球表面干燥而内部潮湿，最终使表面干燥收缩并产生裂纹甚至爆裂。

（3）干燥速度。加有黏结剂的生球内不单纯有毛细管多孔物，也不单纯有胶体物质，而是胶体毛细管多孔物。因此，其干燥过程不能单一由表面汽化控制决定，而内部扩散控制亦起相当大作用。由于两个过程速度的不一致性，所以其干燥速度也在不断变化，即干燥速度随着生球中水分的减少而下降。

（4）过湿现象。在干燥床上，靠近炉箅子的生球被较高温度的干燥介质所干燥，这使得干燥介质在球层中的上升过程中，其含水量（即水蒸气分压）快速升高，而温度却快速下降，刚入炉的生球温度较低，更加快了这个变化，很快使干燥介质的温度低于露点，此时正好是球床的上层低温新球，在此干燥介质中的部分水蒸气将重新冷凝为液态水，而黏附到新球表面，形成过湿层。而使这部分新球的含水量远大于入炉前的生球含水量，这是湿黏结块的主要生成机理，还会使球团的爆裂温度显著下降，使其在后续的干燥过程中产生爆裂。过湿现象对球团生产危害很大，秋冬季更应注意。基本预防思想为：提高生球温度，降低生球水分，并在干燥床尖部采用低风温、薄料层、高气速操作措施。

251. 根据干燥速度的不同变化，通常把干燥过程分为哪几个阶段？

答：（1）"预热"阶段（也称对流干燥阶段和热传导干燥阶段）。当室温状态下的生球与热气流接触时，水分开始向球团表面增加，球团进入对流干燥阶段。热介质传给生球的热量其一部分（占75%）用于生球的升温，另一部分（占25%）用于生球表面水分蒸发。随着生球表面温度的升高，生球表面的水分蒸发速度增加，生球表面温度接近热风温度，由于这个阶段时间很短，理论上一般可以忽略。

（2）等速干燥阶段。由于生球是具有毛细结构的多孔实体，表面有一层连续的水膜。随表面水分蒸发的同时，生球内出现水分的浓度差，生球内部的水分则在水分浓度差的作用下，通过毛细管顺利地扩散到生球表面，使生球表面保持其连续的水膜。因此，生球在此阶段的蒸发过程与自由液面实质上是一样的，也就是说干燥以恒定的速度进行的。此时供给球团的全部热量将用于水分蒸发。

等速干燥速度只取决于外部扩散能力的大小，只受干燥介质状态的影响，即介质的温度越高湿度越低，气流速度愈快，愈有利于干燥过程的进行。

（3）降速干燥阶段。当生球干燥进行到生球表面已不存在连续的水膜时，生球的表面开始出现已干的斑点，蒸发表面移至生球内部，蒸发速度降低，因而生球进入降速干燥阶段，其干燥速度将不断降低，生球内部水分迁移的速度也越来越低，生球表面的斑点越来越多，逐步覆盖生球整个表面，即生球表面形成完整的干燥外壳。

252. 干燥过程中生球强度发生哪些变化？

答：生球主要靠毛细力的作用，使颗粒彼此黏结在一起而具有一定的强度，随着干燥过程的进行，毛细水减少，毛细管收缩，毛细力增加，颗粒间黏结力加强。因此，球团的强度逐渐提高。当大部分毛细水排除后，在颗粒触点处剩下单独彼此衔接的水环，即触点毛细水，此时的黏结力最大，球团出现最大强度。水分进一步减少时，毛细水消失，因而失去了毛细黏结力，球团的强度下降。在失去弱结合水（吸附水）的瞬间，颗粒靠近，由于分子力的作用，增加了颗粒间的黏结力，球团的强度又提高。必须指出的是生球干燥后抗压强度虽然明显提高，但是抗冲击强度下降。

生球干燥后的强度随构成生球的物质组成和粒度的不同而有所不同，对于含有胶体颗粒的细磨精矿所制成的球，由于胶体颗粒分散度大，填充在细粒之间，形成直径小而分布均匀的毛细管。所以水分被干燥后，球体积收缩，颗粒间接触紧密，内摩擦力增加，使球团结构坚固。而未加任何黏结剂的球团，尤其是粒度较粗的物料，干燥后由于失去毛细黏结力，球的强度几乎完全丧失。

生球干燥过程中发生体积收缩，固然有利于提高其强度，但是球团的里表产生一定的湿度差，引起球团的不均匀收缩，从而会导致在球团内产生应力，表面湿度小的收缩大，中心湿度大的收缩小，使生球表面产生裂纹。

干燥过程生球的收缩，对干燥速度和生球质量具有双重影响。若收缩不超过一定限度（尚未引起开裂），则产生圆锥形毛细管，可加速水分由中心移向表面，从而加速干燥。同时这种收缩还能使生球中的粒子紧密，增加强度。但另一方面，不均匀收缩会产生应力，表面收缩大于平均收缩，表面受拉，在受拉 $45°$ 方向受剪，中心收缩小于平均收缩而受压，如果生球表层所受的拉应力或剪应力超过生球表层的极限抗拉、抗剪强度，生球便开裂，质量下降。

253. 影响生球干燥过程的因素有哪些？

答：生球干燥必须在不发生破裂的前提下进行。对于生产单位来说，最关心的是干燥过程的长短、速度的快慢以及其干燥质量的好坏，一般认为，影响生球干燥过程的因素主要有两方面：

（1）生球本身，包括生球的初始温度、初始水分、粒度及原料特性等。

1）生球湿度对于干燥过程的影响是再明显不过的，湿度愈大，生球破裂温度愈低，热介质的流速和温度难以提高，干燥时间越长。

2）生球的粒度大，比表面积小，与热介质进行热交换面小，因而热利用率低，平均干燥速度越慢，干燥时间越长。粒径大则表里状态差别大，更容易破裂。

（2）作业条件，包括热介质的温度、湿度、流速等，对于实际生产，料层的厚度、初始温度、生球的筛分、布料等也有一定的影响。

254. 生球初始湿度大，对干燥过程有什么影响？

答：（1）生球湿度大，生球干燥时，内外湿度差大，内外收缩的不均匀程度大，使生球产生裂纹的机会就多。

（2）生球湿度大，蒸发面迁移到球团内部时，由于内部水分多而蒸发剧烈，容易产生蒸汽压过剩，使生球产生破裂。

（3）生球水分过高，往往生球结构松散强度差，当产生上述不均匀收缩或蒸汽压过剩时，由于强度差，更易产生裂纹或破裂。

（4）生球水分过高，质软易变形，运转中相互挤压变形，产生裂纹。

实践证明，生球在干燥过程中，表面裂纹的产生往往发生在干燥初期，温度较低的条件下，而爆裂则易发生在干燥后期，温度较高条件下。生产证明，生球一旦产生裂纹，其对焙烧产品质量（强度）的影响，在焙烧过程中是无法弥补的。

255. 为什么说生球粒度越大，干燥时间越长，平均干燥速度越慢？

答：（1）生球粒度大，单位重量生球的比表面积就小，比表面积小，与热介质进行热交换的面积就小，蒸发（干燥）面积也就小，所以干燥速度就慢。

（2）生球粒度大，水分（或蒸汽）从内部向外部迁移的路程就长，路程愈长，迁移过程所受到的阻力愈大，同时，生球导热性也差，导湿现象更差，所以生球干燥速度就低。实践证明，生球干燥时间与球径的平方成反比。

（3）生球粒度越大，干燥时开裂、爆裂的可能性越大。生球粒度越大，当蒸发面移至球内部，内部蒸汽往外迁移时由于路程长，阻力大，单位时间迁移量少，因而更容易产生蒸汽压过剩，也就更容易引起球团的爆裂。

（4）生球粒度越大，干燥时热介质的热利用率就越低。生球粒度大，比表面积小，与热介质进行热交换面积小，因而热利用率就低，这既浪费热风的热能，又加大风机的负荷。

关于最佳直径问题在球团矿的物理性能测定中，德国 H. W. Gu-denau 和 H. Walden 等专门研究过"铁矿石球团直径对球团生产及其质量特性的影响"，他们指出球团的直径无论对球团的生产力、焙烧时间和热量消耗，还是对机械强度和还原性都有不可忽视的影响，从这些出发，12.5mm 的直径不是小了，而是大了。最佳的球团直径应该是 10mm。我国生产的球团直径普遍都较大，一般都在 15mm 左右，有的甚至超过 30mm 的，这应该说质量严重不合格。

综上所述，在保证高炉要求的前提下，生球的粒度应该以 10mm 左右为宜。

256. 影响生球干燥速度的因素有哪些？

答：生球的干燥必须在不发生破裂的条件下进行。干燥速度和干燥所需的时间取决于下列因素：

（1）干燥介质的温度和流速（供热强度）。很明显，干燥介质的温度越高和流速越大，干燥速度越快，干燥时间越短。但是两者都受破裂温度的限制，因此，两者均不能过大。一方面干燥必须在破裂温度以下进行；另一方面由于干燥介质的流速大时，水分蒸发激烈，生球的破裂温度下降。

（2）球层高度。抽风干燥（带式焙烧机）时，下层球团水气冷凝（过湿）程度取决于球层高度。球层越高，下层水气冷凝越严重，降低下层球的破裂温度。实验表明，球层高 100mm，介质流速为 0.75m/s，温度达到 350 ~ 400℃，生球没有破裂。而球层高 300mm 时，在同一个流速下，温度达到 280℃即开始破裂。因此，要得到满意的干燥效果，球层就不能太高。在 0.75m/s 流速下球层最好不高于 200mm。链箅机在干燥初期的气流方向向上，其过湿层在上层，并与上述带式焙烧机的规律类似。竖炉的干燥气流是向上的，其过湿层也在上层，但竖炉的布料有独特的优势，可以将新入炉的球（冷球）布于已干燥了一段时间之后的老球之上，可以使新球的料层厚度压低到 80 mm，甚至更薄，这对于减轻过湿和加快干燥是很有利的，某种意义上讲，新球发生的超越现象，只要超越的球在进入 500℃以上高温区前干燥能完成，这种短距离超越（约小于 800 mm）是有利的。利用好干燥床上的料层沿厚度方向的干燥规律，可以取得很好的生产结果。

（3）生球的初始水分。显然，生球的初始含水量大，干燥所需要的时间就长。更重要的是，生球含水量大时，由于高温下蒸发激烈，易引起生球破裂，大大降低破裂温度，从而限制在较高的介质温度和流速下进行干燥的可能性，降低了干燥速度。

（4）生球粒度。生球粒度大，对干燥不利。因为生球的导热性差，生球粒度大时，表层与中心的温度差大，热导湿现象更加严重，从而延长干燥时间。另外，粒度大，比表面积小，对蒸发也是不利的。对干燥而言，一般生球粒度以 6.5 ~ 12.5mm 为宜。

（5）生球入炉前的初始温度。特别在冬天，提高生球的初始温度，可以明显减轻过湿现象，取得很好的生产结果。

257. 干燥介质的温度对干燥过程有什么影响？

答：为了加速生球的干燥，总是希望在较高的温度介质中进行，但介质最高温度却受生球破裂温度的限制。破裂温度除取决于生球的物质组成外，还因干燥状态的不同而发生改变。一般说来，生球在流动的干燥介质中的破裂温度总比在不动的干燥介质中低。因为，在流动介质中，生球表面的蒸汽压力与介质中水蒸气分压之差，较不动介质干燥时大，从而加速水分的蒸发，致使生球表层汽化速度与内部水分扩散的速度相差更大，造成在较低温度下生球的破裂。例如，鞍钢精矿生球在不动的热介质中，破裂温度为 425 ~ 450℃，而在干燥介质流速为 0.07 ~ 0.35m/s 时，破裂温度降为 400 ~ 425℃。

干燥介质温度愈高，干燥时间则愈短，因为在生球干燥时，热量只能来自干燥介质，所以单位时间内蒸发的水分与传给的热量成正比。

干燥介质温度愈高，介质的饱和绝对湿度就愈大，当介质中的绝对湿度一定时，随温度的升高相对湿度降低。

介质中相对湿度愈低，则生球表面的水蒸气就愈易扩散到介质中，特别在不动介质中干燥时，介质相对湿度低，干燥效果显著。

但是，干燥介质的最高温度，应低于干球的破裂温度。对各种不同物料所制成的生球，其破裂温度亦有差别，必须经试验确定。

干燥初期，干燥介质的温度越高，过湿现象越严重，而干燥中后期允许逐步提高温度，TCS 竖炉的干燥床就采用了变温干燥的设计。

258. 干燥介质的流速对干燥过程有什么影响？

答：干燥介质的流速大，干燥的时间短。流速大时，可以保证生球表面的蒸汽压与介质中水蒸气分压有一定差值，有利于生球表面的水分蒸发。通常流速大时，可以适当降低干燥温度，否则将导致生球破裂。对热稳定性差的生球，干燥时往往采用低温、大风量的干燥制度。

介质的湿度低，有利于水分蒸发，但有些导湿性很差的物质，为了避免过早地形成干燥外壳，往往采用含有一定湿度的介质进行干燥，以防止裂纹。

总之，介质的温度高，流速大，湿度小，则干燥速度快。但它们均具有一定限度，若干燥速度过快，则表面汽化亦快，当生球导湿性差时，内部扩散速度较表面汽化速度低，造成生球内部尚含有大量水分时，表面已形成干燥外壳，轻者使生球产生裂纹，重者使生球爆裂。

259. 提高生球干燥过程的措施有哪些?

答: 干燥时生球破裂，对球团矿的质量有很大影响。如果生球在干燥初期破裂，焙烧后的球团强度至少要降低 1/5~1/3。由于生球破裂温度的限制，干燥介质的温度和流速不能提得太高，强化干燥过程受到很大限制。为此，必须提高生球的热稳定性（即破裂温度），以加快干燥速度和缩短干燥时间，目前采取的措施有:

（1）采用逐步升温的干燥方法。即开始干燥时，使用较低的温度和较高的气流速度，可以减轻过湿现象，而随着生球水分的不断降低，破裂温度相应提高，这时就可逐步提高干燥介质的温度和流速，以加速干燥过程，从而达到强化干燥过程的目的。

（2）在生球料中加入亲水性好又能提高爆裂温度的添加物，以提高生球的破裂温度，加速干燥过程。例如，加入 0.5% 的皂土后，生球的破裂温度由 175℃ 提高到 450~500℃；而加入 1% 皂土和 8% 石灰石的混合添加剂后，可提高到 700℃。

（3）采用薄层干燥，减少水气在干燥床上层冷凝的程度，以提高生球的破裂温度。

6.5 生球的爆裂

竖炉球团生产中，生球爆裂一直是困扰生产厂的难题，生球爆裂会产生大量粉尘，直接影响炉内的透气性，给生球的烘干和焙烧带来困难，爆裂严重时极易造成炉内结块，导致竖炉结炉的生产事故。另外，生球爆裂比例大，对稳定炉况、降低工序能耗、提高球团质量都是不利的。

260. 什么是生球爆裂?

答: 生球的干燥分为两个过程，即表面汽化和内部扩散。生球爆裂的本质原因是由于在生球干燥第二个阶段即内部扩散的过程中，生球内部温度升高使水汽化产生的水蒸气，不能及时的迁移出去，在球内集聚产生较大的蒸汽压力，压力得不到释放，进而造成爆裂。此时球团外形已不完整，生球结构遭到严重破坏。

通常为了使生球在干燥过程中不发生爆裂，理想的状态是采用较低的干燥温度和介质流速，降低干燥速度。但在日常生产实践中，为了强化生球的干燥过程，多数是采用提高生球干燥温度的手段。实践证明，爆裂温度的高低，是决定生球爆裂比例大小的一个关键性指标，影响生球爆裂温度的因素很多，主要有原料因素、生球性能、水和添加剂影响以及焙烧制度。

261. 原料因素对爆裂温度有哪些影响?

答: (1) 铁精矿粒度对爆裂温度的影响。日常生产中，造球要求原料粒度 -0.074mm (-200 目) 比例越高越好，但对爆裂温度来说则恰恰相反。随着粒度的变细，生球结构变得紧实，球团空隙率减少，使球内蒸汽向外扩散受阻，内部过剩蒸汽压增加，爆裂温度下降。爆裂温度与粒度的关系见图6-38。

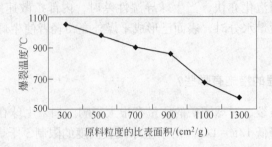

图 6-38　爆裂温度与原料粒度的关系

(2) 铁精矿烧损指数对爆裂温度的影响。原料的烧损主要是指在高温 (600~800℃) 下，原料中含有的碳酸盐类物质、结晶水、硫等分解和产生挥发分气体，一般对热冲击非常敏感。在生球干燥过程中，由于生球的干燥温度区间恰好也是烧损温度区间，对控制生球的爆裂比例容易产生一定的负面影响。生产实践证明，烧损指数越高，爆裂温度越低，生球的爆裂比例会上升。例如褐铁矿由于含结晶水过高，其爆裂温度就很低，在300~400℃之间。

262. 生球性能对爆裂温度有哪些影响?

答: (1) 生球落下强度对爆裂温度的影响。通常生球的落下强度可以直观地反映出生球性能指标的好坏，落下强度高，则生球的静态抗压强度相对就高于落下强度低的。在竖炉生产中，通常以落下强度来衡量生球指标的好坏。一般来说，落下强度在 5~7 次/球，此时的生球爆裂现象基本上在可控制范围内。但如果落下强度上升而生球的塑性变形不大，则生球进入烘干床后爆裂比例呈上升趋势。因为落下强度过高，意味着生球的造球时间过长或原料过细，生球的紧实度过高，给生球内部水分扩散至表层带来困难，造成爆裂温度下降。

(2) 生球水分对爆裂温度的影响。生球水分对爆裂温度的影响也是不可忽视的。生球水分的上升会使生球内部水分的蒸发量加大，从而形成很大的内压力，对控制合理的烘干速度不利，并造成爆裂温度急剧下降。而生球水分的高低通常和造球操作、气候和运输皮带的长短有关。造球操作中，如果加水点控制不合理及出现急加水都会导致生球含水量上升。

天气的影响因素则表现在冬夏两季最为明显，冬季气温低，生球运输至竖炉布料皮带上，水分挥发慢，则生球的平均含水量要大于夏天的。所以生球爆裂比例一般夏季要好于冬季。生球水分对爆裂温度的影响见图6-39。

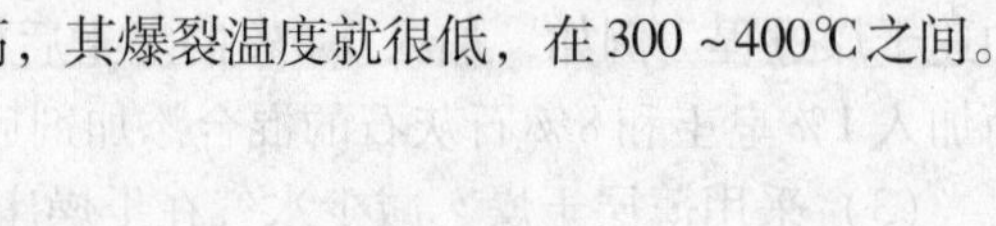

图 6-39　生球水分对爆裂温度的影响

263. 膨润土对生球爆裂温度有哪些影响？

答：膨润土是目前国内外球团生产中使用最为广泛、效果最为直接的一种黏结剂，主要成分是蒙脱石，化学结构式为 $Al_2(Si_4O_{10})(OH)_2$，其显著的作用是提高干球的强度，降低生球中水分的蒸发速度，使内部水能缓慢地释放出来，进而降低生球内部的蒸汽压，因而能显著提高生球的爆裂温度。当然，膨润土的添加是有一定比例的，不同的生产工艺状况，配比也是不尽相同的。通过多年的摸索和改善润磨工艺，目前的膨润土配比一般控制在 2.2% 以下。过多地配加膨润土不但不能提高生球爆裂温度，而且容易使生球的塑性变形加大，影响烘床上生球下料顺畅，而且造成球团品位下降（据统计膨润土配比每增加 1%，品位下降 0.6%）。

264. 焙烧制度对生球爆裂有哪些影响？

答：竖炉焙烧制度对生球爆裂的影响主要表现在焙烧温度的选择和冷风用量的控制。通常在原料 FeO 含量较低的情况下，焙烧温度应适当地提高，但容易导致火道口以上部位温度上升，烘床温度过高，超过 700℃，生球的爆裂比例上升；如果此时冷风用量不提高，则爆裂会更严重。当烘床温度超过 700℃ 时，要加大冷风的用量，控制冷风量在 50000 m^3/h 以上，同时，在生球的料层厚度上适当地采用中等厚度料层，控制烘床上烘干线超过 1/3，确保烘床上生球走料顺畅，烘床不出现红球或红球比例很小。

265. 提高生球爆裂温度的途径有哪些？

答：（1）严把原料的质量和配比关。由于不同原料其爆裂温度和烧损指数不同，这就要求在日常生产中要做到按品种堆放和配加，不得混料。对品位波动较大、烧损指数过高、粒度较粗的原料品种，严格控制其用料比例；严格执行配比制度，非特殊情况下不得随意更改原料配比。

（2）改善膨润土质量，控制合理的配比。膨润土的质量好坏，很大程度上决定着爆裂温度的高低。优质膨润土标准应该是较高的蒙脱石含量、较大的膨胀容积和吸水率、较高的胶质价和阳离子交换量，并且经过钠化处理。

（3）增加烘床有效面积，提升生球烘干效果。通过提高脊顶水梁的高度，增大烘床斜面与水平面的夹角，增加烘床的有效面积。烘床面积的增加，加大了干燥介质与生球的接触面，降低了热风穿透球层厚度的阻力，有利于提高干燥介质的流速，从而提高烘干效果。另外，通过调整斜面的角度，又可以有效地增加烘床上料层的下行速度，对减少烘床结料、提高竖炉产量都是有利的。

（4）强化竖炉布料操作。布料操作方面首先要着重强调的是严禁湿球进到烘干床以下预热段，这是竖炉操作必须遵循的一个原则。因为湿球没有经过烘干直接进到预热段，遇高温直接爆裂成粉，会导致爆裂比例加大，形成过多的粉末入炉，影响炉内透气性，最终恶化炉况，严重的会导致结炉的生产事故。

其次，养成连续排料的好习惯，要依据生球量的变化，调整电振的排料量，避免大起大落，减少或杜绝炉内塌料现象。

再次，加大冷风用量，遇烘干不好、冷却风阻力大时，可以采取"高负压、低料层、大风量"的操作方针，确保烘床上烘干线在 1/3 以上。

266.　膨润土为什么能提高生球"破裂温度"？

答：添加膨润土提高生球"破裂温度"的说法不一。一种说法认为是生球在低温干燥时使水分放慢蒸发速度，从而避免了球团内部因蒸汽压过大而爆裂。另一种说法是膨润土加入混合料后生球产生孔隙，干燥时水分易于逸出。但实践证明，这两种说法都有片面性。

从测定生球的爆裂过程观察，生球的破裂往往都发生在生球干燥的最初（0.5 ~ 1.5min）时刻，即生球在潮湿状态被迅速加热时。

生球在正常（不产生破裂）干燥过程中，水分蒸发是由生球表面开始的，随表面水分蒸发的同时球团内部水分通过毛细管向球表面迁移。但在过高的温度下，水分在生球内直接汽化，生球内气孔里气体急剧增加，其气压急剧增高，一旦超过球团所允许的压力时便产生"爆裂"，甚至听到"叭叭"声响，由此看来，生球破裂的原因来自两个方面：一是湿球内存在过大的蒸汽压。二是湿球本身的允许压力（强度）过小。而膨润土的作用就在于提高后者，降低前者。

膨润土提高生球"破裂温度"的机理可以解释如下：

（1）减缓生球水分的释放速度。从膨润土的特性我们知道，膨润土具有较强的吸湿能力，吸湿后的膨润土具有高分散性和丰富的层间水。因此，含有膨润土的生球除有毛细水外，还有层间水，而层间水的汽化温度高于毛细水，使生球表面蒸汽压降低。表面水分开始汽化后，内部水分通过毛细管扩散表面，由于膨润土的吸水作用，必然又有部分水成为层间水，当干燥 0.5 ~ 1.5min 时，毛细水的汽化界面进入到表层内，而表层的层间水还在继续汽化，这些层间水的汽化吸热，降低了球团表面的温度，也就降低了向内部的传热速度，会防止内部毛细水的急剧汽化，从而起到放慢生球干燥速度的作用，降低了内部蒸汽压。

（2）提高加热时湿球的强度。膨润土提高生球热压强度可以这样理解：由于膨润土的高分散性，均匀分布在球团中，在失水过程中矿物相互干扰，接触点增多，内聚力增加。另外，膨润土颗粒多呈卷曲花瓣形的细薄鳞片状，在失水收缩过程中互相勾连，也有利于强度的提高。

影响生球"爆裂温度"的因素主要有：

1）精矿粒度：比表面积大的爆裂温度低。

2）矿石种类：土状赤铁矿以及含有低温分解物的矿石爆裂温度低。

3）选矿方法：浮选精矿爆裂温度低。

4）生球水分：生球水分高爆裂温度低。

5）添加剂：添加剂可提高爆裂温度，膨润土比消石灰效果好，钠质膨润土又比钙质膨润土好。

267.　选择干燥制度的原则是什么？

答：选择生球干燥制度总的原则是既要尽量加快干燥速度，又必须不产生破裂。在实际操作中调整干燥制度的原则是：

（1）根据成品球质量或返矿的粒度特性。如果成品球中发现爆裂或返矿中碎块很多时，说明干燥温度太高；如果成品球团中出现有龟状裂纹时，这是干燥速度过快，应适当降低介质流速，尤其应当严格控制降低干燥的速度。这里应该注意的是所选择的成品球粒度要适中。

（2）上面是事后调节，这个反馈过程太长，对生产影响大。最好是事先调节，原则如下：

1）生球水分偏高或生球粒度偏大时，干燥温度要适当降低，干燥时间适当延长。

2）铁粉粒度变小，比表面积变化较大时，干燥速度要适当降低。

3）膨润土配比变小时，干燥温度要适当降低；配比增大时，要适当提高，一般增加膨润土1%可提高爆裂温度50～180℃。

6.6 竖炉工操作

竖炉操作按具体可分为开炉操作、引煤气点火操作、放风灭火操作、停炉操作、竖炉热工制度的控制和调节、竖炉炉况判断和调剂、竖炉事故的处理等。

268. 什么是开炉操作？开炉操作有哪几种？

答：竖炉点火开始生产称开炉。开炉前后的操作称为开炉操作。开炉操作大致可分为以下几种：

（1）首次开炉是指新建成竖炉的第一次开炉，即各种机电设备和竖炉炉体等工艺设备都是在全新状态下开炉。这种开炉是开炉操作中最为复杂和最为全面的一种。

（2）长期停产后的开炉是指已生产过的炉子，因大、中修停炉后的开炉或因故较长时间停产后的开炉。此时竖炉内全部排空，需要重新装开炉料。

（3）短时间停产后的开炉是指在竖炉生产过程中，因炉子或其他在线设备发生问题进行临时性停炉处理后的开炉。这种停炉的时间较短，炉内存在炙热的球团矿，燃烧室温度降低不多，一般都在400℃以上。

上述几种开炉的性质不同，因此开炉操作也不同。

269. 竖炉首次开炉前必须具备的条件和准备工作有哪些？

答：新建竖炉开炉不但要求顺利开炉、迅速达产，而且要保证设备和人身安全，避免各种事故的发生。因此，必须具备以下条件并做好准备工作：

（1）基建工作基本结束，所有设备安装完毕，水、电、气三通正常。

（2）安装完工后的设备，必须先进行全面单体试车，然后进行空载联动及带负荷联动试车。特别是鼓风机等大型设备运转一般不得小于24小时。

（3）对检查出的安全隐患已处理完毕，所有安全设施已达到设计水平。

（4）各热工计器仪表、称量设备计量仪表均已安装、调试完毕，并已达到设计水平。

（5）操作人员必须经过培训合格后，进入岗位，熟悉本岗位设备性能和操作规程，并参加设备试车和验收工作，同时做好生产前的一切准备工作。

（6）生产所需的原燃料、装炉料和冷循环料满足生产。

（7）必用工具材料、劳动保护用品、备品备件准备齐全。

（8）开炉方案的编制、烘炉曲线、技术操作规程、岗位操作规程及安全操作规程编制完毕。各种记录报表及台账印制完毕。

270. 竖炉开炉装炉料的准备有哪些要求？

答：竖炉从炉口至齿辊之间的距离很大，有的达 10m 以上。因此，首次开炉装炉料或排料后的重新装料都不能使用生球直接入炉，必须先使用具有一定强度的块状物料装炉。最好使用质量合格的球团矿。如有困难时，也可使用天然块矿、强度好的烧结矿、石灰石和白云石。

（1）对装炉料质量的要求是：

1）强度好，从高空跌落后产生的粉末少；

2）粒度均匀，一般要求装炉料的粒度应为 16～50mm，并筛净粉末；

3）水分小于 3%；

4）不得混入焦炭、煤或其他可燃物料。

（2）对装炉料数量要根据炉容和装炉料堆密度进行计算。如果装炉料在排出炉外后不能循环使用时，应将以上计算的炉料量增大 2～3 倍，甚至更多一些，以备开炉后初期因故发生大排料而需要再装料时使用，以免发生大排料时无装炉料可用，需要重新再准备装炉料而延误开炉时间。

271. 竖炉首次开炉设备检查与验收有哪些工作？

答：首次开炉因所有设备都是初次使用，容易发生设备故障和操作事故，影响竖炉顺利投产和设备使用寿命。因此，投产前必须做好设备的试车与验收工作，其中主要有以下几方面工作：

（1）砌筑质量的检查。一般竖炉本体、燃烧室及烘干机加热炉在砌筑过程中已派人员进行监督检查，但在开炉前还应做最后一次检查，符合砌筑标准后才能验收。

（2）各种机电设备检查。如鼓风机、水泵、煤气加压机及其配套的电气设备安装完毕，调试正常，并进行不少于 8h 的试车（鼓风机不少于 24h），符合试车规定后才能验收。

（3）各种工艺设备和非标设备检查。如抓斗吊车、配料设备、混合机、造球机、辊式筛、布料机、辊式卸料机等，都要进行不少于 8h 的带负荷试车合格后才能验收。

（4）试水。竖炉设备用水分为冷却用水（循环水）和生产工艺用水（为消耗水，如造球用水、混合料用水、打扫卫生用水等）。

导风墙大水梁、烘干床小水梁、辊式卸料器齿辊、护板等均采用循环水冷却；导风墙大水梁和烘干床小水梁生产后变为汽化冷却。对这些用水冷却设备都要按生产时的用水量和水压进行连续 8h 的通水试验，做到设备不漏水、阀门开关灵活、管道畅通，且排水系统也畅通无阻才能验收。

（5）试风。启动冷却风机和助燃风机在风量、风压达到生产使用最高水平的条件下进行不少于 8h 的送风试验，在各主管道、支管道和各阀门达到不漏风、各阀门开关灵活，达到设计要求时才能验收。

（6）试气（一般指煤气管道用氮气试漏）。竖炉燃烧室的煤气管道和烘干机煤气管道在送煤气或停煤气时都要用氮气（或蒸汽）吹扫，试气时氮气压力要大于 0.4MPa，试验时间不少于 4h，只有管道、阀门不漏气，阀门开关灵活、管路保温装置完整，才能验收。氮气的管道也要试氮。

（7）竖炉看火室、炉顶布料室、齿辊液压系统及烘干机等的机器仪表安装调试完毕并达到设计水平后才能验收。

（8）各系统计算机安装调试完毕并达到设计水平后，才能验收。

（9）通信设施、信号联系系统设施均安装调试完毕，达到畅通无阻才能验收。

（10）对安全设施进行检查，对检查出的安全隐患已处理完毕，所有安全设施已达到设计水平，才能验收。

（11）造球试生产。造球机安装调试、空载试车后，必须进行造球试验，首先在生球筛前面做好外排生球设施，将试验期间的生球倒运回配料系统。造球试验期间做好造球盘倾角、刮刀角度、加水和加料位置的调整。

272. 什么是烘炉操作？烘炉的作用和要求有哪些？

答：烘炉操作主要是烘烤燃烧室和炉体喷火口上部的砌砖体，所以控制温度是以燃烧室为准。喷火口以下炉身砌体主要是依靠开炉以后缓慢向下运动的热料来烘烤，以达到逐渐使砌砖体温度提高、强度提高的目的。

（1）烘炉的作用。烘炉是按一定的升温速度和时间缓慢加热炉体各部砌筑材料的过程，主要目的是蒸发耐火砌体内的物理水和结晶水，使炉体材料中的水分逐渐析出，达到完全干燥为止。以此来提高砌砖泥浆的强度和加热砌体，使炉体达到要求的温度和强度，以便投入生产。

（2）烘炉要求。烘炉过程要求严格按照烘炉曲线进行，升温过快将使砌体开裂、剥落，影响使用寿命。

烘炉时间主要是根据炉衬的种类、性质、厚度、砌筑方法和施工时的季节确定。一般原则是耐火混凝土烘烤时间长于砌砖，湿法砌筑要长于干法砌筑，热稳定性差的材料要长于热稳定性好的材料，厚度大的要长于厚度小的砌体，冬季施工的烘烤时间长于其他季节施工的砌体。升温速度取决于耐火材料热膨胀所产生的应力大小。一般黏土砖、高铝砖升温速度为 30~50℃/h，浇注料为 10~20℃/h。考虑竖炉用浇注料主要在炉口部位，低温烘炉期间大部分热量已被炉身吸收，其烘炉一般可按砌砖要求进行。保温温度和时间取决于砌体内部水分（包括游离水、结晶水）的排出和 SiO_2 转变时所产生的体积膨胀的临界温度。一般临界温度在 100℃、180℃和 600℃、800℃左右，在这些温度区间保温在10~20h。

竖炉是矩形直井式结构，自然抽力较强，烘炉期间可在烘床上铺设纤维毡进行保温，尽量避免热量损失。

生产初期 1 周时间不可盲目追求产量，此间也是进行深度烘炉的重要过程。

273. 如何确定烘炉步骤和曲线？

答：（1）烘炉步骤确定。竖炉烘炉根据设计要求和砌筑过程中所选择的砌体、耐火泥浆材质及理化性能指标要求，烘炉过程一般分为低温烘炉和高温烘炉两大过程。600℃以下属低温烘炉，可使用木材、烟煤及焦炭完成；600℃以上属高温烘炉，使用低压高炉煤气完成。为达到一代炉龄要求，烘炉质量的高低至关重要。为此烘炉过程一般可分为三个阶段：

1）低温阶段：烘烤温度从常温 20～420℃。这时主要是蒸发竖炉砌体中的物理水。升温要求缓慢（10℃/h），以防止急骤升温而造成耐火砖及砖缝开裂，并在 420℃时需要有一定的保温时间。这阶段一般用木柴。

2）中温阶段：烘烤温度为 420～820℃。主要是脱去砌体耐火泥浆生料粉中的结晶水。升到 620℃时须要保温 8～10h。820℃时是砌体泥浆发生相变（晶体重新排列）的温度，使其强度提高，因此要保温 8～10h，中温阶段升温可稍快（15～20℃/h）。这阶段一般用低压煤气。

3）高温阶段：烘烤温度为 820～1030℃。主要是加热砌体，升温速度可快些（30℃/h），为了使砌体的温度达到均匀，也可进行保温（一般为 8h）。这阶段可使用高压煤气。

烘烤温度再往上升，升温速度可以加快到 50℃/h，直到生产所需要的温度。

（2）烘炉曲线的确定。所谓烘炉曲线是指烘炉过程中对炉衬加热的速度，烘炉曲线是按炉衬耐火材料性质制定的。烘炉曲线与耐火材料的性能、砌筑质量、施工方法、季节有关。竖炉烘炉曲线参考图见图 6-40～图 6-42。

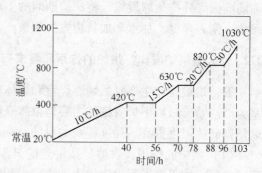

图 6-40　竖炉烘炉曲线（砖砌体）

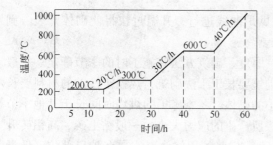

图 6-41　济钢竖炉烘炉曲线

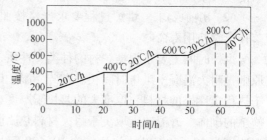

图 6-42　杭钢竖炉烘炉曲线

从烘炉曲线可以看出在 300℃和 600℃都有较长的保温时间，前者是为排出物理水，后者是为排出结晶水，并防止耐火材料内部出现过高的蒸汽压，而损坏耐火材料。并且竖炉本体和燃烧室常用的耐火砖为黏土砖或高铝砖，是由 Al_2O_3 和 SiO_2 及少量的杂质组成的。耐火砖中的 SiO_2 在一定温度范围内发生相变时，体积将发生变化。所以需要分别在 300℃和 600℃保温一段时间，以便使耐火砖中的 SiO_2 缓慢地充分地发生相变。

烘炉期间要保证 300℃和 600℃的保温时间充足，温度波动幅度不要太大，以免损坏炉衬。

274. 竖炉烘炉前准备哪些工具和材料？

答：（1）低温烘炉一般需要炉子、钩子、铲子、鼓风机及必要的操作平台。

（2）引火材料一般准备碎木柴、棉纱、柴油（一般柴油20kg）等。

（3）采用固体燃料烘炉则需准备木材（一般需要硬质木柴8～10t）、焦炭等。

（4）采用焦炉煤气（发生炉煤气）则准备排管、点火枪即可。此阶段一般不用高炉煤气，因其毒性大，难点燃。

275. 如何进行烘炉操作？

答：（1）木柴烘炉。指烘烤温度在400℃以下用木柴。

1）先从两个燃烧室人孔用木柴均匀整齐填满燃烧室，木柴要求耐烧易燃，尺寸大小合适，在燃烧室内摆放均匀。但不得堵塞烧嘴、人孔和火道，并在点火人孔（或烧嘴）周围放上引火物（棉纱、刨花）浇上柴油。

2）全部打开竖炉烟罩门和顶盖。

3）从人孔（或烧嘴）处进行点火。木柴点燃并燃烧正常后，可微开助燃风阀门或人孔盲板，向燃烧室内送少量助燃风助燃。烘炉温度可用加入木柴量和助燃风数量调控，烘炉温度一定按烘炉曲线控制。

4）当燃烧室木柴将燃尽而尚未达到要求的烘炉温度和时间时，应继续添加木柴。

（2）低压煤气（＜6000Pa）烘炉。指当用木柴烘炉，温度达到400℃左右而不能继续往上升时，可用低压煤气烘炉。

1）引煤气前，先往燃烧室中填入一定数量的木柴，以便为低压煤气点火时，有足够的明火，并砌筑封闭两燃烧室人孔。

2）引煤气前开启竖炉除尘风机，关闭烟罩门和顶盖。

3）引煤气操作，作爆破试验。

4）引煤气点火后，可先打开烧嘴的窥孔自然通风燃烧，必要时，可开启助燃风机。

（3）高压煤气（＞8000Pa）烘炉。当烘炉温度达到800℃以上，低压煤气已不能达到要求的烘烤温度时，如继续升温，可开启煤气加压机，用高压煤气烘炉直到投入生产。

276. 竖炉烘炉点火操作应注意哪些问题？

答：烘炉点火操作十分重要，必须按技术操作规程和安全规程谨慎进行操作，并着重注意以下问题：

（1）用煤气点火时必须用低压煤气，切不可用高压煤气点火；但在低压煤气压力低于2000Pa时不得点火或燃烧。

（2）点燃煤气时要一个一个烧嘴地点燃，并要有专人指挥，先点燃一个烧嘴，待其火焰正常稳定后，再去点燃另一个烧嘴，切不可几个人同时分别去点几个烧嘴。

（3）当煤气进入燃烧室烧嘴不能立即点燃时，切不可继续送煤气进行点火，以防煤气在燃烧室内积聚（煤气一旦点燃后，积聚的大量煤气突然燃烧发生爆炸），应立即关闭煤气阀门停止送煤气，待燃烧室中煤气绝大部分被抽走逸出后，再重新送煤气用明火点燃。如此反复操作直至煤气被点燃。

（4）烘炉要严格按烘炉曲线进行，废气温度和废气量可用调节煤气与空气配比及逐渐增加烧嘴的数量来控制。

（5）烧嘴点燃初期，由于废气量小，温度低，烧嘴工作不稳定，极易出现自动熄灭问题。因此，要求看火工要有一人在燃烧室周围做循环检查，发现熄火的烧嘴要立即点燃。不能立即点燃的要关闭煤气阀门，过一段时间再重新点燃。切不可认为点火后就无事了。

（6）点火时要注意人身安全。点火时看火工要站在烧嘴侧面，面部不要正对烧嘴，以免烧嘴前火焰喷出烧伤。此种烧伤情况曾多次发生过。

（7）点火前装料的料面必须低于喷火口下沿 200～300mm，并保持喷火口无粉末或杂物堵塞。

（8）点燃煤气或送高压煤气前要砌砖封闭人孔。由于竖炉燃烧室为正压操作，且压力较高，因此必须封闭严密，否则高温废气会从人孔漏出而烧坏炉皮。封闭人孔一定要在烟气除尘系统工作正常、炉顶形成一定负压后进行。

（9）高温烘炉时，应防止干燥床温度过高，烧坏炉顶钢结构和其他设备。

277. 如何进行开炉操作？

答： 烘炉操作结束后，就要进行开炉操作。竖炉开炉的好坏，对今后的生产和在短期内正常达产至关重要，切勿掉以轻心。具体步骤如下：

（1）装开炉料。竖炉正式开炉投产前，必须先装满炉料（称开炉料）。装开炉料可在烘炉过程中或烘炉结束后进行。装开炉料前，必须先封闭人孔和铺好烘干床箅条。然后，调整布料车料线，均匀布料，避免偏析和料柱密度不均。

如果烘炉尚未结束或还未引高压煤气，开炉料可先装到火道口以下，以防止开炉料软熔结块。剩下的可在开炉投产时再装入。

如果烘炉已结束，可把开炉料直接装到炉口，一般要求在装火道口以上的开炉料时，燃烧室应停煤气灭火，可使开炉时下料顺利和安全。开炉料一般用成品球团，要求必须筛分干净，水分含量越低越好。

（2）活动料柱。竖炉装满开炉料后，应先活动料柱。活动料柱的目的主要是使竖炉内料柱松动及烘干床整个料面下料均匀。这是竖炉开炉顺利，成功或失败的不可忽视的重要环节。

具体方法是：

先活动竖炉两头齿辊并进行排料，一面观察烘干床料面下料情况，一面继续装开炉料，并及时采取措施调整料面下料情况，直到使烘干床整个料面下料基本一致后，可停止装开炉料。同时引高压煤气点火，使燃烧室继续升温到生产所需温度，加热开炉料，提高烘干床温度。此时冷却风需暂时关闭。

最好在引高压煤气点火后，进行倒料操作，即一面装料一面排矿。这样既有利于热料烘烤竖炉炉体砌砖，还可以使炉内料柱处于不间断的活动状态。

（3）开炉装生球操作。在烘干床温度上升到300℃左右，就可以停止倒料，开启球盘加入少量生球（约占1/3烘床），厚度为150～200mm，当烘床加满第一批生球后，就停造球机。待烘床上的生球干燥后，就可排料。当烘床上排下1/3生球后，停止排料，再加一批生球等待干燥。

这是因为烘干床温度不高，生球干燥速度慢，只能间断加生球和排料，避免生球入炉和粘炉箅，这样烘干床干燥一批生球，排一批料，再加一批料，直到烘干床升到正常温度（600℃左右），这时生球干燥速度也加快了，就可以连续往炉内加生球。当热球下到冷却带时就可送冷却风。

竖炉刚开炉时，因整个竖炉尚未热透，焙烧温度低，风量较小，要适当控制生球料量，以保证成品球质量和开炉顺利，这种情况持续 $1 \sim 2$ 天或 $2 \sim 3$ 天，待炉体砌砖蓄热已足、温度升高、气体分布均匀、炉内已形成合理的焙烧制度，炉料连续稳定地下降时就可以转入正常作业。

在开炉装生球操作过程中，一方面要严格掌握干球入炉，严禁湿球入炉，防止湿球进入预热带形成黏结块；另一方面要注意调节控制冷却风量、燃烧室废气量、燃烧室废气温度和焙烧带温度达到规定的适宜值时才能转入正常生产。

278. 竖炉开炉装熟料的作用是什么？装料方法有几种？

答：因为竖炉炉口到齿辊之间距离有 10 多米，直接装生球会将生球摔破，形成死料柱，不能正常生产。因此，在开炉时必须先在竖炉炉膛内装满具有一定强度的块状物料，最好为球团矿。没有球团矿时，使用烧结矿、天然铁矿石、石灰石、白云石等块状物料也可以。这些块状物料经循环，料柱活动正常后，烘干床温度达到规定值时，才可以装生球生产。

装开炉料的方法有静态装料法和带风装料法。

（1）静态装料法。该法是在装熟料时不送风，只用布料车往复运动将熟料装入炉内。该法优点是操作简单，但料柱不活动，粉末不能吹出，料柱透气性不好。

（2）带风装料法。该法是在布料车向炉内装料的同时（或提前一点）向炉内送风，使炉料顶风向炉内装入。带风装料法的优点有：

1）对熟料有风力筛分作用，可吹走一部分粉末，使熟料粒度组成改善，透气性变好；

2）炉料顶风下降，可使炉内料柱疏松；

3）增加熟料下降的阻力，减少熟料下降的冲击力，使熟料破损减少。

带风装料法可在烘炉前进行，此时可只送冷却风；烘完炉后可以冷却风和燃烧废气同时送风。

带风装料法必须在竖炉除尘系统完工，并验收后与冷却风机同时运行。

279. 对竖炉装熟料的要求有哪些？

答：对竖炉装熟料有以下要求：

（1）装熟料前要把烘干床炉箅条整齐地排列在烘干床的托梁上，并盖好盖板。

（2）装熟料时布料车要往复运动，把熟料均匀布到炉子断面各点。不允许布料车定点布料，以避免定点装料造成的炉料偏析和料柱密度不均，为炉料顺畅下降、气流分布均匀创造条件。

（3）布料车的装料皮带机的中心与烘干床的中心线一致，以利把熟料均匀地布于炉内两侧，避免造成炉内导风墙两侧料面一边高一边低的偏析现象。

（4）所装炉料必须是按开炉要求准备好的熟料，不准随意取料装炉。布料工要随时检查，发现异常要停止装料并向值班工长报告。

（5）装料时要做到边装料边排料，并使装料量大于排料量，使炉膛内料面逐渐上升，直至装到炉口。不可只装料不排料，这样会发生装满后炉料悬住不下的现象。

280. 什么是"热料循环"？怎样进行操作？

答："热料循环"是指在燃烧室烘炉完毕，向炉膛装开炉料的一个操作环节，有的也叫"倒料升温"。其目的和作用是使炉膛内料柱松动、气流分布均匀以及烘干床上整个料面下降均匀。同时进行喷火口以下砌砖的烘炉。这是竖炉开炉是否顺利和成败的关键，其操作步骤如下：

（1）在燃烧室达到一定温度后，先启动除尘系统设备，然后再启动辊式卸料器和布料车向炉内装料，要一边装料一边排料。排料时一定要缓慢一些，且要掌握好装入料和排出料的关系，一定要使排出料量小于装入料量，使炉内料面逐渐升高，直至炉子装满。炉子装满后要继续装料与排料，并保持进出料量平衡，使炉子处于装满料状态下进行循环。

（2）随着循环料的开始就逐渐提高燃烧室废气温度和废气量，以提高料柱温度，用来烘烤喷火口以下砌砖，同时冷却风量也要逐渐增加。

（3）在循环一定时间后，当燃烧室各点温度、炉体各部分的温度（烘干床下温度、喷火口水平温度、导风墙下温度、排球温度）达到规定值时可逐渐减少循环料量。

（4）当烘干床下温度达到规定值时（一般为 300～400℃）可停止循环料，上生球生产。

热循环料操作应注意以下几个问题：

（1）一定做到边装料边排料，不可装料到炉口后再排料，这样会使喷火口以上炉料受高温气体作用产生体积膨胀，炉料与炉墙卡住发生悬料。

（2）装热料循环时，燃烧室废气温度应要低于所用物料的软熔温度 100～200℃。

（3）装料时要测量炉内料面高度，掌握好排料量与装料量，保证炉内料面逐渐升高，炉子断面料量均匀。

281. 如何进行引煤气和点火操作？

答：在竖炉开炉或停产大修再生产前，必须先把煤气从加压站（混合站）引到竖炉前，不论引低压或高压煤气都可按下述步骤进行操作。

（1）引煤气前的准备：

1）引煤气前应先与加压站取得联系得到同意后，方可开始引煤气操作；

2）检查竖炉煤气总管、助燃风总管和冷却风总管阀门是否关闭；

3）检查竖炉燃烧室烧嘴阀门是否关闭；

4）打开煤气总管（1 个）和支管放散阀（2 个）阀门；

5）通知开启竖炉除尘风机；

6）通知开启助燃风机和冷却风机（烘炉时除外）。

（2）引煤气操作（在做完上述的引煤气准备工作后，方可进行引煤气操作）：

1）通知煤气加压站，用蒸汽或氮气吹扫煤气总管及煤气支管；

2）见煤气总管放散冒蒸汽或氮气 10min 后，通知加压站送煤气，并关闭通往煤气总管的蒸汽（氮气）；

3）见煤气总管放散冒煤气 5min 后，开启煤气总管阀门，关闭煤气总管放散阀，关闭煤气支管的蒸汽（氮气）；

4）通知烘干机及其他用户使用煤气。

（3）点火送风操作：

1）见煤气支管放散阀冒煤气5min后，做煤气防爆试验三次，合格后开启助燃风机电动蝶阀，关闭放风阀（此时冷风蝶阀必须开启，否则不能关闭放风阀）；

2）开启两燃烧室烧嘴阀门进行点火，点火时烧嘴前煤气压力应控制在4000Pa左右，助燃风压力应控制在2000Pa左右。待火已经点好后，压下煤气支管放散阀，再逐渐增加压力。点火时，先放明火，略开烧嘴助燃风阀门，然后徐徐开启烧嘴煤气阀门，并同时开大助燃风阀门；

3）待燃烧室煤气点燃后（从烧嘴窥孔中观察），关闭煤气支管放散阀和助燃风机放散阀；

4）调节两燃烧室的煤气量和助燃风量，使其基本相同；

5）开启冷却风总管阀门，并关闭冷却风放散阀（烘炉时除外）；

6）通知布料加装生球和排料（烘炉除外）。

（4）乙炔-氧焰点火枪的制作和使用。竖炉在生产过程中会遇到一些特殊问题，如大排料处理炉内结块和更换大水梁等。往往会使燃烧室温度由正常生产时的1000℃下降到300℃以下，当重新点火时一般采取往燃烧室中装填木柴、浇柴油，再从烧嘴窥视孔处点火，待温度升到800℃时通煤气燃烧。这种方法需打开人孔盖，拆除砌砖，装木柴后再将人孔砌好，整个过程费时、费力。因此一些竖炉工作者自制了点火枪，将直线型割炬进行改造，使乙炔与氧气的混合气管加长1.3m，以乙炔-氧焰来点燃高炉煤气。只要保证在烧嘴喷口有连续稳定的火焰，在点火时对炉顶除尘风机阀门进行调节，使燃烧室有一定的负压即可。该法简便、安全。

282. 煤气点火时应注意哪些事项？

答：煤气点火时应注意以下几点：

（1）使用煤气前，必须先做爆炸试验，合格后才能点火。

（2）煤气点火时，燃烧室必须保持一定温度，高炉煤气低压大于700℃（高压大于800℃）；高炉焦炉混合煤气低压大于560℃（高压大于750℃）才能直接点火。否则，必须有明火才能点燃煤气。

（3）点火时，烧嘴前的煤气和助燃风应保持一定的压力，以防回火。煤气压力大于4000Pa、助燃风大于2000Pa，待煤气点燃后逐渐加大煤气和助燃风压力。

（4）严禁突然送入高压煤气和助燃风，以防把火吹灭，引起再次点火时发生爆炸。火灭后，要及时关闭两阀门，几分钟后再次按正常程序点火。

（5）使用低压煤气时，压力低于2000Pa和在生产时煤气压力低于6000Pa应停止使用。

283. 如何进行停炉操作？

答：竖炉正常生产过程中，因故造成的灭火、停止装生球叫停炉。

根据停炉的情况不同，具体操作可分为：临时性停炉操作（常称放风灭火操作）、停炉操作和紧急停炉操作三种。

(1) 放风灭火操作。在生产中，由于设备发生故障或其他原因不能生产时，需作短时间（<2h）的灭火处理，称为放风灭火操作。

1) 通知烘干及其他用户停止使用煤气。

2) 通知布料工停止装生球和排料，如果炉温较高，此时容易结大块，应改为加熟球和减少排料量。

3) 通知风机房，关小冷却风进风阀门，并打开放散阀，关闭冷却风总管阀门。

4) 通知煤气加压站作降压处理。

5) 在煤气降压的同时，通知助燃风机放风，并关小助燃风机进风阀。

6) 同时立即打开煤气总管放散阀，注意风向和放散阀的煤气是否威胁人员安全。

7) 关闭煤气和助燃风总管的阀门。

8) 关闭燃烧室烧嘴阀门。同时打开煤气支管放散，并通入蒸汽或氮气。

(2) 停炉操作。在燃烧室灭火时间超过2h以上时，停炉操作除先做放风灭火操作外，还应：

1) 通知煤气加压站停加压机，并切断煤气，用蒸汽吹扫煤气总管。

2) 通知停助燃风机和冷却风机。

3) 停炉初期2小时内，应改为加熟球和减少排料量。当竖炉需要多排料时，仍可继续间断排料，直到炉料全部排空。

(3) 紧急停炉操作。在遇到突然停电、停水、停煤气、停助燃风和冷却风、停竖炉除尘风机时，应做紧急停炉操作。

1) 首先立即打开煤气总管放散阀、助燃风机和冷却风机放散阀。

2) 立即关闭煤气总管、助燃风机总管的阀门，切断通往燃烧室的煤气和助燃风。

3) 立即关闭冷却风总管的阀门。

4) 立即关闭燃烧室烧嘴的全部阀门。

5) 打开煤气支管放散阀，并通入氮气或蒸汽。

其余可按放风灭火和停炉操作处理。

6) 紧急停炉注意事项：

①如停水时，应注意将小水梁进水阀关掉，使用小水梁备用水箱。根据实际情况可把烘干床上的料排到炉箅以下，打开所有炉门让其自然冷却。来水时，应徐徐开启进水阀门，防止水梁变形。

②如停电时，将所有放散阀打开，关闭所有蝶阀。能用手动的用手动关闭，不能用手动的等来电时再关闭，并将布料小车推出炉外，以防布料皮带烧损。

(4) 计划性停炉操作。按停炉性质和目的，计划停炉又可分为以下两类：

1) 在竖炉生产到一定时间后，需要对某些设备进行较长时间的检修或更换某些部件，需要有计划地停炉，这种停炉时间较短。

2) 在竖炉生产到一定年限后，就需要进行中修或大修，就要有计划地停炉后进行，这种计划停炉时间较长。

以上两种停炉都要灭火。计划停炉的操作程序如下：

(1) 编制停炉计划，确定停炉目的、检修内容、停炉时间、停炉日期、炉料是否排空、检修工作的准备等内容。

（2）按停炉计划确定的停炉日期，提前一个小时停止装生球，如果炉内料不排空，需补加经筛分的成品球团矿（又称熟球），与此同时保持排矿速度不变，燃烧室温度和废气量不变。若炉顶温度过高，可适当减少冷却风量和废气量。这样操作，既可使喷火口以上的生球烧透，又可避免炉内发生球团黏结。此外，还要通知煤气加压站作好停送煤气的准备，待补加熟球下降到喷火口1m以下时就可以停止装熟球和停止排料。然后燃烧室灭火停止燃烧，煤气和助燃风放散。通知煤气加压站停加压机，切断煤气，用蒸汽或氮氧清扫煤气管道。同时通知风机房停助燃风机、冷却风机放风减量，直到风机停止运转。

需要炉料排空的操作，是在灭火后，继续送冷却风和间断排料，直到炉料全部排空。在排料过程中，随着炉内球团矿数量的减少，应相应减少冷却风量，直到冷却风机停转。

284. 竖炉操作的主要原则有哪些？

答：（1）干球入炉，消除炉底结块事故。所谓"干球入炉"，就是布料工仔细观察干燥床上生球干燥情况。当干燥床下半部（至少是1/3处）生球已充分干燥（这时生球呈灰白色）时，方可启动排料电振的开关开始排料。由于干燥过程的限制，在实际生产中排料操作是不连续的。贯彻"干球入炉"原则后，竖炉操作中的顽症，即"炉内结块"现象，被彻底消除。

（2）控制焙烧带温度，实现高产优质。由于磁铁矿球团在氧化焙烧过程中放出大量的热量，因此燃烧室温度通常要低于焙烧带气氛温度。根据原料种类不同，这个差值一般为150~250℃，这个温度在原料、燃料条件不变时，几乎是恒定的。由于焙烧带中心温度无法用热电偶测得，大多数竖炉操作者把燃烧室温度作为竖炉操作的一个重要参数来进行控制。但是生产实践证明，单纯根据燃烧室温度高低来进行操作，容易造成球团矿质量波动。这里引入一个"焙烧带温度"（又称侧墙火道口温度）的概念，它更能准确地反映竖炉的焙烧情况。这是因为燃烧室温度是煤气燃烧后在燃烧室这个空间内的温度体现，它只与燃料种类、空煤气流量比例及燃烧室的结构分布等因素有关。必须指出，在实际生产中，由于受热电偶插入深度的限制，焙烧带温度显示的不是真正的料层中的气体温度，而是边缘料层中的气体温度，两者有一定误差。往往有这种情况：在一段时间内焙烧带温度高于燃烧室温度，而在另一段时间内，焙烧带温度低于燃烧室温度。若是前者，焙烧出来的球团矿质量合格；后者的情况是明显欠烧，质量有所下降。以上事实说明单纯由燃烧室温度来控制竖炉操作是不全面的，而控制焙烧带温度并结合控制燃烧室温度是竖炉操作的正确措施。

285. 竖炉燃烧室热工参数调整依据有哪些？

答：（1）燃烧室温度。燃烧室温度是燃料燃烧释放的热量，它与燃料的种类、质量、流量以及与助燃风量多少有关，它是决定焙烧带温度的一个重要因素，但不是决定因素。因为焙烧带温度在很大程度上取决于燃烧室压力、料流变化、球团原料的理化性能等多种因素。

千万不要认为燃烧室温度就是焙烧带温度（或焙烧温度）。竖炉燃烧室的温度，可以根据球团的焙烧温度来决定。而球团的焙烧温度可以通过试验获得。

在生产实践中，焙烧磁铁矿球团时，燃烧室温度应低于试验得到的球团焙烧温度 100~200℃。而焙烧赤铁矿球团时，燃烧室温度应高于试验得到的球团焙烧温度 50~100℃。

竖炉开炉投产时，燃烧室温度应低一些，可以暂时控制在试验得到的球团焙烧温度低 200℃左右，然后应视球团的焙烧情况来进行调整。

燃烧室温度还与竖炉产量有关，当竖炉高产时，燃烧室温度应适当高一些（20~50℃）。当竖炉低产时，燃烧室温度应低一些。

在竖炉生产正常时，燃烧室的温度应基本保持恒定（900~1050℃），温度波动一般应不大于正负10℃。当竖炉球团矿产量增加（减少）时，应同时增加（减少）煤气量与助燃风量，以保证产量增加或降低时保持焙烧带热量平衡，温度稳定在规定范围内。

（2）燃烧室压力。燃烧室压力决定于料柱透气性、冷却风流量、冷却风压力、废气量、废气温度等因素。在竖炉生产中，燃烧室的压力实际上是炉内料柱透气性的一面镜子，燃烧室压力升高，说明炉内料柱透气性变坏，应进行调节。

1）如果是烘干床湿球未干透下行造成，可适当减少生球量或停止装生球，同时减少或停止排矿，使生球得到干燥后，燃烧室压力降低，再恢复正常生球量。

2）如果是烘干床生球爆裂严重引起，可适当减少冷却风，使燃烧室压力达到正常。

3）如果是炉内有大块，可以减风减煤气进行慢风操作，待大块排至火道口以下，燃烧室压力降低后，再恢复全风操作。

4）如果排矿温度高、烘干床生球干燥速度慢，应适当增加冷却风量。

一般燃烧室的压力不允许超过20kPa。

（3）燃烧室气氛。焙烧气氛是指焙烧气体介质中含氧量的多少，通常可按下述标准划分：

1）氧含量大于8%为强氧化气氛；

2）氧含量8%~4%为正常气氛；

3）氧含量4%~1.5%为弱氧化气氛；

4）氧含量1.5%~1%为中性气氛；

5）氧含量小于1%为还原性气氛。

目前，我国竖炉基本上都是生产氧化球团矿，因此要求燃烧室具有强氧化性气氛（氧含量大于8%）。但因我国的竖炉大部分是高炉煤气作燃料，高炉煤气的发热值较低，火焰长，以及设备、操作上的问题等原因，使燃烧室燃烧废气的含氧较低，只有2%~4%，属弱氧化性气氛。有时还会残留少量的CO，对生产磁铁矿球团极为不利。这样，磁铁矿球团的氧化，只有依靠竖炉下部鼓入的冷却风带进的氧气，通过预热带，使得氧化反应在均热带进行。

改进办法是：

1）采用大烧嘴代替小烧嘴，使煤气混合均匀，燃烧完全，提高燃烧温度，增加过剩空气量。可使燃烧室的燃烧废气氧含量提高到4%~6%，CO含量减少到1%以下。

2）尽可能采用较高热值的高-焦混合煤气，使燃烧室的氧含量达到8%以上，成为强氧化性气氛。

3）预热煤气或助燃风，或二者。

4）利用好酸碱、粒度搭配的思想，控制较低的燃烧室温度，同步加大产量、煤气量、风量，在高利用系数下生产，有利于减小低于 800N/P 的低强度球的比例，而不必追求过高的抗压强度（控制在 1600~2500N/P），既给高炉提供了稳定的、高综合冶金性能的球团，又使竖炉不易损坏、节能、降耗、成本最低。

286. 竖炉煤气、助燃风和冷却风的参数调整依据有哪些？

答：煤气量、助燃风和冷却风流量和压力是竖炉主要热工参数，竖炉工的主要职责是对这些热工制度的控制和调节，必须做到三班同一操作。

（1）煤气量。竖炉球团生产所使用最多的气体燃料是高炉煤气或高-焦混合煤气，少数为发生炉煤气。生产中所需的煤气量，要通过生产每吨球团矿的热耗量来计算确定。而焙烧每吨球团矿的耗热量决定于铁矿石的类型及其化学成分（如 FeO、S 的含量和碱度的高低）以及焙烧方法。具体数据要通过实验室测定和计算确定。

根据生产实践，竖炉每焙烧 1t 球团矿可消耗热量 530000~680000kJ/t。可以根据使用的气体燃料的发热量（见表 6-12）不同，计算出焙烧每吨球团矿所需的煤气量；同时还可根据竖炉的产量，计算出每小时竖炉所需的煤气量。

表 6-12 几种煤气的主要性质

名　称	发热量/(kJ/m³)	重度/(kg/m³)	燃点/℃	爆炸极限/%	理论空气量/(m³/m³)
高　炉	3200~4000	1.29	700	30.8~89.5	0.80~0.85
焦　炉	16300~18500	0.45	650	4.5~35.8	3.6~4.0
转　炉	7500~9300	1.36	650	18.22~83.22	
发生炉	6000~7100	1.10	700	40~70	
天然气	36000~39000	0.80	550	5~15	9.0~9.5

1）每吨球团矿需要的煤气量。假设竖炉生产使用的高炉煤气的发热量为 3200kJ/m³，每焙烧 1t 球团矿需消耗热量 540000kJ/t。那么生产 1t 球团矿需消耗煤气量为：

$$\frac{540000\text{kJ/t}}{3200\text{kJ/m}^3} = 168.8\text{m}^3/\text{t}$$

2）每座竖炉每小时需要的煤气量。假设竖炉每小时生产球团矿 50t，在上述条件下，竖炉每小时需要消耗煤气量为：

$$\frac{540000\text{kJ/t}}{3200\text{kJ/m}^3} \times 50\text{t/h} = 8440\text{m}^3/\text{h}$$

则每个燃烧室煤气支管的流量应为 4220m³/h。此外，当竖炉产量提高或煤气热值降低时，应增加煤气用量，反之应减少煤气用量。

（2）助燃风量。竖炉助燃风流量的确定，可根据所需要的燃烧室温度和焙烧温度来调节。一般助燃风流量是煤气流量的 1.2~1.4 倍。根据上述计算出的煤气量，助燃风量应在 10300~12000m³/h。

（3）煤气压力和助燃风压力。在操作中，煤气压力和助燃风压力，必须高于燃烧室压力，而燃烧室压力必须高于炉内压力。一般应高于 3~5kPa，助燃风的压力比煤气压力应略低一些。

（4）冷却风量。按理论计算，1t 成品球团矿从 1000℃ 冷却到 150℃，需要消耗冷却风 1000m³。但在实际操作中，一般只能达到 600~800m³/t（因此排矿温度较高）。假设竖炉平均台时产量为 50t，那么，冷却风应控制在 30000~40000m³/h 之间。

此外，竖炉的冷却风量也可根据排矿温度和炉顶烘床生球干燥情况来调节。如果排矿温度高，烘床生球干燥速度慢，应适当增加冷却风量。如果烘床生球爆裂严重，可适当减少冷却风，以维持生产正常。

287. 提高竖炉球团矿产量和质量的措施有哪些？

答：竖炉提高球团矿产量和质量的关键在扩大烘干床面积、提高生球的干燥速度、适宜的焙烧制度。而在实际生产中，竖炉的产量和质量，主要受煤气量、生球质量和作业率的影响。

（1）煤气量。煤气量大，助燃风量也增大，带进竖炉的热量和废气量就多，产量就可提高，质量就有保证。否则反之。生产中要做到使用的煤气量与入炉生球量相适应，以保证焙烧热量充足。

（2）生球质量。生产中要求生球质量达到抗压强度大于 9.0N/球；落下强度大于 4 次/球；粒度小而均匀，9~14mm 粒级占 90% 以上。用这样的生球焙烧，竖炉的产量就高，质量也好。反之，则竖炉球团的产量和质量就降低。

（3）竖炉作业率。竖炉作业率高，连续生产时间长，焙烧制度稳定，热能利用好，球团矿产量、质量有保证，能耗低。否则反之。

在操作上，一般情况下产量越高质量越好。特殊情况下，球团矿的产量才与质量发生矛盾，应该首先解决影响质量的原因（往往是煤气、精粉、膨润土等原因），过分压低产量，可能导致局部严重结块，使竖炉进入恶性循环，对质量更不利。在满负荷产量的 90% 以上，减小产量对保证质量是有效的，良性循环下，稳产、高产、低耗、高质量是统一的。

288. 竖炉正常炉况的特征有哪些？

答：竖炉内球团焙烧是一个连续性的高温生产过程。只有炉况稳定、顺行才能做到优质、高产、低耗。但在生产过程中由于原燃料成分波动、气候条件的变化、计量工具、监测仪表、自动控制设备的误差以及操作人员操作上失误等都会引起炉况的波动，甚至炉况失常。在竖炉生产中，正常炉况是通过"竖炉仪表数据反映"、"成品球团检验结果"、"操作经验和观察"等三个方面判断的。正常炉况的特征如下：

（1）燃烧室压力稳定。在燃烧室废气量一定的情况下，燃烧室压力主要与竖炉产量和炉内料柱透气性有关。

在竖炉产量一定和料柱透气性良好时，燃烧室压力有一个适宜值，超过适宜值，被认为是燃烧室压力偏高。在产量过大和料柱透气性恶化时，燃烧室压力会急剧升高。一般要求在 8000~12000Pa。所以说，两燃烧室压力低而稳定是正常炉况的标志之一。

（2）燃烧室温度稳定。燃烧室温度取决于球团的焙烧温度，而原料的性质不同，其焙烧温度也不同。当原料条件和燃料热值不变，燃烧室温度也基本不变。但燃烧室温度不等同焙烧带温度。生产中燃烧室温度是由煤气发热量与助燃风配比决定的，它可通过计算确定。

此外，燃烧室温度还与下料速度有关。当煤气量和助燃风量基本不变时，下料速度快，燃烧室温度会降低，下料速度慢，燃烧室温度会上升。所以燃烧室的温度稳定，说明炉内下料速度基本一致、焙烧均匀。

在竖炉生产过程中燃烧室温度应基本上保持恒定，温度波动不大于±10℃。

（3）炉身各带温度分布合理。炉内明显的形成五带（干燥、预热、焙烧、均热、冷却）。炉身同一断面上两端炉墙的温度差最小，一般应小于60℃。焙烧带温度值稳定在指定范围内，且四点温度差值最小，一般为30～40℃，最大差值不超过50℃（焙烧带温度是指炉膛内喷火口中心线上下各1m高（长度）左右区域的温度值，它是球团矿质量能否达到要求，不欠烧、不过熔的关键数据）。

生产中焙烧带温度控制在1180℃±40℃范围内。

（4）下料顺利排矿均匀。竖炉下料畅通，排矿均匀，烘干床料面的下料快慢基本一致，炉料下降速度也均匀。说明炉内料柱疏松、透气性好，没有黏结物和结块现象，这样得到的成品球团矿质量和强度均匀，产量也有保证。

（5）煤气、助燃风、冷却风的流量和压力稳定。在竖炉产量一定的情况下，煤气、助燃风、冷却风的流量和压力有一个与之相对应的适宜值。在炉况正常时，炉内料柱透气性好，炉口生球的干燥速度快，煤气、助燃风、冷却风的流量及压力都趋于基本稳定状态。

（6）烘干床气流分布均匀、温度稳定、生球不爆裂。这说明炉内料柱透气性好，下料均匀，烘床干燥速度快，废气量适宜、炉况顺。

（7）炉顶废气温度稳定，波动值小于100℃。

（8）成品球强度高、返矿量少、FeO含量低。

289. 竖炉失常炉况的特征有哪些？

答：在竖炉生产过程中，常常由于原燃料条件的变化、生球质量的变化及不正确的操作等因素都会造成炉况的波动。而对炉况波动没有及时判断出来，没有及时采取调剂措施加以纠正，以致造成炉况失常事故。

炉况失常的征兆和应采取的有效措施有以下几种：

（1）成品球团强度低、粉末多。

判断：供热不足、焙烧温度低；下料过快；生球质量差。

处理：增加煤气量，为球团焙烧提供充足的热量；适当提高燃烧室温度；控制产量，降低排料量和入炉生球量；提高生球质量，减少生球爆裂和入炉粉末；改善料柱透气性。

（2）成品球团矿生熟混杂、强度相差悬殊。

判断：下料不均、排料不均或有结块。

处理：主要是控制和调节排矿和布料。做到勤排少排；入炉生球量均匀；布料均匀。

（3）局部排矿不匀，成品球温差大。

判断：产生偏料。

处理：调整两个排矿溜槽的下料量，加大下料慢一侧或减少下料快一侧溜槽排矿量；多开下料慢的一侧齿辊；适当增加下料快或减少下料慢一侧的助燃风。煤气调节与助燃风相反。

失常炉况一般分为以下几种：

（1）热制度失常。球团竖炉热制度失常表现为成品球团矿过烧或欠烧；成品球中伴有部分生熟不均匀现象；炉顶废气温度过高或过低；生球烘干速度显著变慢；排出球团矿温度过高等。

（2）炉内气氛失常。炉内气氛失常表现为燃烧室废气和竖炉内气体含有一氧化碳、煤气燃烧不充分。

（3）炉料运动失常。炉料运动失常分为一般失常和严重失常。其中一般失常有偏料、塌料、管道；严重失常（也称特殊炉况）主要有结大块、导风墙孔大量堵塞和导风墙穿孔。

290. 成品球出现过烧的征兆、原因和处理方法有哪些？

答： 竖炉生产中成品球团过烧是由于热制度失常引起的，具体征兆、原因和采取措施如下：

（1）征兆：

1）排出的成品球料流中有黏结在一起的球和熔融块出现，并逐渐增加。

2）有轻微的炉料下降不顺的情况。

3）焙烧带温度和炉身其他各点温度相应的升高，波动值大于规定值。

4）辊式卸料机液压系统工作压力开始升高。

5）排出成品球温度升高。

（2）产生原因：

1）生球入炉量减少，排料速度降低，焙烧废气量没有相应减少。

2）煤气和助燃风调整不合适，造成残余煤气窜入炉内二次燃烧。

3）燃烧室温度偏高，高过球团矿焙烧温度区间的上限值。

4）原料中混有少量杂物，如瓦斯灰、煤粉等使炉膛内焙烧带温度升高，又会使炉膛内氧化气氛变弱。

5）铁精矿粉中的 FeO 含量增加，使氧化时放热量增加，焙烧带温度升高。

6）铁精矿粉中的含硫量升高，氧化放热增加也会使焙烧带温度升高。

上述诸因素中有一个变化量较大，或诸因素中有几个因素的变化量虽然不大，但综合起来，就会有较大的影响，使焙烧带温度升高，超过规定值，使球团矿发生软熔黏结。

（3）处理方法：

1）首先检查是否混有含碳原料，如有应立即停止使用。

2）如果生球供应量有潜力，可以增加排料速度，同时增加生球装料量（但保证烘干），同时减少废气量，使焙烧带温度下降到规定范围内。

3）如上述条件不存在或采取上述措施无效时，应降低燃烧室温度，减少废气带入的热量。

4）根据铁精矿粉中 FeO 和 S 的变化值，通过计算相应减少燃料或增加助燃风，使燃烧室温度降下来。

291. 成品球出现欠烧的征兆、原因和处理方法有哪些？

答： 竖炉生产中成品球团欠烧也是由于热制度失常引起的，具体征兆、原因和采取措施如下：

（1）征兆：

1）排料中出现的红褐色，甚至黄白色球团矿的数量逐渐增加。

2）炉口生球下降时，炉顶烟气中粉尘吹出量增多，能见度变差。

3）炉口的干燥情况变坏，生球烘干速度变慢，烟气流中蒸汽增多，颜色变白。

4）辊式卸料机液压系统工作压力逐渐下降。

5）排料中返矿量增加。

6）炉身各点温度降低，如局部欠烧，在欠烧处温度降低较多。

（2）产生原因：

1）炉下排料过快，生球入炉量增加，炉料下行过快，焙烧时间短，没相应增加焙烧废气量，使热量支出大于热量供给，使焙烧带温度逐渐下降到低于焙烧区间的下限值时，球团矿就要欠烧，强度降低。

2）炉顶烘干床烘干不好，生球没有得到充分干燥、预热就进入焙烧带，使焙烧带温度下降。

3）燃烧室废气温度偏低。

4）铁精矿质量变化，FeO 和 S 含量有较大的降低，使焙烧带温度降低。

5）局部排矿下料过快，球团矿温差大。

（3）处理方法：

1）如果排出料中有欠烧的红球和少量黏结块在一起并存时，首先采取保持原燃烧室温度、用增加燃烧室废气量的办法增加进入焙烧带的热量，提高焙烧带温度。

2）如果局部欠烧，可用烧嘴调整废气量，改善局部焙烧情况，即在欠烧部位增加废气量，使焙烧带温度上升达到规定值。

3）如果普遍欠烧，应增加废气量。

4）降低排料速度，减少生球加入量，保证料流在预热，焙烧，均热各带有足够的停留时间。

292. 炉口温度低烘干速度减慢的征兆、原因和处理方法有哪些?

答：炉口温度低烘干速度减慢也是热制度不当引起的。

（1）征兆：

1）生球烘干速度显著减慢。

2）炉口上升的气流量减少，气流温度降低。

3）炉箅上下料不顺，有黏结现象。

4）排出料球团矿质量下降，甚至有欠烧现象，返矿量增加。

5）炉料透气性变坏，燃烧室压力升高。

6）冷却风压力升高，流量减少。

7）炉顶排出废气呈浓白色蒸汽状。

8）焙烧带温度开始波动，同一平面上各点温度差数增大，比正常时温度下降。

（2）产生原因：

1）炉顶废气温度控制太低。

2）生球装入量增加，废气量没有相应增加，造成焙烧带温度下降。

3）炉内可能出现或即将出现偏料、塌料、悬料、结块等炉况。

4）生球质量变差，强度降低产生粉末增加或筛分不好，使料柱透气性变差，焙烧废气量和冷却风量减少。

（3）处理方法：

1）适当增加煤气量和助燃风量来增加废气量，提高炉顶废气温度。

2）采取以上措施后不明显时，可适当提高燃烧室废气温度。

3）采取措施消除难行、偏料、塌料、管道行程等炉况。

4）改善生球质量，提高生球强度，并加强筛分减少粉末入炉量，改善料柱透气性，增加气流量。

293. 炉口温度过高的征兆、原因和处理方法有哪些?

答：炉口温度过高也是热制度失常引起的。

（1）征兆：

1）炉顶气流温度逐渐升高，超过 700℃。

2）炉顶烘干床上和炉口发生生球爆裂现象，可听到响声和可见碎裂的小块。

3）炉顶烘干床上的生球有被烧红的现象出现。

4）炉顶排出气流量增多。

5）炉身各带各点的温度升高，尤其焙烧带的温度升高明显。

（2）产生原因：

1）生球装入量显著减少。

2）燃烧废气量过大。

3）排料速度过慢。

4）原料中含硫较高。

（3）处理方法：

1）在烧成情况良好，球团矿质量合格并均匀时，可以适当提高排料速度，同时增加生球装入量。

2）如果炉顶温度过高，有可能烧坏布料车皮带时，可暂时停止燃烧来装生球，必要时要装入循环熟球。

3）适当减少废气量。

4）适当减少冷却风量。

5）配加低硫原料。

294. 成品球生熟混杂的征兆、原因和处理方法有哪些?

答：有时可看到排出的成品球团矿中有生熟夹杂、球团矿强度相差悬殊的现象。

（1）征兆：

1）炉料下降不均匀，严重时一侧下料快，另一侧下料慢。

2）炉身各点温度不稳定，且相差很多。

3）排出的成品球团矿中有强度合格的球，也夹有颜色发红或白色的欠烧球。

4）下部排料量一端少、一端多。

（2）产生原因：

1）排料操作不当，造成一侧排料快，一侧排料慢，使炉内焙烧不均匀，既有合格球，也有欠烧球的局面。

2）发现炉子下料不均匀时，没有及时采取有力措施调整，使局部下料快的焙烧带温度低于焙烧温度区间的下限值，焙烧温度不够使球团矿欠烧；而下料正常的部位，焙烧温度正常，成品球质量正常。

3）炉内有结块，导致气流分布、温度分布、下料均匀性失常。

4）炉顶布料操作不当，布料车皮带机中心线（特别注意料流中心，当料流中心与布料车皮带中心不重合时，要及时调整上料皮带卸料点，使其交到布料车上的料流中心与布料车上皮带中心一致。还要注意布料车皮带是否跑偏。）与烘干床中心线不一致，生球在烘干床上发生一侧多，一侧少的偏料现象，下料多的一侧产生欠烧球。

（3）处理方法：

1）加强排料操作，要做到两端排料嘴的排料量一样。

2）发现下料不均匀炉况时，要及时增加下料快的一端或一侧的废气量，保持焙烧带温度适宜。

3）布料车皮带中心与烘干床中心不一致时应进行调整，如果调整后效果仍不好时，应在皮带上加调料板，使生球均匀分布在烘干床上。

4）出现偏料炉况时应及时进行处理，不可拖延。

5）调整炉温，排出结块。

295. 塌料的征兆、原因和处理方法有哪些?

答： 竖炉生产中由于排料操作不当或炉况不顺引起烘干床上生球突然下落到烘干床炉箅条以下，叫塌料。

（1）征兆：

1）烘干床上的生球不是连续、均匀地下降，而是周期或不定期的突然下降。

2）烘干床上料面下塌后，烘干床上局部或大部分空料，炉箅条露出。

3）炉口粉尘逐渐增多，局部有尘雾现象。

4）塌料前燃烧室压力逐渐升高，塌落后燃烧室压力突然下降。

5）冷却风压力、流量波动，塌料前压力升高，流量减少，塌料后压力下降，流量增加。

（2）产生原因：

1）排料不均匀，下部排料过快过多，造成上部炉料突然下降。

2）燃烧室废气量过多，引起炉膛内焙烧带局部温度升高而熔融，造成塌落。

3）炉顶生球烘干不好，入炉后造成料柱透气性变差，引起燃烧室压力升高，冷却风压力升高，料柱下降变慢，在下部排料一定时间后，形成一空间，炉料突然下降。

4）生球筛分不好，或生球强度变差，使入炉粉末增多，料柱透气性变差，下降变慢，在下部排料一定时间后形成上部塌料。

（3）处理方法：

1）改善生球质量，提高筛分效率，减少入炉粉末量。

2）改善炉顶生球烘干效果，严禁湿球入炉。

3）严格控制焙烧带温度，防止局部温度过高产生熔融现象。

4）当燃烧室压力逐渐升高时，应先减少废气量和冷却风压力，减少上升阻力，以利于炉料下降。

5）发生塌料后，不得以生球填补，应以熟球填补，调整炉况，直到炉况正常后，再恢复装生球。

6）随着炉况调整逐渐变好时，要逐渐增加废气量、冷风压力和流量，直至转入正常操作。

296. 偏料的征兆、原因和处理方法有哪些？

答：竖炉偏料是指炉口烘干床料面出现较长时间下降不均匀现象。常表现为一侧或一端下料快，一侧或一端下料很慢，甚至不动。

（1）征兆：

1）局部地方料面较长时间下降特别快，其他部位下料变慢，甚至完全不动。

2）有时出现在导风墙两侧，一侧下料很快，另一侧下料很慢，甚至完全不动。

3）炉料下降快的部位炉身各层温度下降，其他部位炉身各层温度自动升高，同一水平面炉身各带各点温度及焙烧带温度差增加。

4）较长时间偏料时，排出料烧成情况不均匀，可见未烧透的红球、黄球、白球和黏结球块、熔融块同时并存。

5）燃烧室压力波动，并且两侧压力差增加。

6）冷却风压力和流量波动。

7）烘干床局部气流过大。

8）烘干床局部气流小，干燥速度变差。

（2）产生原因：

1）排料不均匀，一侧排料过多，一侧排料太少。

2）局部喷火口孔被堵塞，燃烧室火焰喷不进炉膛或喷进去量很少。

3）各烧嘴工作不均匀。

4）辊式卸料器局部齿辊上有大块浮动，齿辊咬不碎，料排不出去。

5）炉下部排料电振给料机工作不正常，排不出料或排料不均。

（3）处理方法：

1）偏料初期可将下料慢部位的烧嘴废气温度降低 50～100℃。

2）加快下料慢的部位辊式卸料机的卸料量和电振给料机排料量。

3）当导风墙两侧下料速度不一致时，在布料车皮带上加一个分料板，增加下料快一侧的生球量，减少下料慢一侧的生球量，并相应增加下料快一侧的废气量。

4）采用上述措施无效时，应停止燃烧，将料面降低至喷火口以下 500～1000mm，观察火道口上下有无挂上黏结物（挂渣），如已有黏结物挂上，应用钢钎或重锤打下，然后用熟球装满。

5）采取以上措施均无效时，可将炉料排空，进一步寻找造成偏料的原因，如果齿辊上有大块浮动不能排料，应将大块砸碎取出，重新装料开炉生产。

297. 管道的征兆、原因和处理方法有哪些？

答：由于炉况不顺，引起局部气流过分发展，其他部位气流减少，甚至很微弱，这种现象称管道。

（1）征兆：

1）局部料面有大量气流夹带粉末和生球一起喷出，声响很大，而其他部位气流很小，甚至微弱。

2）下料很慢，甚至停止下料。

3）燃烧室压力、冷却风流量剧烈波动；管道形成时压力降低、流量增加；管道堵死后压力增加，流量又减少。

（2）产生原因：

1）由于各种原因使料柱透气性恶化，如湿球入炉、生球强度变差、生球破裂温度降低等。

2）料柱透气性变差的初期没有及时采取改善料柱透气性的措施，透气性进一步变差。

3）没有采取相应措施改善料柱透气性的操作方法，炉况不顺状况加剧，局部气流形成管道。

（3）处理方法：

1）发现料柱透气性变差时，应立即采取与料柱透气性相适应的操作方法：一方面采取措施改善生球质量，减少入炉的粉末量；另一方面减少废气量和冷却风量，降低上升的浮力。

2）当透气性进一步恶化时，停止装生球，改装熟球，并加快排料速度。

3）当管道形成时，立即排风坐料（突然停风，使炉料失去浮力而塌落的操作），破坏管道。

4）管道破坏，炉料塌落后，用熟球装炉填补至烘干床后，点火送冷却风并继续上熟球调整炉况。

5）逐渐增加冷却风量和废气量，待炉料下降正常、气流分布均匀、烘干床温度达到600℃后，开始装生球恢复正常生产。

298. 悬料的征兆、原因和处理方法有哪些？

答：生产中炉顶料面完全不动超过30min以上时称为悬料。悬料按其发生部位分为上部悬料与下部悬料。

（1）上部悬料：

1）征兆：辊式卸料器和电振给料机能正常运转和工作，并有球排出，而上部烘干床上料面不动是上部悬料。

2）产生原因：①火道口区域炉墙上有熔融黏结物挂住，把上部炉料支撑住，不能下降；②火道口区域炉料由于受热膨胀相互挤压并与炉墙卡塞，不能下降。此种情况多发生在开炉时设备故障或生产中设备故障，不能排料、整个料柱不能活动、燃烧又继续正常进行、大量高温气体进入炉膛、炉料受热膨胀而卡塞。

3）处理方法：①停止燃烧；②连续排料到悬料部位以下而形成足够的空间，促使上部炉料自动塌下；③连续排料到悬料部位以下而形成足够的空间后，炉料仍不能自动塌落时，应放掉冷却风进行坐料；④当炉料不能自动塌下或坐料不下时，应从炉口上部用钢钎或重锤撞击，将悬料打击下去；⑤悬料被处理下去后，重新装熟球补料面（要注意补料面操作一定要缓慢进行，既要一边装料一边排料，且要在装料量大于排料量的情况下，使料面逐渐提高，不可在只装料不排料的情况下提高料面，以避免形成新的悬料）。

（2）下部悬料：

1）征兆：辊式卸料机和电振给料机均在正常工作，排出的料量很少或排不出来料时为下部悬料。

2）产生原因：①炉内熔融的大块炉料把辊式卸料机堵住，齿辊破碎不了，上部炉料被大块托住不能排下；②排料槽被熔融的大块卡住不能排料；③排料溜嘴被大块挤压卡住不能下料；④电振给料机工作失常，排不出料。

3）处理方法：①停止燃烧；②先检查电振给料机工作是否正常，如果工作不正常，应进行修理；修理好后，启动电振给料机进行振动排料，如能正常排料，表明问题已解决，如果仍不下料，则排除此点原因；③在排料溜嘴处打开检查孔（或现场临时开孔）检查，判定排料溜嘴是否被堵，并进行处理，取出堵塞块；④打开排料矿槽检查孔或人孔，检查是否被堵塞卡住，并进行处理；⑤经上述几项检查确认都没问题时，应确定为齿辊上有大块浮动，齿辊不能咬住破碎，应先采取送冷却风，待炉料冷却后，打开炉身下部人孔将料排空进入炉内，将大块破碎到齿辊能咬住的小块，再启动齿辊进行破碎。大块破碎排除后，封人孔重装熟料按开炉程序点火生产。

299. 竖炉结块的部位、特征和原因有哪些？

答：竖炉结块也称结大块或结瘤，主要是由于操作不当而引起湿球大量下行或热工制度失调等造成的。是球团竖炉焙烧过程炉况失常最严重的一种。

征兆：下料严重不顺，甚至到了整个料面不下料；燃烧室压力升高；排矿处可见过熔黏结块，排出的料量偏少；油泵压力高；齿辊转不动。

结块较轻，可减风减煤气进行慢风操作，并减少生球入炉量，在烘床上的生球达到 1/3 干球后才能排料，这样一直维持到正常。结块较重，只好停炉处理，把炉料排空，打开竖炉下部人孔，把大块捅到齿辊上，用人工破碎，搬出炉外，处理干净，重新装炉恢复生产。严重时要进行爆炸处理。

（1）结块部位：

1）焙烧带处结块。在这个部位的结块，大都在喷火口附近或预热带处，与砖衬黏结在一起，见图6-43。

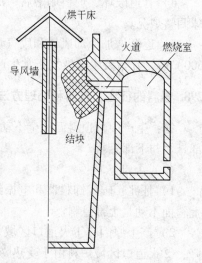

图 6-43 焙烧带结块示意图

这种结块是各类结块中发生最多的一种。

2）均热带结块。均热带处结块，一是球团在焙烧带熔融相互黏结，但没与炉墙黏结而随炉料下降至均热带与炉墙黏结形成结块；二是焙烧过程中高温带下移至均热带，且温度超过球团的熔化温度使其熔融并与炉墙黏结形成结块。

3）冷却带结块。这种结块大多数是球团在焙烧带或均热带熔融互相黏结随炉料下降至冷却带而形成的。这种结块都比较严重，往往从焙烧带至冷却带，甚至延伸到辊式卸料机上。

（2）结块特征（如图 6-44 所示）。

1）葡萄状大块。这种结块是因球团矿表面熔融互相黏结而形成。这种结块的结构脆弱，用手触动就可分离，处理也比较容易。

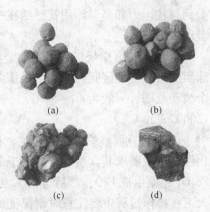

图 6-44　球团矿结块特征
(a) 合格球团矿；(b) 表面黏结球团矿；
(c) 熔融球团矿；(d) 完全熔融球团矿

2）葡萄状与实心块状兼有的大块。这是葡萄状与熔融严重的结块黏结在一起的大块。球团已变形，但尚可看出部分球团的形状。

3）实心状大块。这是几乎看不到球团形状，完全熔融在一起，具有金属光泽、组织细密的坚硬大块，结块中 FeO 很高。

（3）结块原因：总之，对竖炉结块事故不仅要处理，还必须找出结块的真正原因，并采取有效措施，才能彻底根除，引起竖炉结块的主要原因有：

1）湿球下行。竖炉炉况不顺，排料过深或为了赶产量，致使大量未干燥的生球（湿球）到了预热带或焙烧带，受到料柱的挤压变形，黏结在一起；或者产生严重爆裂而形成大量粉末发生黏结；使磁铁矿未能氧化，到焙烧带发生再结晶或软熔形成大块。

2）焙烧温度过高。当配比发生改变，而焙烧温度未加调整；或煤气热值增加及仪表指示不准而引起操作失误，使焙烧温度超过球团矿的软熔温度发生黏结而结块。

3）焙烧带出现还原性气氛。竖炉生产时，煤气未完全燃烧而进入焙烧带或停炉时因阀门不严，煤气窜进炉内燃烧等原因。使焙烧带出现还原性气氛，球团产生硅酸铁等低熔点化合物而造成炉内结块。

4）配料错误。例如配入大量消石灰，可产生低熔点化合物，降低球团软熔温度。或者配入大量高硫矿及混入含碳物质的原料，使竖炉摄入过多的热量而产生结块。

5）竖炉停、开过程中操作失误。炉内结块，经常发生在竖炉停、开炉过程中，停炉时没有及时切断煤气和冷却风，没有及时松动料柱排料。开炉时下料过慢或操作不当，使炉料在高温区停留时间过长而引起结块。

300. 竖炉生产过程中预防结块的措施有哪些?

答：在生产过程中造成球团竖炉结块的原因很多，但归纳起来主要原因只有湿球入炉、焙烧带温度过高和炉内出现还原性气氛等三个方面。因此，针对结块原因，主要措施有以下几方面：

（1）防止湿球入炉。湿球入炉是结块的重要原因。湿球入炉后，因其有较大的塑性，受到料柱压力和高温作用就黏结在一起形成结块。因此,必须创造条件和改进操作来防止湿球入炉。

(2)控制好焙烧带温度。在竖炉焙烧操作中要始终把焙烧带的实际温度控制在所焙烧球团的焙烧温度区间内。生产操作中要把焙烧带温度选定为焙烧温度的中间值,并确定一个波动范围,一般为 $40 \sim 50 ℃$。例如焙烧温度区间为 $1100 \sim 1300 ℃$,则生产中应控制在 $1200 ℃ \pm 50 ℃$。

(3)注意调整炉内焙烧气氛。在竖炉生产过程中要经常注意调整炉内气体气氛为强氧化性,一般要求其含氧量不能低于 $2\% \sim 4\%$。因为如果炉内是还原性气氛,充裕的 CO 使 Fe_2O_3 还原生成 FeO,然后与 SiO_2 生成低熔点化合物 Fe_2SiO_4,也就是熔融结块。为此,看火工在操作过程中要注意时刻保证燃烧室有足够的含氧量,停炉时要可靠地切断煤气避免窜入燃烧室,合理控制冷却风,增加炉内氧化性气氛。

(4)FeO、S 含量高的铁精粉在焙烧时内部放热造成结块,所以不同品种的铁精矿要分别堆放使用。同一品种化学成分波动大的矿粉,要中合混匀使用。

(5)加强原料场管理,避免铁矿粉中混入煤粉、焦粉和瓦斯灰等含碳物质。

(6)加强仪表管理,及时校验,保证其准确性,避免因计器仪表误差而造成的结块。

301. 竖炉导风墙孔堵塞的原因及其防止措施有哪些?

答:通风孔堵塞也是造成导风墙寿命短的原因之一。当通风口堵塞,导风墙便失去了导风作用,影响竖炉的产质量。堵塞 1 个或 2 个孔洞时,只是被堵塞的通风孔附近的生球干燥速度变慢,当堵塞的通风孔处在上端部时,此特征较明显,产量也因此降低。此时处于均热带与焙烧带的冷却风量明显上升,此处上升的冷却风对火道区的热废气形成干扰,造成燃烧室压力上升,同时使球团在炉内的高温保持时间缩短,对再结晶与强度提高十分不利,球团质量因此下降。

导风墙孔堵塞的原因十分复杂,通过现场检查和研究,出现通风孔堵塞的主要原因有:

(1)导风墙孔堵塞物进入的途径分析:

1)当竖炉预热带出现了管道行程,管道中处于流化状态的球团矿或粉料离开料面时形成喷溅,被溅起的碎球或粉末,从导风墙上口落入导风墙中。当落入的料量大于从导风墙下口的排料量时,物料在导风墙孔中堆积。竖炉用电振给矿机排料,料面下降速度很慢,一旦管道形成,如不采取其他措施,管道很难在短时间内消除,喷溅进入导风墙的物料,在导风墙孔中愈堆愈高,直到把导风墙孔灌满。导风墙孔较小,落入的球团或粉料卡塞后,容易形成棚料拱,即使管道行程消除后,堵塞的物料仍然存留在导风墙孔内。喷火口对面的导风墙温度高,落入的球团和粉料容易在该处熔融,形成上半个导风墙孔被堵死,下半个导风墙孔无堵塞料的现象。

2)导风墙出现偏移或变形,导风墙通风路径出现错位,炉内粉末进入风道产生堵塞,主要原因存在于烘炉过程中,导风墙两侧装料不均匀或过程中长期的偏布偏排。

3)干燥床炉箅烧损或脱落,大量生球直接冲入出风口造成出风通道内烧结堵塞,原因是炉箅材质差或操作不当,小规模的塌料导致炉箅脱落并未及时发现。

4)大水梁内侧保护浇注料层变形或水梁支撑板变形,下部通道不畅,开停炉过程中,灰尘进入风道长期积存结料。为避免导风墙通风口堵塞，制定详细的算床清理检查制度和装炉点火制度、设备管理制度。严格检查大中修及相关材料质量，确保不出现通风口堵塞问题。

（2）防止导风墙孔堵塞的措施，主要是预防管道行程的发生。

1）保证生球质量和禁止湿球入炉，避免烘干床和炉墙间产生棚料。操作中，注意观察排矿时烘干床上面料的移动情况，尽早发现已经产生的棚料或烘干床上堆料不下的现象，以便及时处理，确保干燥速度合适、不结块、下料顺畅。

2）冷却风量要适当。竖炉设计中，冷却风量要同竖炉产量、单位球团矿的燃烧废气量、炉型和导风墙结构相适应，保证竖炉在正常生产的波动范围和正常的允许的不均匀情况下，不产生管道行程。济钢竖炉采用大冷却风机后，出现导风墙孔的堵塞现象，是个有代表性的例证。

3）发现管道行程，要及时"坐料"处理。把冷却风放掉，把燃烧废气量减下来，如同高炉"坐料"一样。风量锐减后，料柱收缩，空隙度减小，料柱的空隙度趋向均匀，停几分钟后再恢复正常送风，管道行程即可消除。此时导风墙孔堵料不多，不易形成棚料拱，生产一段时间后，堵的料有可能从导风墙下口排掉。

4）不采用一机两用。冷却风机和助燃风机分开，避免低料线，尤其是一侧低料线时，助燃风量应大幅度增加。

5）提高自动化装备水平，安装助燃风量和煤气量的自动控制和调节系统。按平均生球量确定"给定值"，使燃烧废气量不随预热带和焙烧带料柱阻力损失的变化而波动。

6）增加进入导风墙的风量。

7）防止炉内出现结块。

302. 导风墙砖出现孔洞的原因和处理办法有哪些？

答： 导风墙砖出现孔洞的位置一般在导风墙的下部或墙体两侧的端头。从孔洞的形态看，底部孔洞是砖体磨损后形成的，端部孔洞多是砖体损坏脱落造成的。

当导风墙出现孔洞后，竖炉下料会出现异常，孔洞处下料速度明显加快，下料状态呈漏洞状，此处生球无法烘干，造成湿球大量入炉，喷球、塌料现象频发，成品球团矿质量下降，含粉率增加，产能下降。

临时性处理方案：如果孔洞不大，在 1~2 个导风口范围内可以采用将破损处砖墙孔洞直接堵塞的方法处理。处理后，堵塞处的干燥效果会差一些，详细情况和导风口堵塞一样，但相比砖墙出现孔洞对竖炉生产的影响要小一些。

砖墙出现孔洞的主要原因是：

（1）生球质量差或者生球干燥效果不好，产生大量粉末、粉尘，在导风墙中间冲刷，使导风墙中部隔板或导风墙下部 T 型砖破坏，由于两侧球团的压力将导风墙外侧砖推移造成孔洞。

（2）支撑水梁上部面板或水梁隔板受热断裂或变形，上升风在导风墙中形成涡流冲刷导风墙根部，产生孔洞。

（3）进厂耐材质量不过关，耐火砖在底部高温、高压下产生碎裂。

针对以上 3 种情况采取的主要措施是：首先，控制生产稳定，做到均布匀排料和干球入炉；其次，水梁耐热隔板材质必须使用耐热钢，并且采取满焊的形式进行处理防止变形。

303. 布料工的技术操作要点有哪些内容?

答：布料工是竖炉生产非常重要的岗位，它工作的好坏，直接影响着炉况顺行和球团矿产质量，主要岗位技术操作要点有以下几方面：

（1）随时掌握炉况及所属设备的运转状况，对炉况变化趋势有预测判断能力和调整手段，做到干球入炉，保证炉况顺行。

（2）布料时要根据竖炉炉况，连续均匀地向烘干床布料，在不裸露炉算条的前提下，实施薄料层布料操作，做到料层均匀、料流顺畅。

（3）保证干球入炉，要求烘干床下部至少要有1/3干球（灰白色）才能排矿。

（4）排矿时布料工要及时通知排矿输送机或链板机、液压油泵的开启、关闭；并操作电振排矿，做到上下部紧密配合，尽量连续均匀地排矿，勤开少排，使排矿量与布料量基本保持平衡，料流稳定下降顺畅。

（5）如发生烘干床炉算条黏料，要立即去疏通。如因故发生料面降低到炉算条以下时，不得用生球填补，要及时补充熟球，避免生球入炉出现严重爆裂或互相黏结，影响后续操作。

（6）要经常与看火工、造球工、辊筛工保持联系、沟通，相互协作共同搞好生产。

（7）正常生产中，要时刻注意布料车行走位置，不能完全靠限位停车；要及时疏通烘干床上的黏料，使生球松散自由滚动；随时掌握废气量及炉顶各点温度、燃烧室压力变化情况，并与看火工联系共同调整炉况；发现炉算破损或短缺，要及时补充，挡皮要及时更换和调整。

（8）布料车停止布料时，要退出炉外，防止烧坏皮带；如事故停车，必须切断电源，人工将布料车拉出炉外；立即通知看火工放散冷却风，减少助燃风和煤气量。

（9）按点检标准要求，经常检查、维护所属设备，运转部位按要求加油润滑，岗位卫生要及时清理。

（10）开停车操作时要及时通知带冷机、风机、油泵等相关岗位，按操作规程要求进行设备的开停操作。

304. 布料工的安全操作要点有哪些内容?

答：布料工的安全操作要点有：
（1）上岗前必须将劳保用品穿戴齐全。
（2）布料机启动前应确认皮带机旁无人无杂物后方可开机。
（3）启动电振给料机或链板机要先给岗位发信号，待得到回应后，经确认无误方可开机。
（4）布料机运转时，禁止将手脚放于轨道上；巡视设备时要精力集中，严禁靠近运转中的设备。打扫卫生时，应用长柄工具，防止运转设备伤人。
（5）转动部位禁止在运行中加油或擦洗。
（6）使用提升机时，物料平稳地放在吊篮机板上，打滑或能滚动的物件应捆扎牢固，人员远离后方可开动提升机。

（7）疏通膨料要佩戴好防护帽、防护镜，侧身工作，防止烫伤。更换炉箅子应防止烫伤或落入炉内，必要时戴好安全带。

（8）烟罩内工作使用临时行灯电压为12V。

（9）禁止从高处向下方抛扔物品。

（10）设备检修时，要可靠地切断电源，挂好"有人检修，禁止合闸"警示牌。

305. 看火工的技术操作要点有哪些内容？

答：（1）竖炉操作参数。

1）燃烧室压力不大于19000Pa（正常调整不大于15min）；

2）燃烧室温度900～1050℃（正常调整不大于30min）；

3）焙烧带温度900～1050℃（正常调整不大于30min）；

4）燃烧废气含氧量>4%。

（2）做好引煤气操作。

1）检查煤气、助燃风和冷却风的电动蝶阀是否关闭；检查烧嘴阀门是否关闭。

2）检查煤气总管和支管放散阀是否打开，注意风向下游是否威胁人员安全。

3）通知开启除尘抽风机和鼓风机并放风（当烘炉不用助燃风时除外）。

4）通知煤气加压站往高压煤气总管通氮气或蒸汽。

5）见煤气总管放散阀冒氮气10min后，可通知加压站送煤气并关闭氮气或蒸汽。

6）见煤气总管放散阀冒煤气5min后（爆破试验合格），可开启煤气总管电动蝶阀，压下煤气总管放散阀，关闭煤气支管氮气或蒸汽。

（3）做好点火送风操作。

1）见煤气支管放散阀冒煤气5min后，做煤气爆破试验三次，合格后开启助燃风机电动蝶阀，关闭放风阀（此时冷风蝶阀必须开启，否则不能关闭放风阀）。

2）与加压站、风机岗位联系并调节阀门，使主管煤气压力稳定在4000Pa以上，助燃风压力应控制在2000Pa左右。

3）开启燃烧室的烧嘴阀门进行点火。用低压煤气点火时，燃烧室温度必须大于700℃；用高压煤气点火时燃烧室温度必须大于800℃，否则必须有可靠的明火来点燃煤气。严禁突然送入高压煤气，以防把火吹灭，造成爆炸。

点火时，应先略开助燃风阀门，然后徐徐开启煤气阀门，使比例达到1.2∶1。调节两燃烧室的煤气和助燃风量，使其基本相同。如果10s内未点燃，要切断煤气，停止1min后，再点火。

待火已经点好后，压下煤气支管放散阀，再逐渐增加压力。

4）逐个将各个烧嘴点燃后，燃烧室温度均大于800℃时，通知加压站送高压煤气，使煤气压力保持在20000～25000Pa，同时调整助燃风压力与之相适应，按照要求将燃烧室及焙烧带温度控制到规定范围之内。

5）点火前通知布料工，暂时停止工作撤至安全地带，以防止煤气中毒和爆炸，点火后通知布料工恢复正常工作派两人用便携煤气检测仪检测是否有煤气泄漏点。

（4）做好灭火操作。

1）布料车、烘干机做停机操作。

2）通知煤压站降压，放冷却风。

3）当放风或煤气降压后，打开煤气总管放散阀，立即关闭煤气和助燃风总管蝶阀，关小或关闭风机进口蝶阀和关闭全部烧嘴阀门。

（5）做好停炉操作。停炉操作时间和方法如表6-13所示。

表6-13 停炉操作时间和方法

停炉时间	操 作 方 法
不多于30min	（1）放散冷却风；（2）调节煤气和助燃风入口阀门，降低煤气和助燃风流量。注意在操作过程中助燃风和煤气配比始终保持1.2：1的水平；（3）每隔15min活动一次料柱
30min～4h	（1）执行灭火操作；（2）每隔15min活动一次料柱
大于4h	（1）执行灭火操作；（2）排料至火道口以下，处理炉墙黏料；（3）清理烧嘴黏料

（6）紧急停炉操作（如遇竖炉突然停水、停电、停煤气、停抽风机等应作紧急停炉操作）。

1）立即打开煤气总管放散阀，同时立即关闭煤气总管蝶阀，切断通往燃烧室的煤气，通知烘干机停烧、停机并通知煤气加压站降压或停机（停机应往煤气总管通入氮气）。

2）通知风机房放风或停机，立即关小进风蝶阀，同时关闭助燃风进风蝶阀。

3）关闭煤气支管和助燃风支管蝶阀，关闭全部燃烧室烧嘴阀门。

4）其他按正常放风操作。

5）如停水时，应注意将小水梁进水阀关掉，使用小水梁备用水箱。根据实际情况可把烘干床上的料排到炉箅以下，打开所有炉门让其自然冷却。来水时，应徐徐开启进水阀门，防止水梁变形。

6）如停电时，将所有放散阀打开，关闭所有蝶阀。能用手动的用手动关闭，不能用手动的等来电时再关闭，并将布料小车推出炉外，以防布料皮带烧损。

（7）生产操作：

1）根据料种和配比，调整好焙烧温度。

2）根据煤气用量的多少及时调整助燃风的用量，以保证煤气的良好燃烧。

3）检查小水梁、齿辊、漏斗、直料槽等冷却水箱的进、出水情况及出进水温差，供水压力不得低于0.5kPa。

4）检查导风墙水梁的汽化冷却工作情况，如发现断水现象，应立即做紧急停炉操作处理。

（8）气化冷却系统操作：

1）每两小时对水梁6道阀排污一次，每次1～2min。

2）两排污阀第一道为常开状，每天白班活动一次，以防堵塞；第二道为开停阀。

3）每天白班对汽包排污一次，第一道阀门为常开状，每周活动一次，第二道阀为开停阀。

306. 看火工的安全操作要点有哪些内容？

答： 看火工的安全操作要点有：

（1）上班前必须将劳保用品穿戴齐全。

（2）低压煤气压力低于 2kPa 时，燃烧室不得点火；正常生产时，高压煤气压力应在 20kPa 以上。当低于此值时应调节，使煤气压力始终高于炉内 2000Pa 以上，防止煤气管道回火爆炸。

（3）用低压煤气点火时，燃烧室温度必须大于 700℃；用高压煤气点火时燃烧室温度必须大于 800℃，否则必须有可靠的明火来点燃煤气。严禁突然送入高压煤气，以防把火吹灭，造成爆炸。因故吹灭明火或熄灭后，应排净燃烧室残余煤气，重新点火。

（4）停炉或对煤气设施检修时，应可靠切断煤气，打开支管两个放散阀，并通入氮气或蒸汽。取得危险作业许可证，通知煤防站检测合格并确认各项安全措施已落实方可同意检修。

（5）经常对煤气设施进行检查，防止煤气泄漏，造成中毒。

（6）从事煤气作业必须两人以上，禁止单独作业。停送煤气必须严格执行煤气安全操作规程。

（7）不得随便打开窥孔，防止中毒、烧伤，观察火焰时，面部与窥孔间距不少于半米、并且要侧身。

（8）检修时，要切断电源，并挂上"有人检修，禁止合闸"的警示牌。

307. 竖炉热工参数测量仪表类型、位置、数量有多少？

答：为了准确了解和掌握生产中竖炉炉况现状，并更准确的知道竖炉炉况动向趋势和变动幅度，必须在竖炉某些部位安装一些计器仪表来检测炉子的热工参数。热工参数测量仪表主要有温度测量仪表、压力测量仪表和流量测量仪表（见表6-14 ~ 表6-16）。

表 6-14 竖炉炉体测温点位置、数量

测温点位置	炉顶烟罩	烘干床	干燥带	预热带	焙烧带	均热带	冷却带	排矿
仪表数量	1	2	4	4	4	4	4	2

表 6-15 燃烧室热工参数测量情况

测量点位置	燃烧室温度	燃烧室压力	混气室温度
仪表数量	2	2	4

表 6-16 各种气体测量位置、数量

测量点位置	冷却风压力		冷却风流量		助燃风压力		助燃风流量		煤气压力		煤气流量	
	总管	支管	总管	支管	总管	支管	总管	支管	总管	支管	总管	支管
仪表数量	1	2	1	2	1	2	1	2	1	2	1	2

6.7 竖炉事故实例

308. 唐钢一炼铁厂竖炉结块事故实例

虽然我国球团竖炉自从有了导风墙和烘干床之后，炉口内结块已经不再是主要问题，但仍然会发生结块事故。下面介绍是唐钢竖炉20世纪90年代结块案例（方丽平．《球团技术》，1999.4），这里我们加以回顾和分析，也许能提供某种有益可靠的借鉴。

（1）竖炉结块事故一：

原因之一：唐钢某竖炉齿辊卸料方式原设计为"七辊全动"，摆动角度±34°，一台泵供两个齿辊运转。生产一段时间以后，由于摆动油缸内部渗漏，虽然换新，但压力仍低，致使一台泵供两个齿辊能力不足，齿辊摆动角度小；严重时齿辊不转，下料不畅，导致料面不动。

原因之二：由于烘干机煤气系统的闸阀损坏，烘干机自动灭火，料温较低，不利于混合料成球后母球长大；加之雨季，精粉水分大，平均为9.0%，造球时几乎不用加水，生球质量差，炉内透气性差。

原因之三：由于冷却风机漏风，冷风量由22000～24000m³/h降到17000～19000m³/h，又受冷风管道布置形式的影响，使西南角风量最小，在干燥、预热带，生球发生塑性变形压在一起，炉内透气性更加恶化。

原因之四：由于两燃烧室压力取气孔堵塞，在仪表显示压力相同的情况下，竖炉西侧压力偏高较多，而在结块前未注意此现象，故亦未采取相应措施。

本次结块位置在喷火口以下1～2m处，呈波浪状（齿辊不转处有大块），硬度低，水冷后，风镐即可打碎。为避免重复发生，提出如下措施：

1）保证生球质量，减少入炉料粉末。

2）加强对仪表的管理，要求显示数据准确可靠。

3）将齿辊改为单泵单供，即1号、2号、4号、7号正转、反转，3号、5号、6号正转、反转，算完成一个周期。

4）改进冷风管道布置形式，在东西两侧再安装一管道，冷风从该管道中间向南北两边进入冷风支管，可大大缓解风量不均的状况。

（2）竖炉结块事故二：

原因一：因2号加压机振动大，倒1号加压机，开机后，又发现1号机壳端盖跑煤气，加之冷却风机出口管道变径处漏风，冷风量不够，停炉时间较长，此间基本未活动料柱。

原因二：灭火期间，煤气烧嘴虽关闭，但关不严，致使炉内形成还原气氛，有利于低熔点亚铁硅酸盐的形成。

本次结块属一般结块，只进行慢风操作，减少生球入炉量。

此次结块应吸取的教训：一是若计划外停炉时间较长，即使在灭火状态，也必须勤活动料柱；二是要重视烧嘴截止阀，严禁关不严。

（3）竖炉结块事故三：

此次竖炉发生严重结块，被迫采用炸药处理，影响竖炉生产6h。对当时的原料条件及生球进行了化验结果列于表6-17。

表6-17 结块和原料化验结果 （%）

名　称	TFe	SiO_2	CaO	MgO	S	FeO	Al_2O_3
黏结状块	60.19	13.34	2.1	1.51	0.020	5.0	—
镜面状块	60.78	9.39	1.9	1.44	0.009	15.8	—
生　球	58.79	10.43	2.5	2.70	—	23.8	3.14
膨润土	2.43	63.51	4.0	2.34	—	—	20.0

由表 6-17 可以看出，不管是小球之间的黏结状成品块，还是镜面状成品块，FeO 含量均较高，说明磁铁矿未充分氧化。

从原料条件看，膨润土中 CaO 含量为 4.0%（正常一般为 2.0% ~ 3.0%），又发现当月使用的膨润土 CaO 含量均较高，个别时达到 6.25%，成品中 CaO 含量平均在 2.09%（一般为 1.0%）说明原料中混入较多的 CaO，致使球团矿软熔温度下降，同时燃烧室温度掌握偏高，一般为 1050 ~ 1100℃，个别达到 1170℃。加之原料中 SiO_2 含量较高，易产生低熔点 $2FeO \cdot SiO_2$ 液相。

另外，为追求产量，有湿球入炉，料柱挤压黏结在一起，使磁铁矿未能氧化，到焙烧带发生再结晶或软熔形成大块。

再有，齿辊卸料方式由"七辊全动"改为"四动三静"后，虽然提高了密封效果，减少了故障，但由于是圆周运动，势必降低破碎能力。

为吸取教训，定出新措施：

1）不仅要重视生球的落下强度，也应关注其抗磨性能。

2）不要盲目追求产量，要确保生球烘干效果，严防湿球入炉。

3）进一步摸索小矿点精矿粉对操作参数的适应性（小矿点精矿质量起伏较大）。

4）重视膨润土的内在质量，及时反馈信息，将其（CaO + MgO）含量控制在 6.0% 以内，Al_2O_3 含量控制在 15%。

309. 唐山国义特钢竖炉使用高硫粉结块事故实例

2009 年 8 月 12 日 21：00 时，发现 2 号竖炉（1 号检修）东南下料不畅，炉况出现异常，进行排料检查，发现结块严重（从齿辊上面至喷火口），采用水冷却无效，被迫用炸药处理，影响生产 17h。

（1）事故经过、原因：

8 月 12 日乙段 8 点接班后生产正常，因生球粒度和强度不好，当时只使用 2 号仓（高硫精矿粉）15%、3 号仓（普通精矿粉）83.3%、皂土 1.7%，除精矿粉细度有些低外未发现异常，然后调整 2 次皂土配比。到 12：30 时生球质量突然变好，但此时炉内出现蓝烟，炉外硫黄味浓重。

值班段长立即询问高硫精矿粉和普通精矿粉配比，经确认后发现供料司机是新人，误将高硫精矿粉当做普通精矿粉铲入 3 号仓。

根据推算高硫精矿粉（含硫达 3.0%）配比高于规定比例使用时间达 1 个多小时，立即采取措施将 2 号仓高硫精矿粉停用，将 3 号仓的铁粉按 15% 配用，将 6 号普通精矿粉备用仓启动。

做完上述工作后，到 13：30 时生球又变回正常。根据上料时间、生球变化时间推算前后只有 1 个多小时高硫精矿粉偏多，也就没有及时向厂部反映，只是做了些简单的降温减压处理，直到交班下料一直未见异常。

到 16：30 时丙段接班后发现竖炉南侧中间下料比平时稍慢，开始降低温度、上循环球、减少生球量，想通过用循环料将炉内结的软熔块刷掉，经过处理，效果不明显，于 21：00 时进行大排料。到 22：30 时发现炉内结块，一直用水浇、人工处理，到 3：30 时通知调度室找炮工炸瘤，总共炸 17 炮。然后人工砸，直到处理完毕。

（2）预防措施：

1）不明确成分的铁矿粉、未归类的铁粉坚决不许使用；

2）料场进料尽可能品种明确，不要混料，铁矿粉堆插标志牌；

3）铁矿粉仓悬挂所用原料名称，特别标明高硫矿粉成分；

4）供铁矿粉时，必须有仓口工现场监护，否则不给供料；

5）配料工必须每半小时目测、手摸各仓铁矿粉细度一次，并做记录；

6）高硫矿粉配比不许超过规定值；

7）看火工发现炉内冒蓝烟、有刺鼻硫黄味，要及时检查铁矿粉配比，并及时反映。

如果确认混入高硫矿粉，要当机立断采取果断措施进行大排料，直接排到大水梁以下，矫枉宁可过正。

7 辅助工操作技能

竖炉辅助工种是生产的延续和能源的提供，也是竖炉生产不可缺少的环节，主要有鼓风系统（包括助燃风和冷却风）、煤气加压系统、水循环（包括软化水）系统、冷却筛分系统、电除尘系统等，这些岗位操作技能更是不可忽视的。

7.1 设备性能

310. 鼓风带式冷却机结构和工作原理有哪些？

答： 竖炉球团鼓风带式冷却机主要用于冷却竖炉未冷却下来的成品球团矿，同时也起到运输成品球团矿的作用，主要由传动装置、头部星轮装配、台车、链条、托辊、机架、风箱及密封装置、尾部拉紧装置、卸灰阀、罩子装配、头部罩子、刮板运输机装置等部分组成，如图 7-1 所示。

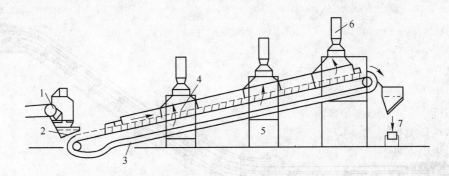

图 7-1　新型带式冷却机示意图

1—热链板机；2—热筛；3—带冷机；4—排烟罩；5—冷却风机；6—烟囱；7—皮带机

带冷机由固接在焊接链条上的台车组成，封闭链带由尾部星轮张紧，中间靠上下托辊支撑，上列台车下部侧帮坐落在风箱密封之上接受鼓风，台车底部设有通风的箅条，两侧及头尾均有密封。

冷却鼓风机设在带冷机一侧下部，冷风由风管进入风箱经箅板缝隙进入台车底部，穿过热球团矿层，进行热交换，以达到冷却目的。

上部承载段台车有少量散料落入风箱，沿风箱斜坡滑入风箱尘降管，由手动单层卸灰阀截住散料起密封作用。

如果运转链条松动，可调整尾部拉紧的弹簧，使链条张紧到理想程度。

新型（竖炉）鼓风带式冷却机有关技术参数见表 7-1。

表7-1　新型（竖炉）鼓风带式冷却机有关技术参数

规格 /m²	总重量 /t	生产能力 /(t/h)	运行速度 /(r/min)	倾角 /(°)	冷却时间 /min	功率 /kW	台车 有效宽度 /m	台车 数量 /个	台车 栏板高度 /m
30	167	50~80	0.25~2.2	10	50~70	18.5	1.5	84	1.15
34	190	80~100	0.162~1.622	10	50~70	18.5	1.5	93	1.15
45	163	90~140	0.29~1.46	10	45~55	22	1.5	190	0.55
50	195	100~140	0.7~1.67	9	30~65	30	1.5	200	0.55
60	359	80~160	0.14~1.4	5.69	50~70	30	1.5	141	1.15

注：表中是河北华通重工机械制造有限公司实际产品型号。

311. 热链板给矿机结构和工作原理有哪些？

答：（1）工作原理和结构。热链板机是一种高强度连续运输机械，主要作用是均匀地运送各种散状物料，特别适用于运载各种尖锐的、腐蚀性的和灼热高温的物料。本设备主要由传动装置、头部链轮、链条、链板、托辊、机架和尾部拉紧轮等部件组成（见图7-2）。热链板机的运行线路可以在0~30°的倾角范围内任意布置。速度可以通过不同方式调节，一般采用交流电动机变频调速的方式来调节速度。

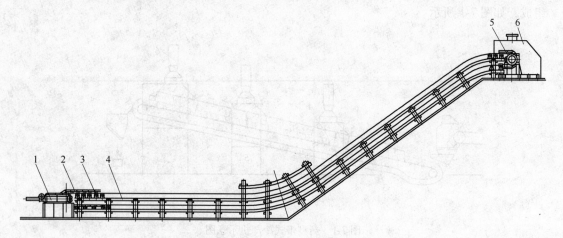

图7-2　热链板机示意图
1—尾部张紧装置；2—链板斗；3—托轮装配；4—机架装配；5—头轮装配；6—头罩

热链板给矿机由紧固在链条上的链板来达到运输目的。由尾部链轮张紧调整，下面由托轮支撑，弯弧段由压轮压紧，改变链条运行方向，达到运输的目的。

新型B650、B800型热链板机技术性能参数见表7-2。

表7-2　新型 B650、B800 型热链板机技术性能参数

规格	运输量 /(t/h)	链板速度 /(m/s)	头尾链轮 直径/mm	YVP型变频 电机/kW	调速范围 /(r/min)	减速机	速比	链板长度 /m
B650	50~80	0.04~0.41	640	30	960~96	ZSY315-71-5	71	48.8
B800	70~120	0.04~0.41	800	30	960~96	ZSY315-71-5	71	36

注：表中是河北华通重工机械制造有限公司实际产品型号。

（2）操作规则与使用维护要求。板式给矿机作为重要生产设备，其故障率相对来说是比较低的，但在设备生产运行中还应注意以下几点：

1）设备的定检与维护。维护人员专业点检必须按照点检标准进行填写、记录，应随时注意设备运行时链带是否打滑跑偏，若跑偏严重应停机处理。

2）设备的润滑。虽然板式给矿机的传动部位和各部位轴承均有良好的润滑保障，但还是必须坚持定期检查设备运行状况，特别是自动给油系统要保障转动部位的充分润滑。

3）生产操作人员的日常维护。必须坚持设备清扫，将积料、积灰、杂物清理干净，严格交接班制度，发生事故及时停机，及时上报。

（3）常见故障分析及处理：

1）链带打滑。链带由于长期运转造成链条与链板磨损严重，以致出现链带打滑现象。简单的处理办法是调整链板的张紧程度，即调整张紧装置使链板张紧适度，或者对链轮的齿进行堆焊修复，也可以在一定程度上消除打滑现象。

2）传动装置空转。传动装置空转原因主要是链节断或是联轴器损坏，一般进行更换后即可恢复。

3）链带跑偏。链带发生跑偏的原因比较复杂，头尾轮中心线不对，托辊磨损不一致，两侧托辊不水平，链带磨损等都可能发生链带跑偏。根据不同情况采取调整张紧、更换托辊等措施，可以改善跑偏的情况。

312. 耐热振动筛的性能和工作原理有哪些？

答：（1）耐热振动筛的结构。耐热振动筛由筛箱、振动器、中间联轴节、弹性联轴器、减振底架、电动机等部分组成，如图 7-3 所示。

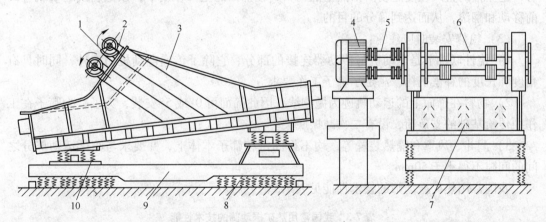

图 7-3　SZR3175 耐热振动筛示意图

1—激振器偏心配重块；2—激振器；3—筛框；4—电动机；5—弹性联轴器；6—中间轴；
7—筛板；8—二次减振簧；9—二次减振架；10——一次减振簧

按照筛框的运动形式不同，常用的振动筛可分为双轴直线振动筛和单轴圆振动筛。
按照振动筛减振形式的不同，可分为一次减振振动筛和二次减振振动筛。
按照双轴直线激振器同步方式的不同，可分为自同步和强制同步振动筛。
按照激振器与筛框配置关系不同，可分为激振器一体式和分体式振动筛。

按照激振器在筛框配置位置的不同，可分为上振式和下振式振动筛。

此外，还有双轴激振器偏移式（见图7-4）和三轴椭圆振动筛等形式的振动筛，但它们均是以基本振动筛为基础复合而成的，其基本原理不变。如椭圆振动筛是由双轴直线振动筛和单轴圆振动筛简单组合而成和直线复合而成的椭圆，故命名椭圆振动筛。

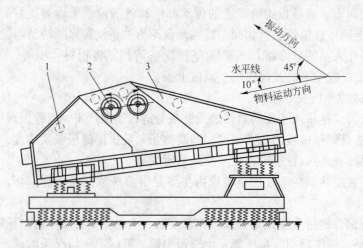

图7-4 激振器偏移式振动筛示意图
1—支撑梁；2—激振器；3—筛框

（2）热振筛的工作原理。振动器上的两对偏心块在电机带动下，作高速相反方向旋转，产生定向惯性力传给筛箱，与筛箱振动时所产生的惯性力相平衡，从而使筛箱产生具有一定振幅的直线往复运动。筛面上的物料，在筛面的抛掷作用下，以抛物线运动轨迹向前移动和翻滚，从而达到筛分的目的。

（3）检修安装时应注意：

1）挠性联轴节是电动机与传动器连接的部分，它除了传递电动机功率外，同时具有角度和长度的补偿机构，满足了筛子工作要求。

2）物料在筛面上的运动轨迹为抛物线，因此筛面可0°或5°安装，为了减少筛子在工作中传给基础的支负荷，设有二次减振底架。

3）漏斗、风罩和隔热装置等，均不得固定在筛子本体上，并要求与筛子运动部分之间的间隙不得小于50mm。

我国常用热矿振动筛的技术性能见表7-3。

表7-3 我国常用热矿振动筛的技术性能

型 号 规 格	SZR1545	SZR2575	SZR3175
筛面尺寸（长×宽）/mm×mm	1500×4500	2500×7500	3100×7500
筛孔尺寸/mm	6×33	6×33	6×33
振动频率/（次/min）	735	735	735
筛面倾角度/（°）	5	5	5
处理能力/（t/h）	250	450	600
双振幅/mm	8~10	8~10	8~10
电机功率/kW	7.5×2	18.5×2	18.5×2
重量/t	11	25	30

313. 电磁振动给料机的性能和工作原理有哪些?

答: 电磁振动给料机简称电振给料,是一个双质点定向强迫振动的弹性系统,给料槽每振动一次,槽中物料都被抛起向前跳跃一次。因物料的抛起和落下是在1/50s内完成的,所以物料是均匀连续的向前移动,达到给料的目的。控制设备采用了晶闸管整流电路,在使用过程中,可以通过自动或手动调节晶闸管导通角大小的方法(即工作电流的大小),来实现给料量的无级调节,便于实现集中控制和自动控制。

电磁振动给料机的构造主要由给料槽、前后减振器、电磁振动器等组成,如图7-5所示。电磁振动给料机通过前后减振器上的吊杆固定,使给料槽和振动器呈自由状态,给料槽由电磁振动器推动,给料槽可根据要求在水平和向下倾斜20°之间进行调节。

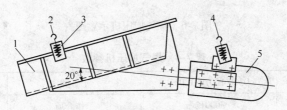

图 7-5 电磁振动给料机构造简图
1—给料槽;2,4—吊杆;3—减振簧;5—电磁振动器

球团配料中一些较为松散的物料,如磨细的返矿粉和石灰石粉等,可采用电磁振动给料机给料。也可适用低于300℃的灼热物料的给料,给料粒度范围较宽,为0.6~500mm。

优点:投资少,工作可靠,给料均匀,维护方便等。广泛应用于各行各业的给料、配料、自动计量和自动分装的工艺流程中。

缺点:当物料的含水量大于8%或粒度小于0.6mm时给料能力将会明显降低,不能适用黏滞性物料的给料。

314. 煤气加压机的主要设备参数有哪些?

答: 钢铁企业中的煤气用户对煤气压力都有一定的要求,同时煤气在管网中输送,也有阻力损失,要引起压力降低;而煤气源的压力一般都不高,根据用户需要煤气种类的不同,需要设立煤气加压站,以保证用户对煤气压力的要求及管道压力的稳定。

在煤气输配系统中,压缩机是用来压缩煤气,提高煤气压力或输送煤气的设备。压缩机的种类很多,按其工作原理可分为容积型压缩机和速度型压缩机两大类。

容积型压缩机是由于压缩机中气体体积的缩小,使单位体积内气体分子的密度增加而提高气体压力的。容积型压缩机可分为回转式和往复式两类,其中回转式压缩机又有滑片式、螺杆式、转子式(罗茨式)等几种,往复式压缩机有模式、活塞式两种。

在速度型压缩机中,气压的提高是气体分子的运动速度转化的结果,即先使气体分子得到一个很高的速度,然后又使其速度降下来,使动能转化为压力能。速度型压缩机又有轴流式、离心式和混流式三种。

煤气加压站使用的煤气压缩机,一般为离心式鼓风机,少数使用罗茨鼓风机。

煤气加压机示意图如图7-6所示，其参数见表7-4。防爆电动机主要技术指标见表7-5。

图7-6 煤气加压机示意图

表7-4 煤气加压机参数

型 号	D300-1.078/1.033	形 式	离心式
进口压力	3000Pa	工作介质	煤气
进口密度	1.097kg/m³	旋向角度	顺旋出口90°
进口流量	18000m³/h	进口温度	60℃
转 数	2921r/min	风机升压	8000Pa

表7-5 防爆电动机主要技术指标

型 号	YB 200S-2	额定电压	380V
接 法	△	额定转速	2977r/min
标准编号	JB/T 7565.1—2004	额定电流	133A
出品编号	08J-0205-01	噪 声	LW94dB（A）
额定功率	75kW 50Hz	功率因数	$\cos\varphi = 0.91$
防护等级	IP54	绝缘等级	F
防爆标志	dⅡBT4	重 量	650kg

315. 室内煤气加压站的布置有哪些要求?

答：室内煤气加压站即加压设备是布置在室内的，并且操作室也和加压站在一起，每一个加压站都有单独的操作室和操作人员，煤气加压站一般包括主厂房，即加压机间、辅助生产间及相应的生活福利设施。辅助生产间包括管理室、配电室、变电室、通风机室和维修间。

在主厂房内加压机一般为单列布置，为便于操作和安全生产，各加压机之间的净距及其与墙之间的净距，一般均不应小于1.5m，如果有通道则不应小于2m。

布置设备时，应同时考虑各种管道的合理配置，同时满足设备安装与维修的要求。加压机应布置在起重设备吊钩的工作范围以内，并留出适当的空间用于设备检修。一般可留出一台加压机所占面积作为集中检修的场地。

焦炉煤气、混合煤气加压站属于有爆炸危险的厂房，应为单独的建筑物并应符合建筑设计防火规范中的有关要求。

主厂房的层数应根据煤气加压机的结构形式和排水器的布置情况决定。

辅助生产间的配置应根据企业的不同规模及企业的具体情况而定。为了便于加压机的操作与管理，加压站设有操作室，操作室一般设在常年导风向的上侧，且位于厂房一侧的中部，操作室有较好的采光条件。与主厂房还应有隔声装置，以降低加压机运行时传过来的噪声。

操作室内装有仪表盘，盘上装有反映各台加压机运行（状态、运行、检修、备车）的各种声光信号和电源、电压指示表、启动停车开关、高低压联络管电动阀门的开关、加压机出入口总管煤气压力指示表、加压机出入口总管的高低压报警器。

加压机设有通风机室，室内装有低压头的离心式通风机排风，用来冷却鼓风机的电动机，避免电动机温升超过允许的范围。

加压站采用两路供电，两路供水，以保证安全。

316. 离心式加压机的工作原理有哪些?

答：(1) 工作原理。离心式加压机由叶轮、主轴、固定壳、轴承、推力平衡装置、冷却器、密封装置及润滑系统组成。工作原理为主轴带动叶轮高速旋转，自径向进入的气体通过高速旋转的叶轮时，在离心力的作用下进入扩压器中，由于在扩压器中有渐宽的通道，气体的部分动能转变为压力能，速度降低而压力提高。接着通过弯道和回流器又被第二级吸入，进一步提高压力。依次逐级压缩，一直达到额定压力。气体经过每一个叶轮相当于进行一级压缩，单级叶轮的叶轮速度越高，叶轮的压缩比就越大，压缩到额定压力值所需的级数就少。

(2) 离心加压机的优点。离心式压缩机的优点是输气量大而连续，运转平稳；机组外形尺寸小，占地面积小，设备重量轻，易损部件少，使用年限长，维修工作量小；由于转速很高，可以用汽轮机直接带动，比较安全；缸内不需要润滑，气体不会被润滑油污染，实现自动化控制比较容易。其缺点是高速下的气体与叶轮表面有摩擦损失，气体在流经扩压器、弯道和回流器的过程中会有部分损失，因此效率比活塞式压缩机低，对压力的适应范围也较窄，有喘振现象。

(3) 离心加压机类型及组成：

1) 单级单吸悬臂式鼓风机（单级离心式鼓风机）：单级离心式鼓风机由机壳、转子组件、密封组件、轴承装置以及其他辅助零部件组成。

2) 单级双吸离心鼓风机：通过齿轮联轴器由电动机直接驱动。机壳由铸钢制成，中机壳和左、右吸气室分成上、下两半，吸气室为矩形，出气口为锥形；转子和叶轮均由合金钢制成，转子经静、动平衡试验校正后安装，保证了风机运转的平稳可靠；轴承采用强制供油润滑的滑动轴承，设有润滑油循环系统。

3) 多级离心鼓风机：鼓风机机壳与轴承箱铸成整体，沿轴线水平剖分为上、下两半，进风口与出风口均垂直向下；转子各零件均用优质碳钢制成，经静、动平衡试验校正后组装，保证了风机的平稳运转。轴承采用强制供油润滑的滑动轴承，专设润滑油循环系统。

（4）鼓风机的型号。鼓风机的型号是风机制造厂说明鼓风机型号、流量、升压等性能的主要标志。为设计部门和使用部门对风机性能的了解及选型提供了极大的方便。我国制造的煤气离心鼓风机，均用汉语拼音字母作为风机系列的代号，在每一个系列代号中又有各种不同的规格，常以不同的字母和数字加以区别。

从鼓风机的型号中，规定左起第一位拼音字母 D 为单吸入式，S 为双吸入式，拼音后数字表示每分钟风量，一横后面的数字的第一个数字表示工作轮的级数，第二个数字为设计顺序号。

例如：D750-21，表示单吸气口，风量为 $750m^3/min$，二级鼓风机，设计顺序为 1。

S1100-18，表示双吸式，风量为 $1100m^3/min$，单级鼓风机，设计顺序为 8。

317. 电除尘器的工作原理是什么?

答：电除尘器是一种高效除尘设备。其除尘效率可达 97%。被除去的灰尘粒度可小至 $1 \sim 0.1\mu m$。

电除尘器由电极、振打装置、放灰系统、外壳和供电系统组成。负电极为放电极，用钢丝、扁钢等制作成芒刺形、星形、菱形等尖头状，组成框架结构，接高压电源；正极接地为收尘极，用钢管或异型钢板制成，吊于框架上（见图 7-7）。电除尘器有管式、板式、湿式、干式和立式、卧式之分。对于烧结废气的除尘，以板式、干式和卧式更为适宜。因为板式与管式（指阳极板的形状）电除尘器相比，前者制造、检修、振打都比后者方便；干式与湿式（指电极上灰尘清除的方式）比，不存在污水处理问题，且对金属构件的腐蚀性小；卧式与立式（按气流通过电场的方向分）比，在相同的条件下，卧式比立式除尘效率高，并可按除尘效果的要求设置几个除尘室和电场。卧式电除尘器如图 7-8 所示。

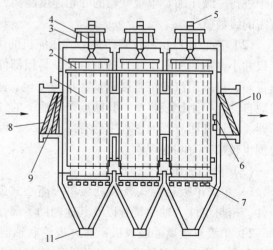

图 7-8　卧式电除尘器示意图

1—电极板；2—电晕线；3—瓷绝缘支座；4—石英绝缘管；
5—电晕线振打装置；6—阳极板振打装置；7—电晕线吊锤；
8—进口第一块分流板；9—进口第二块分流板；
10—出口分流板；11—排灰装置

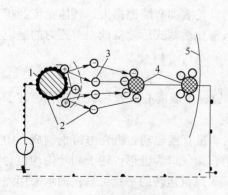

图 7-7　电除尘工作原理图

1—电晕线；2—电子；3—离子；
4—粉尘颗粒；5—阳极板

电除尘器的除尘原理概括起来，分为以下四个步骤：

（1）高压电场作用使气体电离而产生离子。

（2）粉尘得离子而带电。

（3）带电粉尘在各种力（抽力、重力、电风力、电场力等）的作用下移向收尘极。

（4）电粉尘到达收尘极而放电。经过振打装置而得到回收。

318. 离心水泵的工作原理有哪些？

答：离心泵一般由电动机带动，在启动泵前，泵体及吸入管路内充满液体。当叶轮高速旋转时，叶轮带动叶片间的液体一道旋转，由于离心力的作用，液体从叶轮中心被甩向叶轮外缘（流速可增大至 15～25m/s），动能也随之增加。当液体进入泵壳后，由于蜗壳形泵壳中的流道逐渐扩大，液体流速逐渐降低，一部分动能转变为静压能，于是液体以较高的压强沿排出口流出。与此同时，叶轮中心处由于液体被甩出而形成一定的真空，而液面处的压强比叶轮中心处要高，因此，吸入管路的液体在压差作用下进入泵内。叶轮不停旋转，液体也连续不断的被吸入和压出。由于离心泵之所以能够输送液体，主要靠离心力的作用，故称为离心泵。

离心泵的主要过流部件有吸水室、叶轮和压水室。

吸水室位于叶轮的前面，其作用是把液体引向叶轮，有直锥形、弯管形和螺旋形三种形式。压水室主要有螺旋形水室、导叶和空间导叶三种形式，另外还有一种环形压水室，主要用于泥浆泵、污水泵等抽送悬浮的泵。

叶轮是泵的最重要的工作元件，是过流部件的心脏。叶轮由盖板和中间的叶片组成。

压水室位于叶轮外围，其作用是将叶轮中流出的液体收集起来，并送往压力管路或下一级叶轮的输入口中。

319. 水泵型号（以 MD580-70×8 为例）都代表什么？

答：水泵型号 MD580-70×8：

MD——耐磨多级离心泵；

580——水泵设计流量为 580m³/h；

70——水泵设计单级扬程为 70m；

8——水泵的级数，即泵的叶轮数为 8 个。

本型号泵的旋转方向，从电机端往泵看，泵为顺时针方向旋转。

320. 汽包的作用主要有哪些？

答：汽包（亦称锅筒）是自然循环锅炉中最重要的受压元件，汽包的作用主要有：

（1）是工质加热、蒸发、过热三过程的连接枢纽，保证锅炉正常的水循环。

（2）内部有汽水分离装置和连续排污装置，保证锅炉蒸汽品质。

（3）有一定水量，具有一定蓄热能力，缓和气压的变化速度。

（4）汽包上有压力表、水位计、事故放水、安全阀等设备，保证锅炉安全运行。

7.2　操作知识

321. 热振筛的操作步骤有哪些?

答:(1)开车前的准备:

1)检查设备螺栓的紧固情况,特别是检查振动器与筛体的连接螺栓是否紧固可靠,筛体侧板及大小梁有无断裂现象。

2)挠性联轴节的空间位置在静止时中心线应基本处于水平位置,即电机轴、挠性联轴节、振动器轴三条轴中心线保持在一条直线上。

3)检查筛板螺栓有无松动,发现松动及时汇报。通过处理使筛板牢固可靠。

4)检查筛面是否平整,不得因弹簧受力不均而发生任何位置的偏斜,筛板应无大的孔洞。

5)检查振动器的安装质量,并用手盘动偏心轴,应保证偏心轴转动时灵活轻便,不得有阻力过大或卡死现象;基础螺栓无松动和丢失。

6)检查油路是否畅通无阻,轴承箱是否有足够的润滑。

7)检查设备转动部分有无障碍物。

8)上、下漏斗应无堵塞,漏斗的衬板应保持无翘头及脱落。

9)待检查完毕后,确认无问题,合上事故开关,通知主控启动。

(2)开停车操作程序。联锁启动时,听到预告音响50s后,设备即随系统启动。

非联锁启动时,首先通知主控由电工将电磁站选择开关打到手动位置,然后将机旁操作箱上的事故开关合上,最后按启动按钮,设备即可启动运转。

联锁停车时由主控操作统一停车;非联锁停车可按停止按钮或切断事故开关。

无论联锁与非联锁停机后,都要切断事故开关,以防联锁失误和下次启动发生事故。

322. 热振筛操作和维护应注意哪些事项?

答:(1)热矿振动筛应在没有负荷的情况下开机,等筛子运转平稳后才能给料,停机时应待筛子排完烧结矿后再停机。

(2)经常检查振动器、锁紧装置、浮动轴、挠性联轴节、电机的声音和温度,检查隔热水箱通水是否畅通,漏斗及筛网有无堵塞现象等,如不正常及时汇报中控处理。

(3)热矿筛座簧应保持清洁干净,不应有堆料现象。热状态下,禁止用水冲筛板与其他部件,以免变形或产生裂痕。

(4)设备在运转中发现问题,无论是设备问题还是生产工艺问题,应及时向烧结中控室汇报,便于统一安排处理,未经许可,不得擅自停车(紧急情况例外)。

(5)按规定进行自动加油,经常检查油脂质量,定期清理油箱。

(6)安装两振动器之间的中间联轴节时,应严格按制造厂所作的标记对连接法兰进行安装,保证两振动器的偏心块相对位置一致。

(7)一般在检修后初次使用时,筛板等各部螺栓因受热的影响有松动的可能,故在开车投产后6~8h,应将筛板等部位螺栓再拧紧1~2次。

(8)筛板出现裂口焊补时,应用预热到150~200℃后的56T不锈钢焊条焊接。

（9）料流冲击的地方筛板最易磨损，最好在这里铺上一层钢板加以保护，加钢板最好采用焊接与螺栓两种方法结合。

（10）振动器修复完若现场存放超过六个月，则安装前必须将各零件拆洗干净，轴承和槽内应注入适量的二硫化钼润滑脂。

（11）电动机电控调整，两电动机开启时间间隔调整到 0.5～1.5s，停机时两电动机同时切断电源（上方应先启动）。

热振筛常见故障及处理方法见表 7-6。

表 7-6　热振筛常见故障及处理方法

部 位	故 障	原 因	处 理 方 法
热振筛	箅板不平、跳动 （有敲打声）	紧锁装置松动 筛板的地脚开焊	紧固螺丝 加焊
	筛体振动不正常	振动器与联轴节法兰间弹簧片坏 振动器地脚螺丝松动 底架支撑弹簧积料	紧固螺丝，更换连接装置的零件 紧固或更换地脚螺栓 清除弹簧处的积料
	箅板变形或开裂	高温后受急冷 箅板不宜在高温下操作 安装质量差 箅板跳动引起断裂	变形严重应更换 材料不合格时应更换 紧固箅板锁紧螺丝，更换箅板 重新按规定安装
	返矿出现大块 运转后下料少	箅板断裂、箅板窜动 角度不合适	补焊或更换、紧固箅板 调整角度
振动器	轴瓦温度高或抱轮 振幅偏小，不规则振动	润滑油太少，轴承装备太紧 振动器不均衡，底座螺丝松动	加强润滑，调整或更换轴承 紧固螺丝，调整振动器振幅

323. 带冷机的操作要点有哪些？

答：（1）冷却机在生产时的技术操作要点：

1）开车前要检查螺丝螺栓的紧固情况，摩擦轮压紧弹簧的使用情况，各润滑点的给油情况，各种信号仪表的灵敏情况，各部件的风冷、水冷情况等。

2）正常操作由烧结集中控制室统一操作，机旁操作是在集中操作系统发生故障或试车时使用。

3）风机必须在得到调度室和变电站的允许下，才可以启动。

4）布料要铺平铺满，控制好料层的厚度。

5）要勤观察冷却情况，发现问题及时查找原因，采取措施。

6）检修停机时，鼓风机不能马上停机，必须将料冷却到要求范围内方可停鼓风机。

7）经冷却后的球团矿温度应在 100℃ 以下，直观不烧皮带；出料口废气温度不得大于 120℃。

（2）判断球团矿达到冷却要求的经验：

1）冷却后的球团矿表面温度应在 100℃ 以下，能用手摸，直观不烧皮带。

2）出料口废气温度一般小于 100℃，料口料层静压应控制在一定范围。

324. 带式冷却机维护和保养应注意哪些事项?

答: (1) 冷却机的启动必须等风机启动完毕后进行;风机停转,冷却机应立即停止转动;冷却机后面的设备发生故障时,冷却机应立即停转,而风机可继续运行,直至冷却机内热球团矿温度降低到150℃为止;冷却机前面的设备发生故障时,冷却机可继续运转直到机内物料全部运完为止;冷却机短期停机,一般不停风机,需长时间停机,可按正常停机处理。

(2) 冷却机应保持料层厚度相对稳定,保证料铺平铺匀,以充分提高冷却效果。冷却机的机速应根据烧结机机速快慢变化,及时作相应调整,尽量避免跑空台车或台车布料过厚,影响冷却效果。当冷却机的来料过小时,应减慢冷却机的运行速度;反之则应增加,以充分利用冷风,提高冷却效果,避免烧坏皮带;当透气不好时,应加快冷却机运行速度。

(3) 当运行皮带严重损坏时,必须停冷却机进行检查处理。

(4) 要经常检查卸料漏斗、卸料弯道、空心轴销子、台车轮,出现问题及时处理。

(5) 要经常检查风机有无不正常的振动,各部机械是否有不正常的噪声,当抽风机突然发生很大振动时,必须停车检查。

(6) 手动操作时,如果冷却机内有料,必须经主控允许,待机下一道工序运转正常,方可运转。

(7) 出现冷筛皮带严重损坏,或其他不利于设备安全运转等情况时,必须停冷却机进行检查等。

(8) 传动部件及时更换润滑油,初投产一周后更换一次油,隔一月换一次,以后半年换一次。

(9) 带冷机尾部设有两个补油箱起到了润滑链条的作用,要求必须长期滴注,以确保链条运行良好。

带式冷却机常见故障及处理方法见表7-7。

表 7-7　带式冷却机常见故障及处理方法

故 障	原 因	处 理 方 法
台车跑偏	对称两辊轴心线与机体纵中心线不垂直,误差大 头部链轮轴心线与机体纵中心线不垂直,误差大 机尾链轮不正 头尾部链轮一左一右窜动	调整托辊找正中心 检查调整头部链轮 调整尾部拉紧重锤底重量 检查头尾部链轮窜动间隙,按要求调整
台车掉大块冷却效果差	算条变形,间隙大 筛网堵塞	修理或更换算条重新排列 清除堵塞物
电动机振动过大	电机轴承坏 电机与减速机快速轴不同心	更换轴承 检查重新找正
减速机及轴承发热	减速机油量不足 轴承间隙过小 轴承有杂物或损坏 透气孔堵塞	加油 调整轴承间隙 清洗轴承更换轴承 勤捅透气孔

325. 热链板机操作、维护应注意哪些事项？

答：（1）技术操作要求：

1）开车前确认设备处于完好状态，周围无其他人员及障碍物。

2）自动启动：接到启车信号后，将联动开关打到运转状态等待启动。

3）手动启动：确定冷筛启动后，先启动链板机，待运行平稳后再启动电振给料机。停机顺序正好相反，但必须待链板机上的球团矿排净后方可停链板机。

4）观察南北两个电振给料机的下料情况并及时反馈给中控室。

5）电振口堵大块要及时用长钎捅掉。

6）经常检查链板机的链道是否在托辊上运行，出现异常及时处理。

7）接到停机指令链板机上球团矿卸净后，将链板机、电振打到联动停机。

（2）设备维护规程：

1）每小时检查减速机、电机的温度（轴承温度不大于60℃）振动、杂声、地脚螺栓等情况。

2）每小时检查链斗螺栓是否松动，链斗有无挤卡，托轮有无损坏，链斗有无变松，发现问题要及时处理。

3）每小时检查电振冷却水是否畅通，激振器是否过热。

4）每班对链条进行润滑，每周对链板机头轮轴承加油一次，托辊要及时填充锂基润滑脂。每周一白班（或停机时）检查减速机油位，不足时补足油量。

5）链板机工作时不能打水，以防变形。停机必须先停电振给料机，链板机料拉净后，再停链板机。

（3）安全操作规程：

1）上班前必须将劳保用品穿戴齐全。

2）开机前认真检查安全防护装置是否齐全有效，设备周围是否有人或障碍物。

3）开机前必须先发信号响警铃半分钟或回信号后，方可开机。

4）禁止用湿手操作、用湿布擦拭、用水冲刷电器，以防触电。

5）链板机更换链板、链斗、托轮时，必须在机架外进行，禁止钻入机架内。

6）处理电振堵料时，要侧身，防止喷出红球烫伤。

7）随时清扫走廊上的球团矿，防止踩上滑倒摔伤。

8）不准徒手触摸设备，以防烫伤。

9）禁止在转动部位擦拭和加油，清扫、巡视设备要精力集中，严禁靠近运转中的设备。

10）检修时，要切断电源，并挂上"有人检修，禁止合闸"的警示牌。

326. 煤气加压机操作要点有哪些？

答：（1）引煤气操作：

1）检查低压煤气末端放散阀是否打开。

2）往低压煤气管道内通入氮气，末端放散冒氮气5min关闭氮气、打开电动盲板阀和电动蝶阀。

3）低压煤气管道末端放散冒煤气 5～10min 后，做煤气防爆试验，合格后关闭低压末端放散阀。

4）通知中控室和调度室煤气引到本站并做好记录。

（2）送气操作：

1）送低压煤气。①接到中控室送煤气通知经调度许可后，通知中控室开始送煤气。②向高压煤气管道通入氮气，高压煤气管道放散阀冒氮气 5～10min 后，打开进口阀门，向高压管道送入低压煤气并关闭氮气接口阀门。③向调度室汇报并做好记录。

2）送高压煤气（接到中控室通知经调度许可，压力稳定在 5000Pa 以上准备开启加压机）。①检查加压机油箱油位是否正常，冷却水是否打开，清除周围杂物。②打开机后放散阀，盘车 180°倾听有无杂声并通知电工送高压电。③启动加压机，观察电流表，启动正常后通知竖炉工送高压煤气，打开加压机进口闸阀，根据需要调节机前蝶阀，并关闭机后放散阀。④完毕后向调度室汇报并做好记录。

（3）减停煤气操作：

1）减高压煤气操作（4h 以内短时间减停煤气）。①接到竖炉工通知，向调度通知减高压煤气。②关小机前蝶阀，降低煤气压力，了解减压原因做好记录。

2）停高压煤气。①接到竖炉工通知，向调度室汇报。②关闭进口闸阀和机前蝶阀，了解原因并做好记录。

3）长时间停煤气操作（4h 以上）。①接到停送高压煤气通知后，经中控室许可后，关闭机前蝶阀、进出口闸阀，停止加压机运转，打开机后放散阀。②通知电工拉下加压机电源刀闸并做好记录。

4）检修停煤气操作。①关闭机前蝶阀、进口调节阀，停止加压机运转，打开机后放散阀。②将进口盲板阀关闭，并用氮气吹扫高压煤气管道。

（4）倒机操作：

1）双炉正常生产时需要倒备用机（指在同一加压室内），必须将加压机全部停止运行。

2）关闭需要停止的加压机进出口盲板阀，打开联通阀。

3）打开所倒备用机出口盲板阀和进口盲板阀。

4）分别开启加压机，向竖炉送气。

（5）事故处理：

1）突然停水（冷却水）。①发现停水立即查明停水原因，注意加压机运转机轴承温度情况，及时向中控室汇报。②若长时间不能供水，将情况汇报后按长时间停高压煤气处理，并做好记录。

2）突然停电。①手动代替电动进行停气操作。②按长时间停高压煤气步骤操作。

（6）紧急事故处理：

1）煤气压力下降到 3000Pa 以下，密切注意压力变化，当压力降到 2000Pa 时，立即按短时间停高压煤气处理。

2）加压机轴温急剧上升或有冒烟现象，立即按长时间停高压煤气处理，如需生产，进行换机操作。

3）机械发生剧烈振动或有金属撞击声按长时间停煤气处理，如需供气可进行换机操作。

4）发生煤气漏气危害操作人员安全应按长时间停煤气处理，进行抢修。

327. 煤气加压机有异声、机组冒烟事故如何处理？

答：（1）原因分析：

1）因主轴轴承等各轴承间隙过大所致销、轴与轴承相碰撞。

2）因内部各紧固部分没有紧固好或者松开与固定部位相碰撞。

3）因机身内有异物，与叶轮相碰撞。

4）因机内工艺装备部件问题。

（2）处理措施：停机置换空气合格后解体检查；各紧固部分紧固好；检查机体内部；检查处理泄漏点。

328. 煤气加压机突然停机事故如何处理？

答：（1）主控电脑操作人员发现加压机停机，应立即请示煤气调度，通知用户根据压力使用煤气，并停火。

（2）运行人员对备用加压机确认，备用加压机已经吹扫合格，一切正常后请示调度，启动加压机，平稳后通知用户可以正常使用煤气。

（3）如果备用加压机无法正常使用，先打开加压机进口管与出口主管的大回流阀。

（4）关闭加压机的进、出口阀门。

（5）请示调度，与用户取得联系，使用高炉煤气。

（6）请示领导，找相关维修人员抢修。修加压机时，机体必须经氮气吹扫合格方可进行。

（7）认真做好记录。

329. 煤气加压机定期维护保养内容有哪些？

答：（1）加压机日常维护：交班时，交接班人员共同检查，接班后30min巡检一次，检查内容如下：

1）机前机后煤气压力、流量；

2）电机电流；

3）轴承温度、电机温度、环境温度；

4）轴承机壳、电机振动情况；

5）水槽溢流是否正常；

6）煤压机、电机声响是否正常，油箱油位是否正常加到规定位置；

7）检查各阀门、放散阀、油箱等密封处是否有泄漏，每小时记录一次轴温。

（2）备用机维护：

1）加压机彻底切断煤气，防止机内存水；

2）加压机长期备用，每月第一天白班运转30min，防止电机绝缘下降；

3）保持加压机及附属设备清洁完好，备件仪表充分好使；

4）每天白班将备用机盘车120°~180°；

5）检查润滑是否符合生产标准。

330. 煤气加压机岗位安全操作要点有哪些?

答：煤气加压机岗位安全操作要点有：

（1）上岗前必须将劳保用品穿戴齐全。

（2）引煤气前必须确认设备处于良好状态、安全装置是否齐全有效，脱水器已加满水，检修和其他人员已撤离，方可进行引煤气工作。

（3）在煤气区域工作必须两人以上，方可进行引煤气操作。

（4）送、停高压煤气以及调煤气压力、流量时应严格执行联络呼应确认制，双方确认后方可进行。

（5）煤气设备应保持正压，高于 5000Pa 时方可开机，低于 2000Pa 时应立即停机。

（6）加压站内严禁烟火。煤气设备检修时，应可靠切断煤气来源，用氮气扫净残余煤气，打开放散阀，取得危险作业许可证或动火证，安全措施落实后方可检修。

（7）检修时要切断电源，并挂上"有人检修、禁止合闸"警示牌。

（8）要定期检查、清洗脱水器，煤气设备发现漏气，立即通知有关人员进行抢修。

331. 煤压站安全措施和配备都有哪些?

答：（1）煤压站的防护设备有：

煤气多点报警仪、手提报警仪、手电、空气呼吸器、苏生器、对讲机、专用电话（外线）、专用扳手、配套补水胶管等。

（2）煤气脱水器、阀门组冬季生产保温措施。补水管和蒸汽伴热管一起保温、脱水器加伴热带，外部保温、备用喷灯、阀门组增加伴热装置，周边预留蒸汽接点。

（3）煤压机气封漏气处理方法：

1）在气封处安装接口；

2）用胶管与高压段放散管连接（闸阀后端）直接外排，并定期更换胶管。

332. 鼓风机工操作要点有哪些?

答：（1）开机前的准备工作：

1）通知电工送高压电。

2）检查风机、油泵及各阀门等设备是否完好。

3）检查所要开启风机的进风蝶阀、联通阀是否关闭。

4）检查油箱油位是否符合要求，电机、风机地脚螺栓有否松动。

5）打开炉体放风阀和出风电动蝶阀。

6）开启所要开启的风机油箱冷却水，并检查水量是否正常。

7）盘车检查机内有无异常。

（2）开机送风操作：

1）开启电动油泵，保持油压在 0.2MPa 以上。

2）按启动按钮，进行启动，并注视电流表指针的变化。

3）风机启动达到正常后，停电动油泵，把进风阀开启。

4）接到中控室的送风通知后，缓缓打开进风阀，关闭放风阀，注意电流变化，并根据中控室要求调节风量和压力。

（3）开机注意事项：

1）电压高于或低于 10kV 的 10% 时，风机不得启动或停机。

2）鼓风机冷启动可连续 2 次启动，如不能启动，则应通知电工检查处理，查清原因。

3）鼓风机热启动只能启动一次，如再启动，间隔时间必须不低于 1h。

4）风机供油系统压力低于 0.2MPa 时，风机不准启动，并汇报中控室。

5）风机运行中发生异常噪声、轴承温度剧烈上升、风机发生剧烈振动和撞击、断冷却水等情况时立即报告中控室，情况特别紧急时按停机操作按钮，紧急停风机，并立即报告中控室和作业长。

（4）停机停风操作：

1）开启电动油泵，并保持油压在 0.2MPa 以上。

2）按停止按钮即停机。

3）通知电工停送高压。

4）待风机完全停止后，停电动油泵，通知竖炉中控室关闭出风阀。

（5）倒机操作：

1）按长时间停机操作原机停止；按送风步骤操作备用机开。

2）新开风机正常后，通知电工拉下原来风机电源刀闸，完毕后向中控室汇报并做好记录。

（6）紧急停电操作：

1）按下停止按钮，通知电工拉开高配柜隔离刀闸，并通知中控室。

2）立即打手动油泵，保持油压在 0.2MPa 以上，待风机完全停止运转后停油泵。

3）用手动关闭风机进风蝶阀。

4）通知中控室打开放风阀，关闭出风闸阀。

333. 风机仪表控制保护值如何规定？

答：（1）风机轴承温度报警、联锁：

1）轴承温度 ≥60℃ 时，设声光报警。

2）轴承温度 ≥65℃ 时，联锁主电机停车。

（2）润滑油油压报警、联锁：

1）允许启动主电机油压 ≥0.10MPa。

2）正常工作油压 0.12 ~ 0.18MPa。

3）报警油压 ≤0.08MPa，同时联锁启动辅助油泵。

4）联锁主电机停机油压 ≤0.05MPa。

5）油压 ≤0.10MPa 时，主电机不得启动。

6）油站的油箱液位应设置报警。

334. 为何风机在启车前进行盘车？

答：因为转数高的轴、瓦传动一般采用稀油润滑，在轴、瓦之间形成油膜，而较长时间停机后，轴、瓦间的油膜会自行消失，这样再次启机前必须在开启润滑油泵后进行盘车，以形成润滑油膜，保证轴和轴承不损坏。

335. 电除尘工安全操作应注意哪些事项？

答：电除尘工安全操作应注意以下事项：

（1）上班前必须将劳保用品穿戴齐全，进入电场必须戴防尘口罩。

（2）开机前检查安全防护装置是否齐全有效，接地线是否良好。

（3）禁止用湿手操作、用湿布擦拭、用水冲刷电器，以防触电。

（4）开、停机时必须保证两人以上，并且必须站在绝缘板上。

（5）电场运行中严禁打开电场检查门，严禁操作高压隔离开关。

（6）进入电场时必须停机，开关打到"零"位，高压隔离开关打到"接地"位置。验电、放电后方可进入电场，必须至少要两个人。操作柜上必须挂上"设备检修，禁止合闸"的警示牌。

（7）检修完毕，必须清点人数和工具，无误后，关闭检查门，待令开机。

（8）非本岗位人员不得进入电场上部，高空作业要系好安全带，防止坠落。

（9）处理故障和检修时，严格执行停电挂牌制度，谁挂牌、谁摘牌。

336. 电除尘启动前的检查项目有哪些？

答：为防止启动时因烟气中水汽结露和设备故障未检查到而造成损坏，需进行以下检查：

（1）检查电场、通道、灰斗内是否留有工具和铁丝、焊条、螺栓等杂物。

（2）确认所有设备处于完好状态，检修过的设备经过验收。

（3）检查各绝缘套管、磁转轴、高压穿墙套管等绝缘件表面是否干净有无裂纹。

（4）检查各电加热器是否完好，温度继电器是否动作，同时调整好上下限。

（5）检查变压器是否漏油，是否按规定可靠接地，接地电阻应小于4Ω。

（6）确认所有检修人员都已经从电除尘器内出来，人孔密封好。

（7）检查电压是否正常，仪表显示正常，各阀门手动、电动灵活。

337. 电除尘岗位技术操作规程有哪些？

答：（1）高低压柜启、停操作。低压柜启动操作：

1）启动前的准备包括：

①把就地操作箱（阴极振打、阳极振打、仓壁振打）转换开关打到"自动"位置；

②把安全联锁箱转换开关打到"1"位置；

③检查确认输灰仓泵气源支路总阀和分支阀是否打开，手动插板阀是否打开。

2）低压柜的启动操作：

①合上1号低压柜"QF"空气开关；

②合上PLC电源和安全联锁箱电源；

③合上1号低压柜三排（阴极振打、阳极振打、仓壁振打、灰斗加热、瓷套加热、瓷轴加热）开关；

④把低压柜左上角阴极振打、阳极振打、瓷套加热、瓷轴加热打到"自动"位置，仓壁振打、灰斗加热打到"手动"位置；

⑤按低压柜面上启动按钮。

3）2号低压柜启动顺序同上。

高压柜启动操作（送高压电前，提前6h加热瓷套、瓷轴）：

1）启动前的准备。把隔离开关柜（电除尘顶部）打到电源位置。

2）高压柜的启动操作：

①合上控制回路空气开关"QF_2"电源；

②合上主回路"QF_1"电源；

③按柜面上运行按钮；

④按照上述操作步骤依次启动其他高压控制柜。

3）2号高压控制柜操作程序同上。

（2）运行过程控制及技术要求：

1）待电压、电流指针上升之后，根据电场放电情况，按降压键，把电压降到指针不摆动位置。

2）检修复产空负荷运转期间，可以把电压升到不放电为止。

3）观察控制柜上的磁套加热器温度是否正常（80～100℃）。

4）观察整流柜上的数据显示是否正常。

5）电机温度是否过高，温度不得超过65℃。

6）各电场振打卸灰情况是否正常。

7）排灰口的排灰情况是否良好无堵塞现象，发现跑气漏灰及时找维修人员处理。

8）灰箱及箱顶入口应密封良好无漏风现象。

9）当控制柜发生故障要及时停机或通知电工修理。

10）灰斗加热时间要求间断开启（开1h，停3h）。

11）阴极、阳极振打时间设定为（可根据实际情况调整）：

①1号电场2.5min、2号电场5min、3号电场7.55min、4号电场12.5min；

②间隔时间为2.5min。

12）与气力输送控制室及时沟通，保证卸灰系统正常运行。

（3）高压柜断电操作：

1）按柜面上停止按钮；

2）断开主回路"QF_1"电源；

3）断开控制回路空气开关"QF_2"电源；

4）如检修，还需把顶部隔离开关柜打到接地位置。

（4）低压柜断电操作：

1）按柜面上停止按钮；

2）断开PLC电源和安全联锁箱电源；

3）断开控制回路空气开关"QF"电源。

（5）常见故障及处理办法见表7-8。

表 7-8　除尘器常见故障原因分析及处理方法

类　别	系 统 提 示	原 因 分 析	处 理 办 法
除尘器故障	电场开路或短路	二次输出未进电场； 电场内部问题	停机处理
设备故障	设备过流	高压柜过流	停机处理
变压器故障	油温高（75℃）； 油温过高（80℃）	油位高； 变压器损坏	停机处理
低压系统故障	灯闪	线路或元件问题	找电工处理

338. 电除尘日常巡视检查项目有哪些？

答：电除尘日常巡视检查项目包括：

（1）观察控制柜上的料位指示灯加热器温度是否正常。

（2）观察整流柜上的数据显示是否正常。

（3）电机温度是否过高，温度不得超过65℃。

（4）各电场振打卸灰情况是否正常。

（5）减速机内油位应位于油标中间，并检查是否有渗漏现象。

（6）地脚螺栓连接是否松动无缺损。

（7）排灰口的排灰情况是否良好无堵塞现象。

（8）灰箱及箱顶入口应密封良好无漏风现象。

（9）控制柜及控制器发生故障要及时停机或通知维修工修理。

（10）设备运行时不能进入高压隔离室。严禁带电进入电场。

339. 如何确定电除尘小修、中修、大修时间？

答：（1）小修：每运行三个月小修一次，时间4~8h。检修内容为清扫电场内积灰，特别要用压缩空气吹扫两极系统上的积灰；检查并调整内外运转机构；检查和调整振打锤；检查并调整阴阳极的平直度和极间距；擦净绝缘套管、瓷轴；检查分布板及其他部件消除不正常现象。

（2）中修：运行一年左右，时间1~3天。检修内容为检查各电场电晕及沉淀极位置，使其误差不超过规定值；清除电晕及沉淀极上的积灰；检查振打锤撞击位置是否偏移；检查振打轴、轴承、振打锤磨损情况，并更换；检查排灰系统，并更换；检查保温箱，擦拭更换绝缘套；清除走道及其他部位积灰。

（3）大修：一般运行5年大修一次，时间5~15天。除上述内容外，还应检查有无损坏锈蚀腐烂的零部件，应根据情况更换或补焊。

340. 水泵工的技术操作内容有哪些？

答：（1）开机前的准备：

1）检查岗位安全装置、岗位照明是否齐全完好；

2）检查设备周围有无非本岗人员和障碍物；

3）检查设备、设施是否完好，润滑是否正常；

4）检查水池水位是否正常；

5）与各用水岗位联系接到允许启泵的通知后方可启泵；

6）关闭水泵的出口阀门，打开进水管道阀门；

7）打开液力自动阀上的 3 个球阀，检查重锤角度是否在 225°位置上；

8）把过滤器控制箱工作制开关打到自动位置；

9）打开水泵排气阀，把水泵内的空气排出，关闭排气阀；

10）检查水泵密封盘根处是否有漏水，如果漏水严重，要把盘根的压盖螺丝紧好，如需更换盘根应立即更换；

11）打开压力表截止阀。

（2）开机操作：

1）接到启泵指令后，按动启动按钮，待水泵运转正常后将水泵出水阀门慢慢打开至正常为止；

2）启泵后，观察水压、电流是否在规定范围之内；

3）与各用水岗位联系，确认送水是否正常；

4）正常生产中，如果水泵发生故障应立即开启备用泵；

5）普压泵、低压泵、上塔泵启泵步骤相同；

6）水泵电机启动不得连续超过三次，如再次启动，一定查明原因，避免因电流过大或温度过高而烧毁电机。

（3）停机操作：

1）接到停泵通知后，按动停机按钮，停转水泵；

2）将水泵出口阀门关闭；

3）长时间停机一定要切断电源；

4）普压泵和低压泵、上塔泵停泵步骤相同。

（4）倒泵操作：

1）将备用泵入口阀打开，出口阀关闭；

2）打开水泵排气阀，把水泵内的空气排出，关闭排气阀；

3）启动备用泵后，逐渐打开备用泵的出口阀门；

4）观察压力正常后，再停工作泵，关闭工作泵出口阀门；

5）普压泵和低压泵、上塔泵倒泵步骤相同。

6）水泵连续运行时间不超过 15 天，要定期倒泵。

（5）技术操作及维护要求：

1）试车时，管道过滤器、灭菌灵等设备不投入使用，走旁通管道，正常生产后切换到正常位置。

2）循环冷却水供水温度大于 30℃，应立即补充新水降温。

3）经常检查水位，不正常时，及时补充新水（先开进水阀门），补水完毕后，关闭进水阀门。

4）正常情况下：普压净循环给水管道压力控制在 0.7MPa 左右，低压净循环给水管道压力控制在 0.45~0.5MPa；上塔泵给水管道压力控制在 0.2~0.25MPa 左右，出口总管开口度控制在 20% 以下（根据电流控制），使用消防泵时，消防给水管道压力控制在 0.7MPa 左右，出口总管开口度控制在 15% 以下。

5）生产用水不能中断，当运转机组发生故障或需要停机时，启动备用泵运转，并报告烧结主控室。

6）定时检查设备运行状况，并与用水岗位联络，查问水流、水压情况，根据需求及时调整。

7）过滤器压差达到 0.025MPa 报警，达到 0.045MPa 不能使用需清垢，走旁路。

8）回水池温度如在 25℃ 以下，可停止冷却塔，高于 25℃ 开启冷却塔。

9）贮水池应在检修停泵时定期清除下部的污水与淤泥。

（6）水泵日常维护要求：

1）检查水泵和电机的温度、声音、振动是否正常，温度是否不超过 65℃。

2）检查一次各阀门、仪表、水压是否正常，各部位是否有跑、冒、滴、漏。

3）没压力表或压力表失灵，水泵不准使用。

（7）水泵常见故障及处理方法见表 7-9。

表 7-9 水泵常见故障及处理措施

原　因	处 理 措 施
蓄水池水位低	及时补水
叶轮松动或有杂物	及时倒泵操作并安排检修
水泵进出水截门不在指定位置	手动操作打到指定位置
水泵反转	停泵处理
密封盘根处漏水严重	及时倒泵操作并安排检修
水泵积气	及时排空进水管及泵内积气
进水管和法兰处漏水	及时倒泵操作并安排检修

341. 水系统施工和冬季生产有哪些安全防护措施？

答：（1）对出水、回水管道保温。

（2）短时间停产期间，循环水泵不停。

（3）水泵房安装暖气，室内温度不低于 15℃。

（4）生产用水水管保持长流水（微开）。

（5）汽包、大水梁排污阀半小时一排水，每次排水时间控制在 5s 以内。

（6）各用水阀门润滑到位，并要有防尘措施。

（7）备用泵保持完好。

（8）现场地下阀门井注意苫盖保温。

（9）为防止冬季管道存水冻结，施工时，要求管道留 3% 坡角。

（10）地下管道施工坡度必须顺流水的方向逐渐平铺，每个阀门井必须加标识牌并注明去向和阀门型号。

（11）各分支管路进水和回水必须安装阀门，保证能单独检修。

（12）水泵出口安装液力自动止回阀，缓冲水泵启停期间压力冲击。

342. 汽包的开、停机操作有哪些要点?

答:(1)运行前检查:

1)对汽化冷却系统进行全面检查,炉内外管道、汽化安全阀、排污阀、水位计、给水阀及热工仪表,均需确定完好后,方可点火。

2)汽化系统启动前,要打开放散阀进行排气。

3)启动给水泵,打开给水控制阀进行给水,当汽包水位计水位达到正常时,关闭给水阀。

4)关闭外送蒸汽控制阀。

(2)运行操作:

1)当汽包压力升到0.05MPa时关闭放散阀。

2)整个系统稳定后,当气压达到0.6MPa时,向主管道或向分汽缸送蒸汽,通过分汽缸送给用户,同时采用自动给水系统,自然循环。

3)运行时要保证蒸汽包水位在水位计中间±10mm范围内,蒸汽包压力稳定在0.6MPa,经常检查各阀门、连接法兰、监测仪表,发现问题立即报告中控室或找维修工处理。

4)每班要开启排污阀两次,每次2min,要注意蒸汽包水位使之处于正常。

5)水位计要定期冲洗,每班1~2次。

6)电液水位计每隔2h与汽包直观水位计校对一次,注意检查安全阀灵敏度,分别为0.82MPa和0.84MPa,每小时检查蒸汽包压力一次。

7)注意检查给水泵,给水泵和备用泵要经常调换使用一次。

343. 汽包操作工技术要求及安全注意事项有哪些?

答:(1)蒸汽包缺水处理:双色水位计排污阀门打开,如流出是水,此时应立即对蒸汽包补水,如流出是蒸汽,此时应立即报告值班作业长和中控室紧急停炉,停止送蒸汽,严禁对蒸汽包进行补水,以免引起爆炸,待炉温降后,再慢慢进行补水。

(2)满水处理:应立即停止给水,待水位恢复正常后再给水;同时加强排污,使水位达到正常。

(3)汽化冷却系统出现漏水、漏气的处理:

1)加强给水维持蒸汽包正常水位。

2)通知值班作业长和维修人员进行抢修。

3)做好详细事故记录。

(4)停炉处理:冬季停炉后将补水泵手动补水,间隔随气温变化控制,同时上完水后把上水管路内水排净,防止冻坏。

(5)向汽包供水操作方法:

1)确认水泵的给水阀门打开,出水阀门关闭,正常时把现场控制开关打到"自动"位置。

2)启泵时应关闭回水阀门,将压力调至0.6MPa。

3)观察上水时间和水箱水位,并做好记录,水箱水位偏低时及时向能源中心软水站打电话补水。

8 竖炉扩容经验和 TCS 竖炉

随着球团矿需求的增加，一些企业先后进行竖炉扩容改造。这种改造不是单纯地将炉体耐火砖减薄，以增加炉容。而是还需要将竖炉"五带"（干燥、预热、焙烧、均热、冷却）进行优化调整，同时风量加大，造球、筛分设备能力也要增加。

8.1 竖炉扩容经验

344. 竖炉扩容改造的参考方案。

近年来，高炉因各种因素炉型日益增长，使原来相应配套的 $8 \sim 10m^2$ 竖炉无法满足球团矿的供应。因此一些企业在原竖炉外壳和配套设施不变的基础上进行扩容改造，基本采用以下几种方案：

（1）要想提高球团产量必须有相应的炉容，因生球是经过干燥、预热、焙烧后，靠磁铁矿自身的氧化放热使温度升高，达到固结效果的，所以球团必须在炉内有足够的停留时间，以满足生球在炉身上部完成排除水分和吸收热量升温的时间，在炉身中部的充分氧化放热时间，以及炉身下部的冷却热交换时间。

（2）用改变炉衬厚度使炉体内径加大，因炉壳未变，只有通过把炉体内衬变薄的方式使炉容积加大，但是炉衬变薄会使炉壳温度增加 $20 \sim 40℃$，使炉内热能加大流失，所以必须改变炉内隔热砖的材质，最好选用硅酸铝纤维砖，以增加隔热效果。

（3）必须具备足够的煤气。因为炉容扩大了，产量提高，焙烧面积、喷火口面积也相应加大，煤气用量也必须随之增加，以满足焙烧温度和火焰穿透能力。因为炉内上部透气性差的原因，除生球爆裂产生的碎末把球与球之间的空隙堵塞，造成憋压外，还有一个重要的原因就是因烘干效果差，炉身上部球团的空隙被预热产生的水汽所填充，形成雾状封闭状态，使上行燃烧废气受到阻力，气流呈烟囱状上行，形成局部沸腾现象。

（4）在炉身下部因内衬层墙体变薄，除选用硅酸铝纤维砖作隔热措施外，其内衬砖必须选用耐磨耐火砖，以延长使用寿命。因为，球团料块只有在 $1000℃$ 以下时才会产生硬度，温度越低其硬度也越大，构成对内衬层墙体的磨损条件。所以说炉身下部内衬砖是因耐磨性达不到造成的损害，不是烧坏的。

（5）大水梁和导风墙是竖炉公认的易损部位，但导风墙真正磨损严重的部位在 6 层以下（约 700mm），10 层以上基本不会产生太大的磨损，究其原因主要是生产过程中产生的碎末颗粒被上行风带入导风墙通风口，由出风口排出。较大的颗粒因重力和下部高压上行风的作用，在大水梁和导风墙内下部产生涡流，摩擦和冲刷大水梁和导风墙。

炉内泄压方式只有两种，一种是炉内透气性好，上行风不受阻力；另一种就是加大导风墙通风孔面积，对炉身下部导风墙孔内和烘干床下形成大风量和小风压，使生球仅获得足够的烘干热源，又不至于在生球强度不足时被强气流冲碎，形成良性循环。

炉体扩容了，为满足生球烘干效果，导风墙通风面积相应加大。排料加快，要想达到冷却效果，必须加大冷却风压力和流量。因此对导风墙的冲刷更加严重，必须选用优质耐磨耐火砖。例如唐山盈心耐火材料厂生产的碳化硅质耐磨耐火砖因具有优良的耐磨和热稳定性能，取得了较好的使用效果，生产实践证明，导风墙碳化硅质耐磨耐火砖使用寿命达到 2~3 年以上。超出大水梁使用寿命的 2 倍，因此为了使大水梁和导风墙砖寿命同步，经研究在保证导风墙碳化硅质耐磨耐火砖外形不变的情况下，将砖壁变薄 20~30mm，使导风墙通风内径加大，既提高了烘干效果，又对炉内起到降压作用。

（6）在各种风机不变和配套设施不变的基础上，提高风量，必须采取以下措施：

1）改善风机的工作环境，使风机达到满负荷运行。减少管道的弯路，严禁管道破损出现漏风泄压现象；

2）对出风口进行导流，使其畅通，避免出现憋风现象，减轻风机压力。

3）冷却风出口由圆管变为方管，因方管出口直径、面积大，冷风吹出后可呈辐射形散发。而圆管是直柱形散发，两冷风管之间容易出现死角，效果差。

（7）改变烘干床角度，由原设计的 42° 改为 38°，使烘干床上的生球厚度减薄、均匀，并且延长了在烘干床上的烘干时间，提高烘干效果。

345. 竖炉扩容改造的要点。

（1）在原有竖炉土建框架不作改动的前提下，通过优化耐火材料性能和结构尺寸，实现竖炉由 $10m^2$ 扩容到 $12m^2$，扩容后炉口尺寸增加，需配套调整烘干床和竖炉烟罩以及少量钢结构外形。

（2）竖炉扩容后，配套对竖炉"五带"（干燥、预热、焙烧、均热、冷却）进行了优化调整。

1）干燥带高度适当降低。借助扩容后烘干床面积的增加，形成烘干床薄料层、低风压、大风量干燥工艺操作方针，实现 100% 干球入炉。温度和干燥气流速度是生球干燥的两大影响因素，当干燥温度大于 360℃ 后，生球干燥决定因素是气流速度，因此提高冷却风上行风量是生球干燥重要条件，同减少冷却带高度，提高冷却风量道理一致。

2）预热带进行微量调整。对竖炉喷火道进行扩大改造，由原有高度 270mm 提高到 408mm，目的是减少喷火道气流阻力损失，降低燃烧室压力，尤其是喷火道堵球的情况下尤为重要。

3）对均热带进行适当降低。在竖炉扩容后，有效截面积增加的条件下，球团矿通过均热带的时间有所增加或不变，可保证焙烧质量不会降低。

4）对冷却带降低 260mm。目的是减少冷却风阻力，强化冷却效果，风量增加将促进炉顶烘床的生球干燥效果，为提高产量创造条件。

5）在五带进行优化调整后，冷却风风量将上升，势必对现有导风墙的使用寿命产生更为不利的影响，为保证正常的导风墙使用寿命和增加冷却风使用量，改造将导风墙通风面积扩大了近一倍，即由 $1.48m^2$ 扩大到 $2.89m^2$，如此，可大幅度降低气流速度从而减轻其对导风墙的冲刷和"流态化"（颗粒悬浮）现象的发生。既避免了冷却风进入均热带降低温度而影响焙烧效果，又可降低冷却带因压力过高给冷却风上行造成阻力。

6）在竖炉土建框架和竖炉钢结构尽量不动和少动的前提下，扩容和导风墙通风面积增加所需的空间势必来自于耐火材料用量的减少，而一代竖炉炉龄又直接影响着大中修费用，对此竖炉结构设计中，除对选材调整外，结构设计增加承重和支撑墙，确保一代炉龄。

7）竖炉焙烧是一种"气固热交换"过程，炉料受重力作用在下行过程中势必也受到其他力的作用，如炉料间的摩擦阻力、炉料与炉墙的摩擦阻力、排料操作等造成炉料下沉的不均匀性，在此次改造过程中采用炉身下部增设料墙工艺，减缓竖炉炉料"漏斗"效应，提高竖炉焙烧质量的均匀性。

346. 对 10m² 竖炉扩成 12m² 的一些看法。

烘干床入料口距喷火口高度约 1.35m，喷火口向下呈 30°角斜吹深度约 0.5m，合计高度 1.88m。扩容后致使焙烧段增加面积 1.66m²（即 7.8m×0.115m×2），因每侧焙烧面积为 5m²，所以需降低 0.33m 料面高度才能与 10m² 改造前的容料体积相同。在煤气量不充足的情况下，用什么办法改变这一现实其关键在于：

（1）增加烘干床面积和冷却风流量。增加冷却风流量必须增大导风墙通风孔面积，减小通风孔内颗粒物的滞留量，使通风孔内上行冷却风畅通。而通风孔面积增大，可减小风压和增大流量，使小颗粒物随上行风自出风口排出，大颗粒物重量较大因风压不足而下沉，可随向下排料排出。炉内的悬浮颗粒扰流现象也将大幅度减轻。冷却风加大，烘干床下和炉身上部分压力也不过大，炉况好，有利于焙烧风运行。

（2）如能达到上述条件则能形成大流量、小风压、薄料层的干球入炉状况，为炉内预热创造了良好的条件。使炉内预热带球团潮湿气氛减少，球团爆裂和风刷细粉减少，从而增加了炉内透气性，使炉内压力降低（因炉内压力是由潮湿气氛和小颗粒物、细粉共同对燃烧废气上行形成阻力而产生的），因此也就形成了一个良好的炉况。在操作中炉内压力必须小于燃烧室压力，对于煤气量不足的竖炉来说炉内压力过高就是影响产量和事故发生的主要原因。

（3）任何风都不会交叉流动，不是上行就是下行，但热气流在不遇到上行阻力的前提下，不会偏离向上流动的方向，但在向下排料时上升气流肯定也会向下产生间歇性波动，但不会影响炉况。

（4）炉内的最高温度是球团在均热带的氧化放热而形成，所以说球团不是只靠焙烧（外热源）完成，而是在均热带借助自身由 Fe_3O_4 转变为 Fe_2O_3 的氧化反应热（内热源）产生的高温而内外加力完成的。此段球团氧化放热产生的压力已形成自然屏障，迫使燃烧废气向上流动，下面冷却风也因导风墙通风孔已经满足其流量要求也不易进入此带，也就形成了一个相对稳定区。因此，此带的长短和球团在此带的存留时间也就成为了熟球产量、质量的关键部位，所以说此带只能延长，不宜减短。

（5）冷风由两侧吹向中心，在炉身下部形成高压风，一部分相遇后上升形成主气流，在炉子中心部冷却球团得热后，通过导风墙用于烘干；另一部分沿外侧冷却球团得热后，沿炉体上升，形成边缘气流，为均热焙烧提供富氧高温气体，否则，在火口处形成还原带，使得氧化反应不能进行，焙烧内热缺了，球团焙烧不能完成。冷却风必须有一部分进入均热带。

347. 对竖炉一些普遍现存问题的观点和建议。

（1）燃烧室顶和燃烧室与混气室的连接部位很容易透火，烧损炉壳，用以下办法可以解决：在燃烧室炉墙尺寸不变的基础上把现有砖型改变成四边带凹凸槽的砖型，用微膨胀泥浆吻合砌筑，在第二环和第三环隔热砖砌筑时加入若干层可膨胀断热砖，在使用过程中，其体积可发生弹性膨胀，上可使砌体与炉壳之间更加紧密，下可使第一环内衬砖整体收缩或膨胀。

（2）在炉体壳外面预留若干排潮放气孔管，此孔管一端与炉壳焊接，另一端与阀门连接，在烘炉时把阀门打开，产生的水蒸气由此孔排出，以免炉壳变形与砌体分离，待正常生产后把阀门关紧。

（3）原设计喷火口砖是以30°斜角向下导流斜吹，因频繁停炉造成急冷急热及其上部因所负荷压力大很容易造成脱落，形成火焰直吹或球团倒灌喷火口现象。以上现象致使炉内五带也随之发生变化，如果把此30°斜角导流改变成30°斜道，不管砖体怎么脱落，永远是火焰气流呈30°斜吹，更不会出现球团倒灌堵口现象。

（4）燃烧室人孔透火是竖炉常见的事。只要在封堵人孔时按里侧砖墙砌齐，其外面不足部分用散硅酸铝纤维毡填实再用人孔门压紧就行。

（5）在煤气不足或煤气压力不足时千万不能扩容改造，因煤气压力低燃烧室和混气室压力也会低，反过来就是炉内压力和物料阻力大，与炉况顺行的要求正好相反。

（6）烘炉不到位时别急于追求生产，应适当延长上循环料烘炉时间，培养炉况。因为光看温度表没用，在烘炉期间大量的水蒸气散发于炉体上部的球团中，呈雾封状态对上行燃烧废气形成阻力，造成温度局部偏高，一不小心就会结块，必须坚持先有炉况后有炉产的原则。

（7）竖炉在生产中大量余热流失，从吸尘管道的80℃到下料球团余热的800℃，这些温度都将在空气中散失。而造球所用污泥最好烘干后粉碎成粉与膨润土混合使用，生球炉外烘干方案也值得考虑，将流失的余热综合利用，这些都是目前我们尚未完成的作业。

（8）竖炉生产中靠炉容使球团在五带有存留时间，靠冷风上行冷却置换熟球热量对湿球烘干，靠煤气燃烧及其火焰向下斜吹预热，靠上行风和下行风相互制约形成均热带，构成压力相对稳定区，所以说五带是相互依存的。

348. 唐钢 8m² 竖炉扩容 10m² 改造方案。

（1）导风墙改造。针对唐钢导风墙寿命较低的状况，借鉴其他钢厂导风墙改造的经验，将导风墙由550mm加宽至780mm，并采用大块异型砖，同时导风墙水梁加宽、加高，相对降低砖体高度，以增加砖体的稳定性。

（2）炉体扩容改造。根据现场情况，最大限度地扩充炉容，长方向外扩692mm，宽方向外扩460mm，主要改造项目有：

1）针对烘干床下沿以下易黏料的现象，将异型砖角度由60.91°变为68.7°。另外，喷火口处易灌料，为此，将其角度由45°变为40°，砖型做相应调整。

2）针对喷火口以上两层砖易断裂的现象，将其改为大块砖，且砖材质中加入稳定剂。

3）为增加导风墙整体的稳定性，除导风墙加宽外，还将其与炉体之间的膨胀缝加大至 73mm，与端墙相搭接处分别留 10mm 的缝隙。

4）针对高温区炉皮易变形、冒火、漏风等现象，将南北端墙加厚一层 114mm 的轻质高铝砖。

5）燃烧室径向及其通道分别用 20mm 厚的硅酸铝纤维毡填实（原为 10mm 厚的石棉板）。

6）炉体加长后，燃烧室通道中心线外移 114mm，通道直径增加 228mm；喷火口由 18 个变为 19 个，每个喷火口宽度增加 10mm，以改善炉内气流分布。

7）竖炉大水梁高度增加 40mm，钢结构厚度由 14mm 变为 20mm，以提高梁的刚度和强度。

8）炉体扩容后，下部钢结构基本不变。这样冷却带及其以下炉墙磨损势必加重，为此，分别加厚一层 114mm 高铝砖。

（3）其他改造：

1）烘干床实际温度及排料温度较高，且电振处有漏风现象。借鉴其他钢厂竖炉改造经验，将冷风管道中心线上移 700mm，可使进入导风墙的冷风量增加，减少下部漏风，降低排料温度。同时，由于冷风进入导风墙时间缩短，风温降低，有利于降低烘干床温度，减少生球爆裂现象。另外，可减轻对燃烧室热气流的干扰，增加燃烧废气的穿透能力。

2）烘干床水梁由 5 根变为 7 根，算条分上、中、下三层，长度变短，同时，材质改为球墨铸铁，可延长算条的使用寿命。烘干床面积加大，由 13.46m² 变为 16.32m²，可提高生球的烘干效果。

3）小烟罩采用循环水冷却，可减轻由于烟罩温度较高而使小烟罩损坏严重的状况。

349. 唐山建龙 1 号竖炉炉容扩建改造实践经验。

唐山建龙实业有限公司拥有两座 10m² 竖炉，1 号竖炉是在 2001 年建成投入使用。因为受炉体水泥框架结构的限制，本次改造只是在炉内砌筑方面进行扩容，设想在长度方向不变的情况下，改变炉内砌筑（火道口墙、混气室墙和冷却带墙）的尺寸，靠增大炉内宽度的方法达到增大炉内容积的目的，也就是增大图 8-1 中焙烧带宽度和炉内宽度。竖炉改造前相关参数见表 8-1。

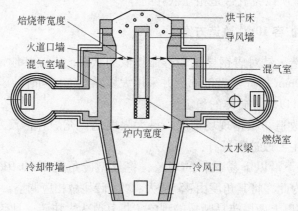

图 8-1 炉体砌筑结构示意图

表8-1　竖炉改造前相关参数

部位	有效焙烧面积/m²	有效烘干床面积/m²	竖炉有效容积/m³	导风墙有效通风面积/m²	燃烧室温度/℃
数据	10.5	14.6	100	1.35	1050±50

（1）炉体下部冷却带墙砌筑改造。齿辊冷却壁框架不变，向上逐层递减中间部分轻体砖，至混气室底部（见图8-2）。底部宽度不变，炉内上部宽度由3144mm增大到3376mm。冷却带墙由下向上变薄了。由于冷却带温度较低，所承受的压力也较低，砌筑尺寸改变后不影响炉体砌筑强度和生产。

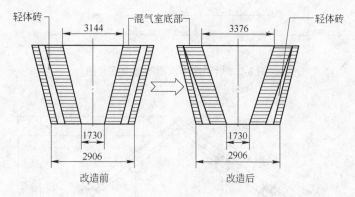

图8-2　炉体下部砌筑改造示意图

（2）混气室砌筑改造：

1）方案1：保持混气室墙厚度不变，混气室宽度减少116mm，火道口砖墙随着向两侧外移116mm。也就相对于炉体截面宽度增加了2×116mm，即232mm。

2）方案2：保持混气室宽度不变，混气室墙厚度减少116mm，火道口砖墙随着向两侧缩小116mm。也就相对于炉体截面宽度增加了2×116mm，即232mm。

经论证，方案1虽然混气室宽度减小，通道变窄，但热废气流速加快，从火道口喷出的深度增加，炉内宽度增加后，有利于靠近导风墙的球团矿焙烧质量。而方案2中减少了混气室墙的厚度，降低了砌筑的强度。由于炉内温度较高，压力较大，混气室墙容易冲刷和变形，容易造成混气室跑风，因此混气室砌筑改造采用方案1。

炉内焙烧面积改造后，焙烧带宽度由2680mm增加到2912mm，增加了232mm，焙烧横截面达到11.8m²。

（3）烘干床改造：

1）水梁安装改造。以炉口宽度保持不变，将最下方小水梁的安装宽度由2248mm增加到2478mm，增加230mm。为保持烘床高度943mm不变，将坡度由40°降为37.3°，见图8-3和图8-4。

2）炉箅条改造。小水梁安装尺寸加宽，箅条随着加长，保持原箅条宽度不变，箅条长度由479mm增加到509mm，增加了30mm；通风孔斜宽由20mm增加到22mm，增大了烘床的有效通风面积。经计算，烘干床有效通风面积由原来的15.9m²增加到16.9m²，有效烘干面积增加0.8m²，改造后箅条见图8-5。

3）箅条盖板角度改变。由于烘床角度改变，所以箅条盖板角度将由90°增加到95°。

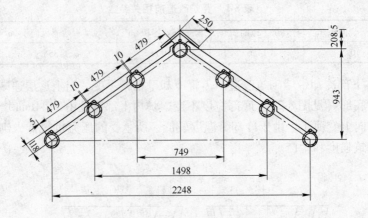

图 8-3 烘干床小水梁改造前安装图

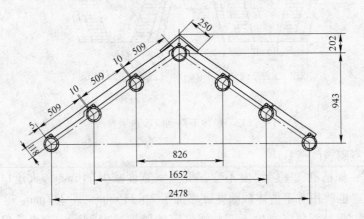

图 8-4 烘干床小水梁改造后安装图

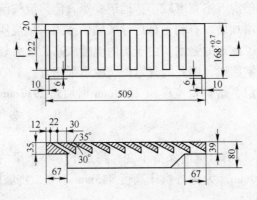

图 8-5 改造后算条

4）结论。炉内焙烧宽度增加后，球团矿下行通畅，废气流上升阻力减小，气流分布均匀，炉况顺行。燃烧室压力由原来的 18kPa 降低到 13kPa，改造后球团矿抗压强度约为 2900N/球，与改造前相比没有变化。

此次改造受炉体框架结构的限制，只是进行了宽度方向改造，长度方向没有改变，通过对竖炉局部扩容改造，大幅提高了球团矿产量，达到很好的效果。但从生产实际看，竖炉扩容提产后，冷风机和助燃风机的能力显得有些不足，下一步应将冷风机加大到 $1000m^3/min$ 以上，助燃风机加大到 $500m^3/min$ 以上。

350. 济钢竖炉炉型扩容改造经验。

（1）2 号竖炉炉型改造。2 号球团竖炉于 1987 年投产，有效焙烧面积 $10m^2$。先后于 1995 年、2000 年和 2005 年对 2 号竖炉进行了技术改造。1995 年围绕扩大烘床面积、拓宽炉口、冷风口下移、冷却带加高等几个方面进行了炉型改造，主要技术经济指标及操作参数指标均有不同程度改善和提高。2000 年对 2 号竖炉在保证焙烧带不变的情况下，加宽导风墙宽度，降低导风墙位置，使冷却风"炉内短路"的作用进一步强化，减小其高温料柱阻力损失而直接达到干燥带，加强生球的干燥，同时克服冷却风对焙烧带的影响，保证炉内气流的合理分布以及中心"死料柱"的消除。

2005 年对 2 号炉进行了炉型结构改造和热工制度优化。冷风口和喷火口面积分别扩大 1 倍和 0.31 倍，导风墙出风口面积扩大 33%，冷风口标高提高 700mm，缩短冷却带高度，降低冷却风上行阻力，提高冷却风量和穿过导风墙内的比例。炉体高度增加 800mm，合理地分布到预热焙烧（300mm）和均热（500mm）带，炉内有效容积增加 21%；优化喷火道出口的形状构造和出口倾角，降低炉口斜坡的折点和提高斜坡角度；更换大功率的助燃风机和冷却风机，增加炉内动能供应；率先实施竖炉富氧焙烧技术，炉内含氧量由 5% 提高到 8%，加快了氧化焙烧速度；强化生球整粒效果，生球筛分面积扩大 1.48 倍。实施后，2 号炉产量由 1710t/d 提高到 2000t/d 以上，利用系数由 $7.13t/(m^2 \cdot h)$ 提高到 $8.333t/(m^2 \cdot h)$，热耗由 1035.37MJ/t 降低到 928.5MJ/t。

（2）3 号竖炉炉型改造。2002 年 3 月某厂开发设计了 $14m^2$ 球团竖炉。在烘干面积、单位焙烧面积和容积，竖炉导风墙设计以及竖炉各带高度、宽度设计上进行了独创的技术创新达 10 余项。投产后，由于缺乏大型竖炉操作经验，炉型个别地方和某些配套系统不合适，边生产、边摸索、边改造，于 2003 年 5 月份实现了达产达效，日产球团矿 2050t 左右，利用系数为 $6.02t/(m^2 \cdot h)$。

随着对 3 号竖炉投产以来尤其是达产以来生产和炉型结构认识、分析的深入，以及多年来对竖炉进行多次炉型结构改造的认识和与兄弟厂家炉型结构的对比，对 3 号竖炉的炉型结构的认识更加深刻、透彻。根据研究和分析，于 2004 年进行了炉型结构优化改造，主要内容：烘床角度由 34° 提高到 36°；烘床抬高 150mm，烘床与布料皮带的落差由 650mm 降低到 500mm；斜坡折点上抬，斜坡角度由 49° 增加到 60°；优化炉内 5 个工艺带的炉型结构和分布，适当增加预热带和焙烧带的高度；喷火口标高降低 134mm，预热焙烧带增加 190mm；喷火口总面积由 $2.24m^2$ 增加到 $3.18m^2$，解决喷火口处"喉"的阻力；冷风口中心线标高提高 700mm，面积扩大一倍；增设中间均料墙，同时把炉体下部下料口中心线分别向外移动 100mm，遏制中间下料，加速两端下料；对液压站及其管路进行扩容改造，管径由 $\phi25mm$ 扩大到 $\phi40mm$；齿辊有效运行效率由 45% 提高到 65%；扩大齿辊间隙，通道面积增加 $1.3m^2$，提高排料能力。改造后，日产量达到 2380t/d，利用系数达到 $7.1t/(m^2 \cdot h)$。

351. 新疆雅矿公司 8m² 竖炉扩容改造及效果。

新疆雅矿公司 8m² 竖炉建于 1999 年 3 月，年设计能力 36 万吨，经过 7 年的生产，年产能达到 41 万吨。7 年内竖炉未进行彻底的大修，竖炉耐火衬老化，窜火窜风现象严重，炉体钢结构出现大面积氧化，虽经过多次灌浆，但钢结构仍有烧穿烧红现象，造成炉内气流分布不均，影响球团矿产量和质量。

由于受到竖炉本体钢筋混凝土框架限制，将炉壳扩大没有条件。因此，考虑吸收国内同行的先进技术，对竖炉炉型进行优化设计，在耐材的砌筑上做工作，达到扩容改造的目的。

（1）干燥床及上部烟罩部位改造。在本次大修中将布料车上部三角罩改成弧形罩，作用是保护布料车及皮带，减少高温烟气上逸直接损坏布料车皮带。烘床角度由改造前的 38° 改为改造后的 36°。这样使干燥床的面积由 17.16m² 增加到 18.04m²，干燥床斜面长度延长 75mm，减少了烘床下部料层厚度，增加了烘干时间和烘干面积，有利于强化生球干燥。

（2）炉口部位的改造。炉口部位耐火砖改为浇注料，并将干燥床两边宽度方向耐火材料厚度缩 116mm，使耐火材料与干燥床下沿的间距由原来的 300mm 增加到 390mm，而且相对增加烘床的下料口面积 1.04m²，减轻生球入炉时相互挤压，减少粉末入炉。

（3）焙烧带的改造。由于竖炉炉壳未作扩大改造及竖炉支撑圈梁没有换新，因此将竖炉内宽度两侧的挡火墙由原来的 696mm，削薄 116mm，改成 580mm，有效焙烧面积增加了 1.34m²，使竖炉焙烧带改造与竖炉干燥床及下料口改造一致，稳定了球团焙烧的热工制度。考虑挡火墙所受压力冲击会变大，在挡火墙的中部和下部设立了支撑墙对其进行加固。

（4）齿辊的改造。由于改造后产量增加，改造前 8 根齿辊 80mm 的间距，势必影响球团排料速度，因此在这次大修中将 8 根齿辊改为 6 根；考虑边缘效应，两边的齿辊与炉体的间距调整为 300mm，齿辊间距调整至 244mm，加快排料的速度。另外，在这次检修中将齿辊的冷却循环水路也进行了改造，提高了冷却效率，从而达到延长齿辊寿命的目的。

（5）冷却风进口改造。改造前冷却风口为 $\phi210mm \times 16$ 的圆形进风结构，增加了冷风阻力。因此将圆形结构改成扁条结构（两侧共 8 个，自中心线向两侧分布），其优点是可减少入炉冷风阻力并且减少冷却风导致的炉料"管道"现象的形成。

冷风口位置由改造前向上调整 1250mm。考虑冷却风主管道因竖炉框架基础受限有施工难度，特将主管道不动，向上部延伸支管，支管管径为 296mm×262mm，进入炉体内部后进一步扩大，继续增加通风量。这样，冷却风口到导风墙的距离由 3050mm 缩小到 1800mm，改造后冷却带高度缩小，风阻力减小，进风量增加，对提高烘床风速、烘床温度，以及成品球冷却、降低成品球温度均有好处。

（6）风系统的改造。这次改造中，对风系统在暂不考虑更换更大风机的前提下，重新作了计算，对助燃及冷却风系统管路走向进行了优化，减少了风系统中的拐点，减少了风阻；改造了燃烧室 7 号环缝涡流烧嘴，解决了改造前助燃风量不足的问题。对除尘风系统管路进行加粗，由改造前的 $\phi1.6m$ 加粗到 $\phi1.8m$，减缓了除尘风速。而且除尘管道耐磨涂层采用了新型多元纳米衬里抗磨刷材料，该材料具有高耐磨性、耐腐蚀性及良好的可塑性和韧性，从而达到增加抽风量、延长除尘管道寿命的目的。

由表 8-2 可以看出，竖炉扩容改造后，利用系数提高 1.44t/(m² · h)，助燃风量增加 1099m³/h，冷却风量增加 11029m³/h，特别是抗压强度从 1753N/球提高到 2203N/球。

表 8-2　竖炉改造前后的主要技术经济指标对比

参数指标	利用系数/[t/(m² · h)]	TFe/%	FeO/%	抗压强度/(N/球)	助燃风量/(m³/h)	冷却风量/(m³/h)
改造前	6.36	61.27	0.28	1753	9036	30727
改造后	7.80	61.42	1.19	2203	10135	41356
对比	+1.44	+0.15	+0.37	+450	+1099	+11029

从表 8-2 可见：FeO 大幅升高，抗压虽有提高但不是很高，说明改造风口提高过头了，冷却风边缘分流过少，焙烧均热带氧化气氛不够，使之内热（FeO 氧化热）没充分发挥作用，高温带停留时间过短，FeO 来不及充分氧化，Fe_2O_3 晶格来不及长大，下到冷却带被冷却了，定型了。

8.2　新技术

352. 郑州九环科贸有限公司开发的竖炉喷涂修复技术。

竖炉球团焙烧过程是复杂的物理化学反应，加上热气流和粉末的强烈冲刷，使竖炉炉体耐材破损加剧，破坏了竖炉的操作炉型，给竖炉操作带来较大影响，使球团质量波动加剧，进而影响竖炉操作指标。

为改善竖炉炉体现状，常规做法是将炉体拆除重砌，费用相当高。据测算仅更换耐材原料费用就需要 80 多万元，而且维修时间长达 30 天以上。为降低维修费用，减少维修时间，一些竖炉均采用郑州九环科贸有限公司研发的竖炉喷涂修复技术。

采用喷涂具有以下特点：

（1）耐高温（能承受 1700℃以上），而且膨胀系数与高铝砖相吻合，高温加热时能够保持足够的强度，并具有较好的耐磨性。

（2）能与旧炉墙很好地黏合。

（3）能在强氧化气氛下工作。

（4）整体性能好，无砖缝病灶。

（5）密封性能好，保温效果明显。

（6）施工简单，工期短，一般工期为 4~5 天。

（7）投资省，见效快，使用周期长。

所用喷涂材料为 JH-SL 竖炉喷补料，主要性能见表 8-3。

表 8-3　JH-SL 竖炉喷补料性能

性能	Al_2O_3/%	Fe_2O_3/%	耐火度/℃	体积密度/(g/cm³)	抗压强度/MPa	抗折强度/MPa	线变化率/%	耐磨性/CC'S
范围	≥60	≤2	≥1500	2.2	>45	>5.0	±0.5	<10

施工流程比较简单，即：

（1）安装喷涂设备；

（2）搭设脚手架；

（3）清除竖炉表面挂渣；

（4）挂网；

（5）喷涂；

（6）表面修整；

（7）清理现场。

喷涂效果对比（见图 8-6 和图 8-7）：喷涂前炉内耐材磨损相当严重，冷风门口管道已露出不少。通过喷涂料修复后，耐材磨损相当严重，冷风口管道已露出不少。通过喷涂修

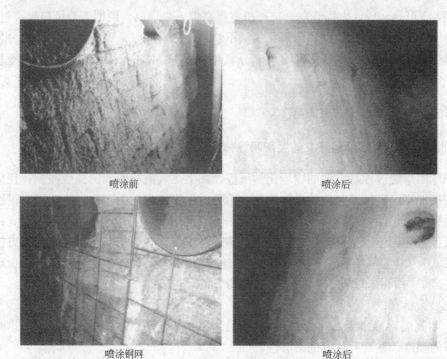

| 喷涂前 | 喷涂后 |
| 喷涂钢网 | 喷涂后 |

图 8-6　竖炉炉墙喷涂前后对比

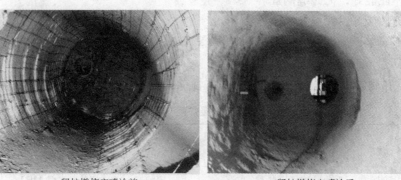

| 竖炉燃烧室喷涂前 | 竖炉燃烧室喷涂后 |

图 8-7　竖炉燃烧室喷涂前后对比

复后，内壁均匀平整，冷风口与喷涂料平过，喷涂料之间用钢丝网做连接以增加喷涂层强度。喷涂料采用耐高温耐磨材料，喷射于炉内壁与喷涂钢网上，不仅填补了炉体内壁的凹陷空间，还使炉体平均增厚约8cm，基本恢复了原始尺寸，达到了延长炉体使用寿命的目的。

喷涂效果分析（见图8-8）：使用4个多月后，喷涂层局部磨薄，少数区域露出钢网架子，但无整体剥落现象，说明喷涂质量是可靠的。通过对竖炉喷涂，使竖炉冷却风、助燃风和煤气单耗均减少了，漏风率也大大降低，使用寿命在一年左右。

使用4个多月后喷涂料磨损情况对比

图8-8 竖炉炉墙喷涂后使用4个月磨损对比

353. 武汉科技大学竖炉球团矿二次冷却器的设计与应用。

竖炉在国内球团生产行业仍占有举足轻重的地位。竖炉高产高效需要有先进的冷却工艺与其配套，然而国内竖炉球团矿的冷却问题一直没有合理地解决好。目前国内竖炉球团矿炉外冷却方式不外乎竖冷器、链板机加钢丝网带机自然风冷、带式冷却机和环冷机四种形式。现在普遍使用的是带式冷却机。

新型冷却器的外部结构较简单，内部结构设计合理，且耐温耐磨，适用性很强。它可安装在竖炉下部作为炉内二次冷却器使用，更可自由安装在炉外使用。新型二次冷却器示意图见图8-9。

（1）冷却器上部设置集料槽。根据国内竖炉炉型结构的需要，竖炉下部都设置有集料槽，其作用主要是防止竖炉内上下窜风影响竖炉工作的稳定性，做到炉下均匀排矿。尤其是炉内设置了二次冷却器的竖炉，集料槽的作用就更突出。新型冷却器在炉外也有类似的作用，如该冷却器安装在炉内，可直接与竖炉下部集料槽对接，但必须要满足炉下有11m的标高空间方能实施；若安装在炉外，可直接用链

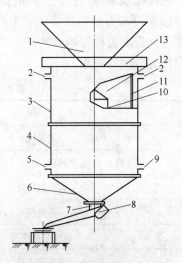

图8-9 新型二次冷却器示意图
1—热矿入口集料槽；2—热废气出口；
3—上筒体；4—下筒体；5—A冷却介质
入口；6—冷却矿集料槽；7—下料管；
8—电振排矿；9—B冷却介质入口；
10—内冷却筒；11—外冷却筒；
12—冷却床；13—平台

板机或链斗提升机，给冷却器顶部料槽供料。

（2）冷却床的设计。冷却床的结构形式是冷却器的关键所在，它既可以起到分料器的作用，还可以起到支撑料柱的作用。为了防止冷却床的漏料和缝隙堵塞，设计制作中采用了特殊的导风形式（见图 8-10），这种设计方式可以有效地防止漏料和缝隙堵塞问题。此外，为了防止其高温变形和磨损，设计中对特殊部件，采用了特种合金元素铸造成型，可以达到耐温耐磨，延长使用寿命的目的。

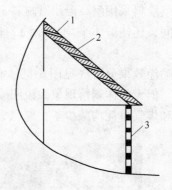

图 8-10 冷却床局部放大剖面
1—出风缝隙；2—缝隙筋条；3—内冷却筒

（3）冷却筒的定位设计。冷却器内的各种部件，除自重外还要承受近百吨重的料柱重量，如何确定冷却筒的定位，经受承重和高温，防冷却床和筒体倒塌，就尤为关键。如果采用通常的十字梁作支撑，则有可能受料重和高温的影响而变形，导致内部结构倾斜，堵塞料流下移，影响竖炉生产。为此，该冷却器内采用了立柱支撑，其材料材质选用特种钢材制作，可有效地防止风筒变形和倾斜，避免阻碍和堵塞料流。

（4）独特的双筒导风结构。球团矿在冷却器内部依靠重力作用从上到下滑落，冷风穿过内风筒，再穿过球团矿料层与球团矿发生热交换；之后热废气穿过外风筒，进入外风筒与筒体之间的导风空腔，再经热废气出口到除尘系统。气流在穿过料层时，必须等压才不致偏析，冷热交换效果才能得到保证。设置双筒导风结构，有效地解决了热废气偏析问题，使冷却效果得到保证，同时提高了热交换效率。

（5）冷却器的监控、调节手段及相关配套设备（见表 8-4）。冷却器的正常运转，必须配备先进的监控和调节设备，以便随时调整冷却器工作参数，达到最佳的冷却效果，保证余热充分回收利用。

表 8-4 某竖炉冷却器部分配套设备

编 号	名 称	规格型号	备 注
1	鼓风机	5-51-18.2D	风量：150000m³/h
2	鼓风机电机	Y4003-6	功率：430kW
3	雷达料位计	GDUL53-PFBFD2AMAX	量程：0～35m
4	热电偶	WRK2231G	度号：E
5	温度显示仪表	KH106-A-RIC-RIA-N-N-AC	
6	多管除尘器	XLG/A	

（6）热废气回收利用。这一技术的宗旨就是将竖炉排矿温度降至 150℃ 以下，然后利用热交换的传输原理，将余热废气回收利用，达到节能减排、增产创效的目的。

（7）冷却器的排矿方式及使用寿命。在设计方案中，新型冷却器的排矿与竖炉生产同步，采用电振器联锁控制排矿，排矿也可采用拉式链板机无级调速控制排矿，排矿量的大小可根据竖炉的产量来调节，排矿温度可通过不同冷却介质的用量来调节。由于新型冷却器的内部设计独特，用材合理，可消除内外部件变形，且耐温耐磨，使用寿命长。

8.3　TCS 竖炉技术

球团竖炉由圆形发展到矩形，特别是我国老一代竖炉专家所发明的导风墙与烘干床技术，使矩形竖炉性能产生了革命性飞跃，跃居世界前列。唐山今实达科贸有限公司刘树钢在继承老一代竖炉技术的基础上，开发了 TCS 竖炉专利技术。

354. TCS 竖炉的结构特点。

TCS 酸性氧化球团焙烧竖炉是集国内外熔融还原、直接还原、流化床、顶燃式热风炉、白灰竖炉、水泥竖炉的研究成果和多年实验室、工业试验的研究经验而发明的个人专利项目。在短短的几年时间里，已相继在河北唐山、邯郸、承德，山东，吉林，内蒙古，辽宁鞍山、海城，浙江，四川，江苏徐州，河南安阳等 30 多个企业建起了竖炉。TCS 竖炉的结构特点如下：

（1）炉顶气动布料器，结构简单，工作可靠。

（2）上下两层烘干床，烘干面积大，且气体温度可分区控制因而可实现变温变向慢速干燥，减少了过湿现象和爆裂现象。

（3）烘干床具有气筛和固定筛作用，可将大部分粉末和返矿提前分离并排出炉外，改善了焙烧带料柱透气性和气流分布，增强了对原料和操作波动的适应能力，使 TCS 竖炉的利用系数高达 $6.25 \sim 8.00 t/(m^2 \cdot h)$。

（4）焙烧带喷火口和燃烧室置于炉子内部，从内向外烧，充分利用边缘效应，提高了喷火口对面外墙附近低温区域的气流量和温度，使整个焙烧带气流和温度分布趋于均匀合理。

（5）环形焙烧带的特性。不需加大焙烧带的宽度，即可方便设计出较大焙烧带面积，有利于竖炉的大型化，建设单炉年产 100 万吨的 TCS 酸性氧化球团焙烧竖炉数年来，生产效果良好。

（6）燃烧室、焙烧带、干燥带、防过湿带可分区独立计算机检测和控制，大大提高了操作精度，通过调试和操作可使各项参数达到最佳。

（7）环形导风墙置于焙烧带大墙外侧，导风孔面积大于 $6m^2$，无水冷、结构强度高且无堵塞，其寿命大于 8 年，至今尚无一家损坏需中修。

（8）炉内冷却能力大，平均出球温度可降至 300℃ 以下，既提高了能量利用率，又省去了炉外配置大型冷却机所带来的炉外投资和环保问题，使环保更易达标。

（9）炉顶变频控制的环形排料车，结构简单可靠，能实现无级调节，可实现与布料的良好配合。

（10）TCS 竖炉的焙烧带有效高度大于矩形 SP 竖炉，但由于采用了自立式结构，其总高度降低，因而可节省皮带长度和总占地面积。

（11）TCS 竖炉回收了干燥系统的废气余热以预热助燃风，使助燃风平均温度达到 $260 \sim 310℃$，并且燃烧室压力仅为 $6 \sim 8 kPa$，因而可减少电耗和煤气消耗，正常生产状态下，高炉煤气消耗已降至 $170 \sim 220 m^3/t$，另外 TCS 竖炉结构简单，维修费用低。

（12）由于今实达公司开发的液压推板排料系统，尚未投入实际生产，第八代以前的

TCS 竖炉遇到结块时，还需人工处理，增加了工人的劳动强度。

（13）由于上述综合原因使 TCS 竖炉与同规模矩形 SP 竖炉相比，投资和占地均节省三分之一，能耗低，成品球团加工成本低 10 元/吨。

TCS 竖炉的开发技术已走向系列化，年产量为 5～100 万吨均已投入市场。

根据该竖炉本身的结构特点，不论生产规模大小，环形焙烧带只加大环带直径，不需加大焙烧带（环形）宽度，从而较容易实现大型化。

图 8-11 所示为第六代 TCS 竖炉。

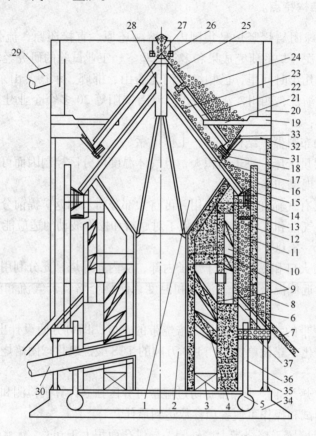

图 8-11　第六代 TCS 竖炉

1—中心灰斗；2—中心风管；3—燃料器；4—混匀稳焰器；5—冷却风箱；
6—冷却带炉箅子；7—排料口；8—冷却带；9—混匀器；10—火道；11—均热带；
12—火口；13—焙烧带；14—导气砖；15—导风墙；16—预热带；17—下伞体；
18—供风管；19—调温风箱；20—废气集尘箱；21—调温风导入管；22—上伞体；
23—下干燥带；24—上干燥带；25—防过湿带；26—布料器；27—松料器；
28—炉顶中心风管；29—炉顶废气导出管；30—炉中心废气导出管；
31—2 号助燃风箱；32—1 号助燃风箱；33—送风管；34—竖炉
基础；35—支柱；36—冷却风支管；37—环形梁

355. 圆环形 TCS 竖炉的生产操作要点有哪些（也适用于矩形炉）?

（1）优化精粉配料。一般优化配料的思想为酸碱配合和粒度配合。

酸碱配合：即 20%～40% 的碱度为 0.3～0.6 的精粉，配合更酸性的精粉，也可以通过使用炼钢污泥浆造球，把成品球的碱度控制在 0.2～0.4（碱度过高，易结瘤），人为设计球团的铁酸钙液相比例，采用少部分液相黏结，还可加速固相固结的速度，可以取得提高强度和节能（降低炉温 80～150℃）的效果。

粒度配合：两种及两种以上的精粉，其粒度、表面性质会有一定的差异，当 20%～40% 较粗的（0.074mm 左右）精粉颗粒之间的空隙，被更细的精粉颗粒填充，并且颗粒表面性质也得到配合时，可以取得更高的生球质量。

（2）减轻过湿现象。任何球团焙烧工艺均存在过湿现象，在冬天更甚。在竖炉烘干床顶部靠近炉箅子的生球，干燥较快，既快速降低了气体温度，又增加了气体中水蒸气含量，这样的气体到达球层中上部时，被新入炉的低温生球冷却到较低的温度（露点以下），从而使气体中的水蒸气又重新冷凝到生球表面，造成过湿。过湿现象既可显著降低生球的爆裂温度，加重爆裂，又容易形成湿黏结块，从而影响干燥床的下料，加剧了半干球（此时强度最低）的机械破损，同时还影响干燥床的气流分布，甚至造成部分湿球进入下面的更高温度区域而爆裂。这些湿黏结块和碎球即使干燥完成了，也还将对焙烧带、均热带、冷却带产生危害，在生球质量差时，这些危害会变得很严重，而使生产陷入恶性循环。

TCS 竖炉在干燥床顶部设立了防过湿带，此处的设计和操作思想为：薄料层（也可以将新生球布于干燥了一会儿的老球上，甚至将部分干燥气体短路一点）、低风温、大风量，即可明显地减轻过湿现象。另外提高生球入炉温度也会取得良好效果。

（3）控制氧化。Fe_3O_4 的氧化放热在焙烧中发挥着极大的作用，TCS 竖炉的操作思想是把氧化反应最大限度地控制在焙烧带下部和均热带发生，因而可以造成焙烧带下部和均热带温度明显高于燃烧室热气体温度（低流速的高温冷却风的焙烧作用大于燃烧室的焙烧气体——低氧燃烧生成物），这不仅可以大幅度减少竖炉能耗，而且可以防止温度过高结瘤。

另外，成品球中保留 0.7%～1.5% 的 FeO 对降低球团的还原膨胀率和还原粉化率有较大好处，即使成品球中的 FeO 达到 2.5%，对球团还原性影响也不大，故此建议成品球中的 FeO 控制目标为 0.7%～1.5%。

（4）分区测控焙烧带温度。TCS 竖炉沿圆周 29 个排料口所对应的焙烧带温度可独立测控，当某处焙烧带温度超过 1200℃ 时，可加大该料口的排料量，这样既防止了结瘤，又提高了球团质量。

（5）提高球团强度与防止结瘤——竖炉（含高炉）下料分析。所有烧熟了的球团均经过了 1100℃ 以上的高温（碱度更低的球团甚至高达 1200℃ 以上），在此温度下，球团内已出现小部分液相，已经具有黏结的倾向，如何防止结瘤是每一个竖炉工作者必须面对的大问题。

常规竖炉（一般生产状态）的下料过程是一个不连续的、不稳定的、随机的、大小不等的小拱面的塌落过程，可形象地称为拱桥理论。而不是平移运动，每个小拱面下面的自由空间有点类似于水中气泡的运动过程，也存在改向、分裂、合并、悬停的状态。宏观下料速度、炉料性质、温度、气流、振动等炉况使小拱面面积（同时塌落的颗粒数三至几十个直径的几率较大，以至成百上千个也有）及其下面的自由空间尺寸和形状，具有相应的随机几率分布规律。每个小拱面塌落瞬间，其下面的自由空间尺寸和形状，决定了本次塌落的状况，即每个颗粒的扭动、下移尺寸也具有相应的随机几率分布规律（零点几至几十个颗粒直径的几率较大，其他尺寸也有）。这样每个颗粒的下料状态为：静止—塌落—再静止—再塌落—……不稳定、随机，却有相应规律的运动状态。一般来说其每次静止时间远远大于塌落时间。而每次静止时间即为相邻颗粒间的持续接触时间，它与温度等物理化学条件一起，决定了本次黏结（这一接触面上的物理化学过程）的发育程度——黏结强度。对于大多数情况，本次黏结强度不高，在随后的一次塌落过程中可被掰开，而再次进入新的黏结—掰开—再黏结—再掰开—……循环过程中，宏观上没有发生结块。

　　而在一定温度下，任何一次相邻颗粒间的持续接触时间过长，这次黏结的发育程度就会过高，随后的一次塌落过程中掰不开了，结块就被保留下来了，而结块将形成更大的拱面面积，也就延长了下次塌落的时间（即持续接触时间），这将使结块进一步变结实和长大，还将影响气流分布及温度分布——结块快速循环长大。

　　由此可见，对于竖炉制定合理的排料制度，缩短相邻颗粒间的持续接触时间，并加大每次塌落过程中掰开的力量——高产量运转，才能允许提高炉温，也就提高了球团强度，还不结瘤。低产量生产是非常危险的。减点产量、多烧一会儿只会把炉子烧坏，不可能长期保持高质量球团，是饮鸩止渴，应坚决杜绝。刚停炉时，不允许立即停止排料，否则就会产生大结块，也是这个道理。

　　（6）低压力，大风量，根据原料性质优化操作参数。由于 TCS 竖炉透气性好，允许采用低压力，大风量操作，操作参数为燃烧室温度 980~1050℃，压力 6~8kPa；煤气压力 8~12kPa，助燃风压力 6~11kPa，冷却风压力 4.5~8kPa，焙烧带温度 900~1220℃（在高度方向上具有很大的温度梯度，而一般球团只要达到 1150℃、12min，或 1200℃、3min，即可烧熟），预热带供风温度 450~700℃，干燥带供风温度 400~600℃，防过湿带供风温度 270~400℃，利用系数 6.0~8.9t/(m² · h)。

附 录

附录1　竖炉铁矿球团工艺技术规范

　　1994年球团技术协调组和鞍山冶金设计研究院负责编写本规范，并于1997年6月在珠海召开的烧结球团工作会议上，经专家组审查、修改后，冶金工业部定为"试行"。

前　言

　　对铁矿球团工艺技术的基本要求是优质（铁品位高、有害杂质少、冶金性能好、强度高、成分稳定、粒度适当而均匀、粉末少）、低耗、高产。为使球团工艺技术发展和组织球团生产时有所遵循，特制定本规范。本规范规定了铁矿球团基本原、燃料条件，应有的工艺技术装备和组织生产的基本技术准则，以作为球团工艺技术发展和组织生产的依据。本规范内的各参数适用于供高炉、炼钢、直接还原使用的氧化焙烧球团，对于其他特殊球团可参照本规范执行或另作规定。

第一章　原、燃料及其准备

　　1. 原料和燃料的优良质量是实现球团优质、低耗和高产的物质基础。对铁精矿的基本要求是铁品位高、成分稳定、比表面积大、水分适当、有害杂质少；对黏结剂的要求是黏结性能好、有效成分高、杂质含最低；对燃料的要求是热值稳定、杂质少。

　　2. 铁精矿的 SiO_2 波动应不大于0.2%。铁品位波动（经混匀）应满足下列条件：大型球团厂（年产球团矿不少于100万吨）应不大于±0.5%；中小型球团厂应不大于±1.0%。

　　3. 铁精矿的比表面积要求大于 $1300cm^2/g$，$-0.074mm$（-200 目）粒级在80%以上。不同种类、不同结晶形式的精矿成球性差异很大，一般通过试验确定。不能满足要求的要细磨或在球团厂润磨。

　　4. 铁精矿的水分要求，比适宜成球水分低1.0%～1.5%。不满足要求的要设烘干设施。

　　5. 球团黏结剂需通过试验选用优质膨润土，其用量应在0.8%～1.5%。试验推广有机黏结剂或复合黏结剂，以提高球团矿的品位，获取综合经济效益。

　　6. 石灰石粉粒度要求 $-0.074mm$（-200 目）达到90%以上，CaO含量应不小于52%，SiO_2 含量不大于2.2%，水分不大于2%。

　　7. 根据冶炼要求添加菱镁石粉，以满足其冶金性能指标。菱镁石粉粒度要求 $-0.074mm$（-200 目）达到90%，化学成分应以资源和球团性质而定。

8. 铁精矿品种多、品位波动大的应设混匀中和设施。

9. 大型球团厂宜采用翻车机受料，中小型厂可采用螺旋卸车机或链斗式卸车机接受铁精矿。与选矿厂毗邻者也可直接用胶带运入。

10. 膨润土等球团添加剂采用风力输送以保护环境。

11. 为保证生产稳定，各种原料应有一定的贮存时间：有专用运输线者 3 天，无专用运输线者 7 天。

12. 寒冰冻地区原料接受和贮存应设有防冻解冻设施。

第二章　配　　料

13. 为严格配料，确保配料的准确性，应尽力实现自动配料。

14. 添加剂等小料量配料设施为微型螺旋运输机或电振给矿机；配料槽贮存时间一般为 8h 以上。

15. 干燥粉状物料应集中配置在一起，便于集中除尘。

16. 配料系统要经常进行标定检查，保证准确。

第三章　混　　合

17. 混料设备最好采用强力式混合机，现有的圆筒混合机充填率应为 10%，以提高其混合效率。

18. 圆筒混合机与给料胶带尽可能为顺交方式配置。

第四章　造　　球

19. 混合料水分适宜，造球过程中要做到加水造球，生球粒度控制在 10 ~ 16mm。

20. 圆盘造球机的刮刀应由固定式向活动式过渡。刮刀和圆盘衬板要及时更换，以提高生球的产、质量。

21. 造球机的规格应逐渐大型化，在 $\phi4500mm$ 球盘的基础上，向 $\phi5500mm$、$\phi6000mm$、$\phi7500mm$ 过渡。原料固定的球团厂也可试用圆筒造球机作业。

22. 混合料矿槽贮存时间应在 4h 以上，矿槽上设置振动器控制下料稳定，给料采用调速圆盘给料机与定量给料胶带机，做到连续给料，给料灵活可调。

23. 生球质量必须达到规定的指标要求：抗压大于 10N/球，落下大于 4 次，10 ~ 16mm 粒级大于 85%。

24. 设圆辊筛分机对生球进行筛分，筛辊辊皮宜采用耐磨、有一定粗糙度、不黏料的材质，如陶瓷辊等。辊筛缝隙 8mm。生球返矿应打碎之后，均匀地送到混合料皮带上，返回造球。

第五章　成品球团矿

25. 供高炉冶炼用的氧化酸性球团矿的技术要求按表 1、表 2 规定（GB/T 27692—2011）。

表 1　铁球团矿化学成分、冶金性能技术指标

| 项目名称 | 品级 | 化学成分（质量分数）/% | | | | 冶金性能（质量分数）/% | |
		TFe	SiO$_2$	S	P	还原膨胀指数 （RSI）	还原度指数 （RI）
指　标	一级	≥65.00	≤3.50	≤0.02	≤0.03	≤15.0	≥75.0
	二级	≥62.00	≤5.50	≤0.06	≤0.06	≤20.0	≥70.0
	三级	≥60.00	≤7.00	≤0.10	≤0.10	≤22.0	≥65.0

注：需方如对其他化学成分有特殊要求，可与供方商定。

表 2　铁球团矿物理特性技术指标

| 项目名称 | 品级 | 物　理　特　性 | | | 粒级/% | |
		抗压强度（N/球）	转鼓强度（+6.3mm）/%	抗磨指数（-0.5mm）/%	8~16mm	-5mm
指　标	一级	≥2500	≥92.0	≤5.0	≥95.0	≤3.0
	二级	≥2300	≥90.0	≤6.0	≥90.0	≤4.0
	三级	≥2000	≥86.0	≤8.0	≥85.0	≤5.0

第六章　竖炉焙烧球团

26. 竖炉球团工艺除了要求生球各项指标合格之外，生球的爆裂温度必须高于650℃。

27. 炉顶布料管理。

（1）连续、均匀地将合格生球布在炉口烘干床上，生球落到烘干床的距离要尽量减小。

（2）根据生球烘干的情况调整竖炉排矿量，做到干球入炉，确保炉况顺行。

（3）随时根据生球烘干和下料状况，调整生球量和有关的热工参数。

（4）注意清理烘干床上的黏料，调整炉料均匀下降。切勿将生球直接布到烘干床空料时的算条上。烘干床发生空料时必须补充熟球，待温度正常之后再由顶端加生球。

（5）计量生球量的电子秤指示仪表应同时设在造球、布料和看火岗位上。

28. 竖炉的供热制度。

（1）竖炉的温度、压力、流量等各项仪器仪表必须齐全、灵活、可靠，仪表的记录图线清晰。

（2）燃烧室温度，是根据铁精矿的适宜焙烧温度，再考虑到磁铁矿氧化放热能使炉内料柱中实际温度提高的因素，通过试验或生产实践而确定的各厂自己的燃烧室温度。生产中要严格控制燃烧室的温度，温度波动不大于±10℃。

（3）煤气用量，是根据焙烧单位重量球团矿的实际耗热量决定的。当竖炉产量变动时，煤气量应做相应的调整。

（4）助燃风量，是根据煤气发热值、煤气用量和空气过剩系数决定的，而过剩系数须按燃烧室温度控制。

（5）竖炉操作必须同时满足温度和热量两个参数，才能生产优质球团矿。

（6）竖炉可采用高炉煤气，各厂应创造条件（利用余热）采用煤气和助燃风的预热设施，以有利于提高燃烧室的氧化气氛。

29. 竖炉的送风制度，是指冷却风的合理调剂，一般冷却风的适宜量为 800 ~ 1000 m³/t球。适宜的冷却风量可增加生球烘干速度和炉内氧化气氛。竖炉内导风墙的位置和通道尺寸是调整炉内料层中氧化气氛的重要因素，各厂要根据铁精矿特点确定。设计中一般控制导风墙外料层中的冷却风量为 20% ~ 30%。

30. 竖炉的齿辊卸料器要经常连续开动。排矿须做到连续排矿，排矿量随时可调。竖炉排矿速度视竖炉产量和炉口生球烘干状况而定。

31. 竖炉炉膛温度，不作为操作的直接控制参数，但可作为分析、判断和调整炉况的参考数据。

32. 竖炉热工制度的特点致使排矿温度较高，必须采取炉外冷却措施。一般均采用竖式冷却器，也可选用轻型带式冷却机。

33. 竖炉系正压焙烧，须设煤气加压机，一般煤气压力不低于 20kPa。

34. 竖炉工艺须配熟球返料系统，以满足随时调剂炉况的需要。

附录 2　球团厂主要生产技术经济指标内容的解析

年产量　是指球团厂一年生产的全部球团矿量。包括检验量（合格品量与不合格品量）和未检验量。已出厂的人造块矿经转运及槽下筛分后筛出的粉末亦应计入产量，生产中的内循环返矿不计入产量。

日产量　包括日历日产量和实际日产量。日历日产量是指球团年产量与日历生产时间之比，其中日历生产时间是指报告期内的日历台时扣除大、中修和封存设备的时间。实际日产量是指球团年产量与实际生产时间之比，其中实际生产时间是指扣除所有外部原因（如待料、待电、待水、待煤气、高炉矿仓满等）造成的停产时间后的日历生产时间。

作业率　包括日历作业率和实际作业率。日历作业率是指球团设备的作业时间占日历生产时间的百分比。实际作业率是指球团设备的作业时间占实际生产时间的百分比。

有效面积利用系数　是指球团设备每平方米有效面积每小时生产的球团矿产量。其中有效面积是指球团设备焙烧部位的横截面积。

合格率　是指被检验的球团矿中，其化学成分和物理性能指标全部符合国标（部标）或有关规定中的产量占检验总量的百分比。

一级品率　是指被检验的球团矿中，其化学成分和物理性能全部符合国标（部标）或有关规定中的一级品标准的产量占合格品产量的百分比。

出矿率　是指球团矿产量占原料配料量的百分比。

成品球团性能指标　包括 TFe、FeO、S、C 和 SiO_2 含量，碱度（CaO/SiO_2），抗压强度，转鼓指数（>6.3mm），筛分指数（<5mm），10~16mm 粒级含量，膨胀指数。

原料消耗量　是指生产单位球团矿所消耗的含铁原料、黏结剂和熔剂的数量。

固体燃料消耗量　是指生产单位成品球团矿所需的固体燃料耗用总量。若同时使用两种固体燃料（煤粉、焦粉），则应将各种固体燃料按规定折合成标煤后再计算其消耗量。

液体或气体燃料消耗量　可按实物量或热值分别进行计算。实物消耗量是指生产单位球团矿所需的液体或气体燃料耗用总量。折合热消耗量是指生产单位球团矿所需的液体或气体燃料总热值。

动力消耗量　是指生产单位球团矿所消耗的水、电、蒸气和压缩空气的数量。

工序能源消耗量　包括配料中用的焦粉、煤粉，点火和焙烧中的燃油、煤气（包括为保持水分稳定所进行的烘干作业所耗的煤气）和生产中电力等一切动力消耗。其中各种能源按规定的标准统一折算成标煤总量进行计算。

辅助材料消耗量　是指生产中润滑油脂、炉箅条、运输胶带等物料的单位消耗量。

成本及加工费　是指生产单位球团矿所需的费用，由原料费和加工费两部分组成。其中加工费包括辅助材料费（燃料、润滑油、运输带、炉箅条、水、动力费等）、工资、车间经费（设备折旧费、维修费等）。

劳动生产率　是指在报告期内直接从事球团矿生产的每位员工的球团矿产量。

——摘自《球团技术》2012.4

附录3　8~12m² 竖炉炉体砌筑示意图

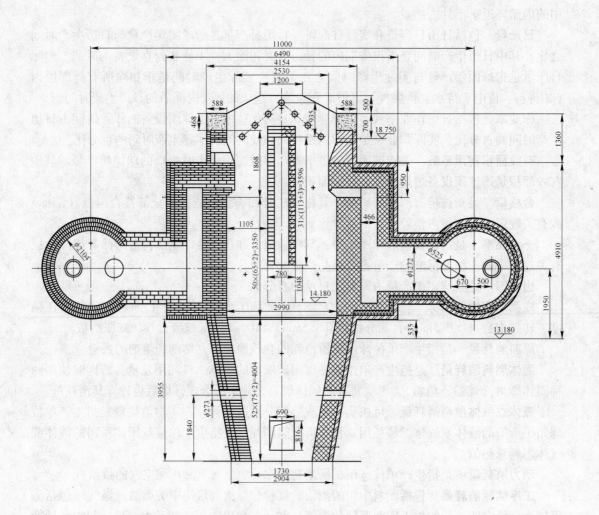

附图1　8m² 矩形竖炉砌筑图（一）

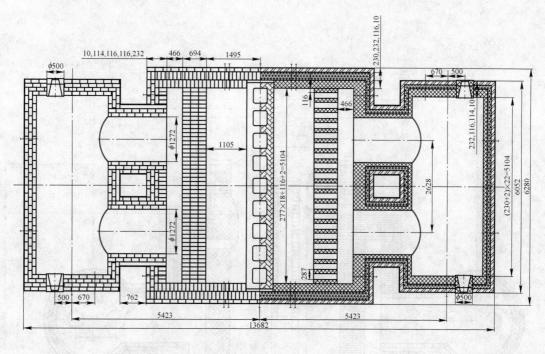

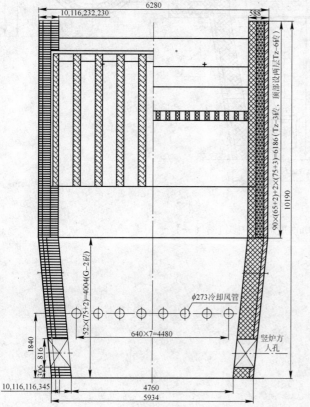

图例

<table>
<tr><td>磷酸盐结合耐火浇注料</td></tr>
<tr><td>黏土砖</td></tr>
<tr><td>黏土质隔热耐火砖</td></tr>
<tr><td>高铝砖</td></tr>
<tr><td>高铝质隔热耐火砖</td></tr>
<tr><td>硅酸铝纤维毡</td></tr>
<tr><td>半锆质砖</td></tr>
</table>

说明：
1. 砌体中留设的通孔均为45方孔；
2. 砌体中各孔的位置可根据砖缝的情况做适当调整；
3. 高铝砖采用磷酸盐结合高铝质耐火泥浆砌筑，砖缝不大于2mm，轻质隔热耐火砖采用高铝质隔热耐火泥浆砌筑，砖缝不大于3mm，半锆质砖采用锆质耐火泥浆砌筑，砖缝不大于3mm；
4. 炉体砌筑的结构尺寸，砌体的材质以本图为准（不含异型砖），各部位砌砖型号以各部位砌砖详图为准，由于各种原因引起的砌体尺寸误差允许采用磨砖进行调整，严禁打砖；
5. 炉体中异型砖材质采用黄刚玉。

附图 2 8m² 矩形竖炉砌筑图（二）

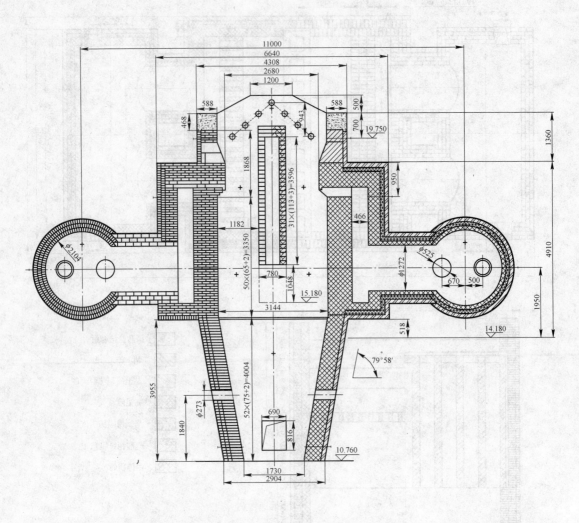

附图 3 10m² 矩形竖炉砌筑图（一）

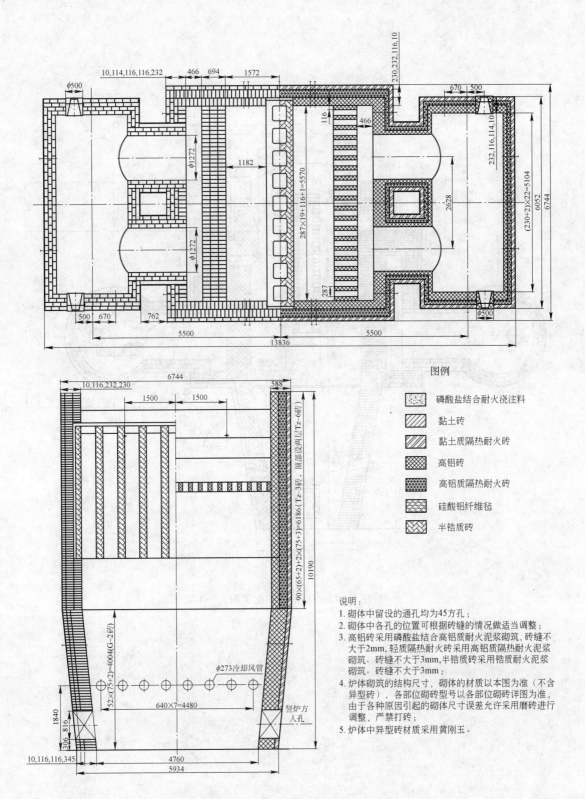

图例

▨ 磷酸盐结合耐火浇注料

▨ 黏土砖

▨ 黏土质隔热耐火砖

▨ 高铝砖

▨ 高铝质隔热耐火砖

▨ 硅酸铝纤维毡

▨ 半锆质砖

说明：
1. 砌体中留设的通孔均为45方孔；
2. 砌体中各孔的位置可根据砖缝的情况做适当调整；
3. 高铝砖采用磷酸盐结合高铝质耐火泥浆砌筑，砖缝不大于2mm，轻质隔热耐火砖采用高铝质隔热耐火泥浆砌筑，砖缝不大于3mm，半锆质砖采用锆质耐火泥浆砌筑，砖缝不大于3mm；
4. 炉体砌筑的结构尺寸，砌体的材质以本图为准（不含异型砖），各部位砌砖型号以各部位砌砖详图为准，由于各种原因引起的砌体尺寸误差允许采用磨砖进行调整，严禁打砖；
5. 炉体中异型砖材质采用黄刚玉。

附图4 10m² 矩形竖炉砌筑图（二）

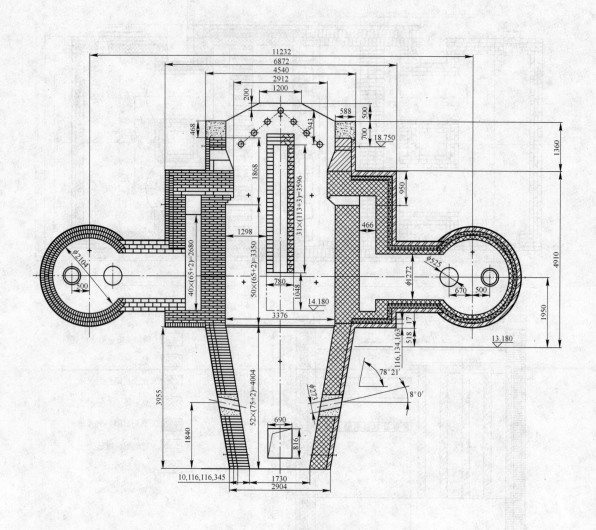

附图 5　12m² 矩形竖炉砌筑图 （一）

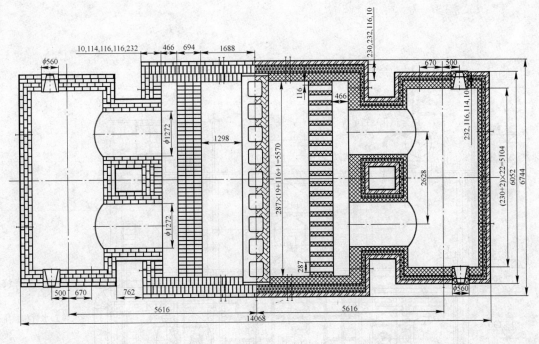

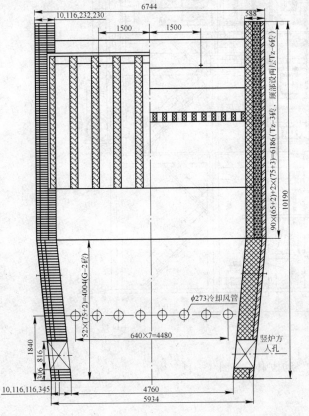

图例

▨ 磷酸盐结合耐火浇注料

▨ 黏土砖

▨ 黏土质隔热耐火砖

▨ 高铝砖

▨ 高铝质隔热耐火砖

▨ 硅酸铝纤维毡

▨ 半锆质砖

说明：
1. 砌体中留设的通孔均为45方孔；
2. 砌体中各孔的位置可根据砖缝的情况做适当调整；
3. 高铝砖采用磷酸盐结合高铝质耐火泥浆砌筑，砖缝不大于2mm，轻质隔热耐火砖采用高铝质隔热耐火泥浆砌筑，砖缝不大于3mm，半锆质砖采用锆质耐火泥浆砌筑，砖缝不大于3mm；
4. 炉体砌筑的结构尺寸，砌体的材质以本图为准（不含异型砖），各部位砌砖型号以各部位砌砖详图为准，由于各种原因引起的砌体尺寸误差允许采用磨砖进行调整，严禁打砖；
5. 炉体中异型砖材质采用黄刚玉。

附图6　12m² 矩形竖炉砌筑图（二）

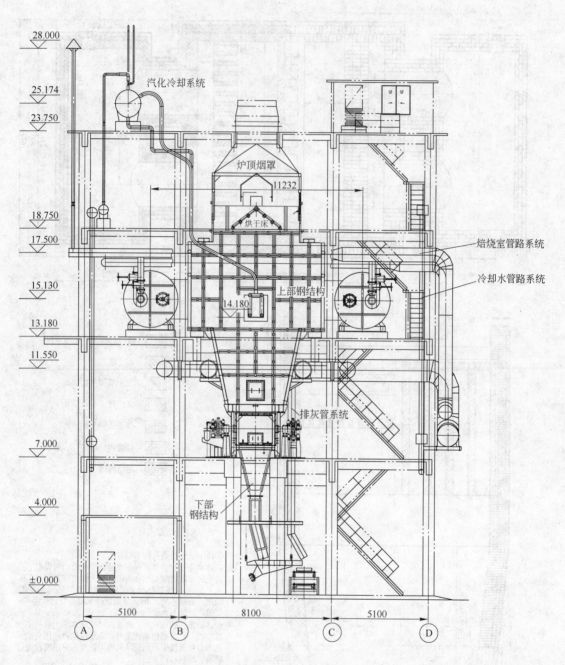

汽化冷却系统

28.000

25.174

23.750

18.750

17.500

15.130

13.180

11.550

7.000

4.000

±0.000

炉顶烟罩

11232

烘干床

上部钢结构

14.180

焙烧室管路系统

冷却水管路系统

排灰管系统

下部
钢结构

5100

8100

5100

Ⓐ   Ⓑ   Ⓒ   Ⓓ

附图 7　竖炉炉体总装图（一）

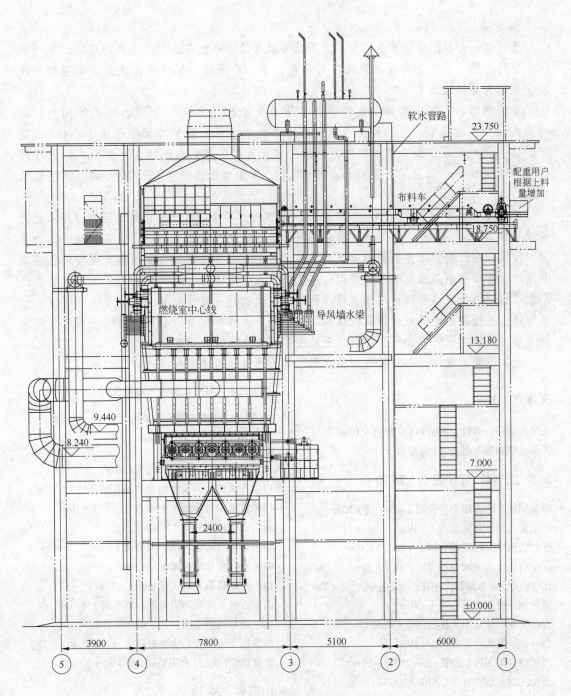

软水管路

23.750

配重用户
根据上料
量增加

布料车

18.750

燃烧室中心线

导风墙水梁

13.180

9.440

8.240

7.000

2400

±0.000

| 3900 | 7800 | 5100 | 6000 |

⑤　　④　　　　　　③　　②　　①

附图 8　竖炉炉体总装图（二）

附录4　全国竖炉名录

编者按：

竖炉这个为我国球团事业的发展立下汗马功劳的生产装备，至今已经历了将近半个世纪的岁月。竖炉曾经是我国球团生产的当家设备，导风墙、烘干床技术是我国独创的技术，曾向美国转让技术。

竖炉球团由于存在着劳动生产率低、质量无法与链算机-回转窑相媲美等问题，国外已在几年前淘汰了。我国目前仍有很多中小钢铁企业，竖炉球团用于小于1000m³高炉，在投资产能等方面具有一定的适应性。据统计我国目前生产和在建的8m²以上矩形竖炉401座和8m²以上TCS圆环形竖炉11座，竖炉球团生产在15~20年内，还会继续存在。

为编写《竖炉球团技能300问》一书，编者进行了全国生产和在建的竖炉调查。此次统计截至2012年12月，主要通过编者的同行提供信息，以及竖炉球团设备厂家提供的业绩和信息，在此向朝阳重型机器有限公司张宏武、唐山华通重工机械制造有限公司总经理蔡连永、唐山胜利工业瓷有限公司副总经理卢爱永、唐山盈心耐火材料厂厂长刘宗合、辽宁北票波迪机械制造有限公司销售经理张志强、武汉祥一科技有限公司业务经理罗建、烟台市福山区福海水泥机械厂销售经理刘锡辉、郑州九环科贸有限公司总经理李福寿、河北同业冶金科技有限责任公司副总经理王凤刚等企业及朋友表示感谢。

此次非官方统计，企业全称和竖炉型号如有不妥，谨请谅解。

天津市　3座

天津天钢联合钢铁有限公司（芦台）1×10m²
天津天铁钢铁有限公司（大港）2×10m²

黑龙江、吉林、辽宁三省　29座

凌源钢铁集团有限责任公司2×8m²,1×10m²
鞍山宝得钢铁有限公司1×10m²
抚顺新钢铁有限责任公司1×8m²,2×10m²
辽宁后英集团海城钢铁有限公司1×10m²
辽宁后英集团海城钢铁有限公司大屯分公司2×10m²
通化钢铁股份有限公司4×10m²
吉林建龙钢铁有限责任公司2×10m²
西林钢铁集团有限公司1×10m²
西林钢铁集团阿城钢铁有限公司2×10m²
黑龙江建龙钢铁有限公司2×10m²
辽宁北票市金源炉料有限公司1×10m²
辽宁省五矿营口中板公司2×10m²
营口大和钢铁有限公司2×10m²
吉林鑫达钢铁有限公司2×10m²

辽宁丹东凤城市凤辉商贸有限公司1×10m²

内蒙古、甘肃两省　17座

包钢集团4×8m²
内蒙古大安钢铁有限公司1×10m²
内蒙古阿拉善盟泰泽冶金炉料有限公司1×10m²
内蒙古阿拉善盟泰宇冶炼有限公司1×10m²
包头吉宇钢铁公司1×10m²
内蒙古赤峰远联钢铁有限公司1×8m²,1×10m²
内蒙古乌海德晟金属制品公司1×12m²
包头德顺特钢有限责任公司1×10m²
内蒙古包头亚新隆顺特钢有限公司1×10m²
乌兰浩特钢铁有限公司1×10m²
内蒙古宁城市鑫马铸业有限公司1×10m²（在建）
酒泉钢铁（集团）有限公司烧结厂2×10m²

山西省　38座

太钢集团新临汾钢铁有限公司1×8m²
太钢集团矿业峨口铁矿2×8m²
长治钢铁集团有限公司2×8m²

山西中阳钢厂(吕梁)$2 \times 8m^2$
山西常平集团有限公司$2 \times 8m^2$
山西长宁集团有限公司$1 \times 8m^2$
山西晋钢集团福盛钢铁公司$3 \times 10m^2$
山西美锦钢铁有限公司$1 \times 10m^2$
山西新临钢铁公司$1 \times 10m^2$
山西翼钢有限公司$1 \times 16m^2$
山西翼城城东钢铁公司$2 \times 8m^2$
山西宏达钢铁公司$1 \times 8m^2$
山西华鑫源钢铁有限公司$1 \times 10m^2$
山西代县龙丰冶金有限公司$2 \times 8m^2$
山西大同煤矿集团钢铁有限公司$1 \times 10m^2$
山西长信集团盛泰钢铁公司$1 \times 10m^2$
山西长治长信钢铁有限公司$2 \times 10m^2$
山西文水海威钢铁有限公司$2 \times 10m^2$
山西省壶关县常浩铁厂$1 \times 8m^2$
山西常盛炼铁厂$1 \times 10m^2$
山西黎城太行钢铁有限公司$1 \times 10m^2$
山西繁峙县鑫宇铁源有限公司$1 \times 10m^2$
山西中升钢铁有限公司$1 \times 10m^2$
山西翼城宏信污泥加工有限公司$1 \times 14m^2$
山西忻州华茂精密铸造有限公司$1 \times 10m^2$
山西省潞城市兴宝钢铁有限公司$1 \times 10m^2$
山西襄汾县鸿达钢铁集团有限公司$1 \times 10m^2$
山西高义冶炼有限公司$1 \times 12m^2$

河南省　13座

河南安阳钢铁集团有限公司水冶钢铁厂$3 \times 9m^2$
河南省南阳汉冶钢铁有限公司$2 \times 10m^2$
河南亚新钢铁实业有限公司$2 \times 10m^2$
河南舞阳中加(双宏)钢铁有限公司$2 \times 10m^2$
河南安阳恒坤矿产品有限责任公司$2 \times 10m^2$
河南林州合鑫钢铁有限公司$1 \times 10m^2$
安钢集团永通铸铁管有限责任公司(水冶)$1 \times 10m^2$

江苏省　34座

南京钢铁集团有限公司$2 \times 8m^2$,$1 \times 10m^2$
永钢集团联泰科技有限公司$2 \times 10m^2$
永钢集团联亚炉料公司$2 \times 10m^2$
江苏徐州镇北钢铁$1 \times 10m^2$
江苏徐州博瑞钢铁$1 \times 10m^2$
江苏徐州荣阳钢铁$1 \times 10m^2$
江苏徐州牛头山钢铁$1 \times 10m^2$

江苏徐州森宇钢铁$1 \times 10m^2$
江苏徐州华宏特钢$2 \times 12m^2$
江苏徐州利国钢铁有限公司$1 \times 10m^2$
江苏徐州东亚钢铁有限公司$1 \times 10m^2$
江苏徐州东南钢铁有限公司$1 \times 10m^2$
江苏徐州宝丰钢铁有限公司$1 \times 10m^2$
江苏徐州成日钢铁有限公司$1 \times 10m^2$
江苏徐州泰发特钢科技有限公司$1 \times 10m^2$
江苏盐城市联鑫特钢有限公司$3 \times 10m^2$
江苏盐城市联鑫特钢有限公司大丰分公司$2 \times 10m^2$
江苏省常州中发炼铁有限公司$1 \times 10m^2$
江苏省镔鑫特钢材料有限公司$1 \times 10m^2$
江苏江阴长强钢铁有限公司$1 \times 10m^2$
江苏铜山县兴达冶炼铸造有限公司$1 \times 10m^2$
连云港亚新钢铁有限公司$2 \times 10m^2$
江苏扬州秦邮特种金属材料有限公司$1 \times 10m^2$
江苏金凯(原铁本)钢铁有限公司$2 \times 10m^2$

湖南、浙江、福建三省　12座

涟源钢铁集团有限公司$2 \times 8m^2$
湘潭瑞通球团公司$1 \times 10m^2$
杭州钢铁集团公司$1 \times 10m^2$
浙江绍兴漓铁集团$2 \times 8m^2$
福建省德化鑫阳矿业有限公司球团厂$1 \times 8m^2$
福建鑫海冶金有限公司$1 \times 12m^2$
福建三金钢铁有限公司$1 \times 10m^2$
福建三安钢铁有限公司$1 \times 12m^2$
福建亿鑫钢铁有限公司$1 \times 12m^2$
湖南省郴州兴通球团有限公司$1 \times 8m^2$

山东省　14座

莱芜钢铁股份有限公司$2 \times 10m^2$
济南钢铁集团总公司$1 \times 8m^2$,$1 \times 10m^2$,$2 \times 14m^2$
山东莱钢银山特钢有限公司$2 \times 10m^2$
山东济南球墨铸铁管有限公司$1 \times 10m^2$
山东临沂江鑫钢铁有限公司$1 \times 10m^2$
山东淄博顺泰冶金有限公司$1 \times 10m^2$
淄博齐林付山钢铁有限公司$1 \times 10m^2$
山东莱钢永峰钢铁有限公司$2 \times 10m^2$

安徽省　12座

马钢集团公司一铁$3 \times 10m^2$

马钢集团公司二铁 $2 \times 10m^2$，$1 \times 16m^2$
马钢集团公司三铁 $1 \times 8m^2$
安徽安庆铜矿球团厂 $1 \times 8m^2$
安徽铜陵有色金属集团安庆铜矿 $1 \times 10m^2$
安徽铜陵富鑫钢铁集团公司 $1 \times 10m^2$
安徽芜湖市富鑫钢铁有限公司 $1 \times 10m^2$
安徽省贵航特钢有限公司 $1 \times 10m^2$

新疆、青海省　12座

八一钢铁集团（富蕴）有限责任公司 $1 \times 8m^2$
八钢哈密雅矿球团厂 $1 \times 8m^2$
新疆伊犁钢铁有限公司 $2 \times 10m^2$
新疆阿拉善金昊铁业有限公司 $1 \times 10m^2$
新疆昆仑钢铁有限公司 $2 \times 10m^2$
新疆大安特种钢有限责任公司 $1 \times 12m^2$
新疆昕昊达矿业有限责任公司 $1 \times 8m^2$
哈密市天宝选烧有限公司 $1 \times 8m^2$
新疆阿勒泰金昊铁业有限公司 $1 \times 12m^2$
青海省西宁特殊钢股份有限公司 $1 \times 10m^2$

四川省　21座

攀钢集团成都钢铁有限责任公司 $1 \times 10m^2$
重庆钢铁（集团）有限责任公司 $2 \times 8m^2$
西昌新太平冶金炉料公司 $2 \times 8m^2$
攀枝花中禾矿业公司（球团） $1 \times 10m^2$
四川达州泰昕炉料有限公司 $1 \times 10m^2$
重钢集团太和铁矿 $1 \times 8m^2$
四川德胜集团攀枝花煤化工球团厂 $1 \times 8m^2$
四川德胜集团楚雄煤矿球团厂 $1 \times 8m^2$
攀枝花恒弘球团有限公司 $1 \times 10m^2$
四川省会理县财通铁钛有限责任公司 $2 \times 8m^2$
四川重钢西昌矿业有限公司 $2 \times 10m^2$
四川省南江县宏业冶金辅料有限公司 $1 \times 12m^2$
攀枝花市恒豪铸造有限公司 $1 \times 10m^2$
攀枝花红发物资有限公司新兴球团厂 $1 \times 10m^2$
四川攀枝花一立冶金有限公司 $3 \times 10m^2$

广西、广东、江西三省　9座

广西盛隆冶金有限公司 $2 \times 10m^2$
广西万鑫钢铁有限公司 $2 \times 10m^2$
江西联达冶金有限公司球团厂 $1 \times 8m^2$
江西新余金珠矿山有限责任公司 $1 \times 8m^2$
新余市博凯再生资源开发有限责任公司 $1 \times 10m^2$

江西方大特钢科技股份有限公司 $2 \times 10m^2$

贵州、陕西两省　10座

贵州省威宁县恒昌钢铁公司 $2 \times 10m^2$
陕西嘉惠矿业技术有限公司 $1 \times 18m^2$，$1 \times 12m^2$
陕西汉中钢铁有限公司 $2 \times 10m^2$，$1 \times 19m^2$
汉中德诚冶金技术有限公司 $1 \times 12m^2$，$1 \times 18m^2$
略阳钢铁有限公司 $1 \times 12m^2$

云南省　11座

云南曲靖呈钢钢铁（集团）有限公司 $1 \times 10m^2$
玉溪红山球团工贸有限公司 $2 \times 10m^2$
云南楚雄州德胜钢铁有限公司 $1 \times 10m^2$
云南省永仁县珈泰经贸有限公司 $1 \times 12m^2$
云南新平新泰商贸有限公司 $1 \times 10m^2$
昆明市禄劝县乾华球团工贸有限公司 $1 \times 10m^2$
云南省安宁市永昌钢铁有限公司 $2 \times 10m^2$
玉溪市玉昆钢铁有限公司 $1 \times 12m^2$
云南省安宁市永昌钢铁有限公司 $1 \times 10m^2$

湖北省　5座

湖北省大冶（黄石市）特钢 $1 \times 8m^2$，$1 \times 10m^2$
武钢矿业公司大冶铁矿球团厂 $1 \times 8m^2$，$1 \times 10m^2$
武汉太钢集团东方钢铁有限公司 $1 \times 10m^2$

河北省　160座

唐钢集团有限责任公司 $1 \times 10m^2$
唐山国丰钢铁有限公司 $1 \times 8m^2$
唐山半壁店钢铁有限公司 $1 \times 10m^2$
唐山宝业钢铁有限公司 $1 \times 12m^2$
唐山宝泰钢铁集团有限公司 $2 \times 10m^2$
河北银水实业集团有限公司 $1 \times 10m^2$
唐山天柱钢铁有限公司 $2 \times 10m^2$
唐山瑞丰钢铁有限公司 $2 \times 10m^2$，$1 \times 13m^2$
唐山凯恒钢铁有限公司 $1 \times 12m^2$
唐山市丰南宏烨炉料有限公司 $2 \times 10m^2$，$1 \times 14m^2$
唐山金丰球团矿公司 $1 \times 10m^2$
津西钢铁股份有限公司 $1 \times 8m^2$，$1 \times 10m^2$，$4 \times 12m^2$
津西钢铁万通有限公司 $1 \times 10m^2$
津西钢铁正达有限公司 $1 \times 10m^2$
唐山港陆钢铁有限公司 $2 \times 10m^2$，$2 \times 12m^2$
唐山建龙实业有限公司 $2 \times 10m^2$

德龙现代钢铁公司 $1 \times 10m^2$

唐山中厚板有限公司 $1 \times 10m^2$

唐山不锈钢有限公司 $1 \times 10m^2$

唐山春兴特钢有限公司 $1 \times 10m^2$

唐山国义特钢有限公司 $2 \times 10m^2$

唐山经安特钢有限公司 $2 \times 10m^2$

唐山清泉钢铁有限公司 $1 \times 10m^2$

唐山金马钢铁有限公司 $1 \times 10m^2$

滦县安泰钢铁有限公司 $2 \times 10m^2$

唐山东海钢铁集团有限公司 $3 \times 10m^2$

唐山东海钢铁集团特钢有限公司 $3 \times 10m^2$

滦南华西钢铁有限公司 $1 \times 10m^2$

迁安轧一钢铁公司 $2 \times 10m^2$

迁安轧一津安钢铁公司 $2 \times 8m^2$, $1 \times 10m^2$

唐山市(迁安)三明冶金有限责任公司 $1 \times 10m^2$

迁安众和球团厂 $1 \times 10m^2$

唐山燕山钢铁有限公司 $3 \times 10m^2$, $2 \times 12m^2$, $1 \times 14m^2$

唐山九江钢铁有限公司 $4 \times 10m^2$, $4 \times 14m^2$

唐山松汀钢铁有限公司 $3 \times 10m^2$

唐山鑫达钢铁有限公司 $1 \times 10m^2$, $1 \times 12m^2$, $3 \times 16m^2$

唐山荣信钢铁有限公司 $3 \times 10m^2$

唐山兴隆钢铁有限公司 $1 \times 10m^2$

唐山兴业工贸有限公司 $1 \times 10m^2$

邯郸纵横钢铁公司 $2 \times 10m^2$

沧州纵横实业(黄骅港)有限公司 $2 \times 10m^2$

邢台钢铁有限责任公司 $2 \times 8m^2$

邢台德龙钢铁有限公司 $2 \times 10m^2$

邢台龙海钢铁有限公司 $2 \times 10m^2$

武安峰峰彭太钢铁有限公司 $1 \times 10m^2$

武安鑫汇冶金工业有限公司 $2 \times 10m^2$

河北新金(武安)轧材有限公司 $2 \times 10m^2$

武安明顺冶金工业有限公司 $2 \times 10m^2$

河北文丰钢铁有限公司 $3 \times 10m^2$

武安裕华钢铁有限公司 $2 \times 10m^2$

武安明芳钢铁有限公司 $1 \times 10m^2$

武安运丰钢铁有限公司 $1 \times 8m^2$

武安兴华钢铁有限公司 $2 \times 10m^2$

河北普阳(武安)钢铁有限公司 $1 \times 10m^2$, $2 \times 14m^2$

武安元宝山工业集团有限公司 $2 \times 12m^2$

河北东山冶金工业有限公司 $2 \times 12m^2$

河北武安龙凤山铸业有限公司 $1 \times 10m^2$

河北武安金鼎重工股份有限公司 $1 \times 10m^2$

保定奥宇钢铁公司 $1 \times 10m^2$

河北神邦矿业有限公司恒昌球团厂 $2 \times 10m^2$

河北辛集奥森钢铁有限公司 $2 \times 10m^2$

河北新利钢铁有限公司 $1 \times 8m^2$, $1 \times 10m^2$

河北胜宝钢铁有限公司 $2 \times 10m^2$

河北新钢钢铁有限公司 $2 \times 10m^2$

宣化钢铁集团有限责任公司 $2 \times 8m^2$, $1 \times 10m^2$

承德建龙钢铁有限公司 $2 \times 10m^2$

承德兆丰钢铁有限公司 $2 \times 10m^2$

承德钢铁集团公司一铁 $2 \times 12m^2$

承德宽城大成铸造有限公司 $3 \times 10m^2$

承德天福矿业有限公司 $1 \times 10m^2$

昌黎安丰钢铁有限公司 $6 \times 10m^2$

昌黎宏兴钢铁有限公司 $3 \times 10m^2$

河北敬业钢铁有限公司 $5 \times 10m^2$

河北绿茵工贸有限公司(涉县) $2 \times 8m^2$

河北涉县崇利制钢有限公司 $1 \times 10m^2$

$8m^2$ 以上 TCS 圆环形竖炉　11 座

承德新新钒钛股份有限责任公司 $1 \times 12m^2$, $1 \times 14m^2$

河北滦河实业集团有限公司 $1 \times 9m^2$

浙江衢州元立金属制品有限公司 $1 \times 9m^2$

攀枝花市广川冶金有限公司 $1 \times 8m^2$

沙钢集团永兴钢铁有限公司 $1 \times 14m^2$

宣化正朴铁业有限公司 $1 \times 10m^2$

山西繁峙中兴实业有限公司 $2 \times 10m^2$

山东兴盛矿业有限公司 $1 \times 10m^2$

山西文水海威钢铁有限公司 $1 \times 16m^2$

参 考 文 献

[1] 中南矿冶学院团矿教研室. 铁矿粉造块[M]. 北京: 冶金工业出版社, 1978.

[2] 张一敏. 球团理论与工艺[M]. 北京: 冶金工业出版社, 1997.

[3] 张惠宁. 烧结设计手册[M]. 北京: 冶金工业出版社, 2008.

[4] 范广权. 球团矿生产技术问答[M]. 北京: 冶金工业出版社, 2010.

[5] 王悦祥. 球团矿与烧结矿生产[M]. 北京: 冶金工业出版社, 2010.

[6] 肖扬, 段斌修, 吴定新. 烧结生产设备使用与维护[M]. 北京: 冶金工业出版社, 2012.

[7] 周取定, 孔令坛. 铁矿石造块理论及工艺[M]. 北京: 冶金工业出版社, 1989.

[8] 张天启. 烧结技能知识 500 问[M]. 北京: 冶金工业出版社, 2012.

[9] 吕晓芳, 韩宏亮. 烧结矿与球团矿生产实训[M]. 北京: 冶金工业出版社, 2011.

[10] 周传典. 高炉炼铁生产技术手册[M]. 北京: 冶金工业出版社, 2012.

[11] GB/T 27692—2011 高炉用酸性铁球团矿[S]. 北京: 中国标准出版社, 2011.

[12] 许满兴. 我国球团矿生产技术现状及发展趋势[S]. 2012 年全国烧结球团技术研讨会论文集(1-5).

[13] 黄天正. 球团添加物的研究现状与发展[J]. 球团技术, 1996, 2-3.

[14] 李兴凯. 世界最大的竖炉球团厂[J]. 球团技术, 1997.

[15] 胡守景, 陈彩霞. 探讨生球爆裂原因及解决措施[J]. 球团技术, 2006. 2.

[16] 卜敏, 赵玉潮. 济钢竖炉球团工艺技术发展四十年回顾[J]. 球团技术, 2009. 1.

[17] 李兴凯. 重油在我国球团竖炉上应用成功[J]. 球团技术, 1996. 2-3.

[18] 冯根生, 张宗旺, 许满兴. 竖炉球团合理配加巴西球团精矿[J]. 球团技术, 2002. 4.

[19] 汪琦, 马兴亚, 孙家富. 竖炉球团存在的问题及发展方向探讨[J]. 烧结球团, 2000. 3.

[20] 方丽平. 唐钢竖炉结块事故实例[J]. 球团技术, 1999. 4.

[21] 周新宇, 姚树海. 唐山建龙 1 号竖炉炉容扩建改造实践经验介绍[S]. 2011 年全国烧结球团技术研讨会论文集.

[22] 方丽平, 杨立升, 王玉秋. 唐钢 8m² 竖炉扩容 10m² 改造构想[J]. 球团技术, 1998. 4.

[23] 王永挺, 李福寿. 漓铁竖炉炉体喷涂实践[S]. 2010 年全国烧结球团技术研讨会论文集.

[24] 彭志坚. 球团矿二次冷却器的设计与应用[J]. 球团技术, 2009. 1.

[25] 姚亚军. 新钢雅矿公司 8m² 竖炉扩容改造及效果[J]. 球团技术, 2009. 2.

[26] 潘宝巨, 张成吉. 铁矿石造块适用技术[M]. 北京: 冶金工业出版社, 2000.